高职高专计算机应用技能培养系列规划教材

安徽财贸职业学院“12315教学质量提升计划”——十大品牌专业(软件技术专业)建设成果

Android 应用开发教学做一体化教程

主　编　侯海平

副主编　陆金江　胡龙茂

参　编　胡配祥　王会颖　房丙午

陈良敏　郑有庆　周沭玲

北京师范大学出版集团

BEIJING NORMAL UNIVERSITY PUBLISHING GROUP

安徽大学出版社

图书在版编目(CIP)数据

Android 应用开发教学做一体化教程/侯海平主编. —合肥:安徽大学出版社,2016.11
高职高专计算机应用技能培养系列规划教材
ISBN 978-7-5664-1257-7

Ⅰ. ①A… Ⅱ. ①侯… Ⅲ. ①移动终端—应用程序—程序设计—高等职业教育—教材
Ⅳ. ①TN929.53

中国版本图书馆 CIP 数据核字(2016)第 288567 号

Android 应用开发教学做一体化教程

侯海平 主 编

出版发行: 北京师范大学出版集团
安 徽 大 学 出 版 社
(安徽省合肥市肥西路 3 号 邮编 230039)
www.bnupg.com.cn
www.ahupress.com.cn

印　　刷: 合肥现代印务有限公司
经　　销: 全国新华书店
开　　本: 184mm×260mm
印　　张: 22
字　　数: 535 千字
版　　次: 2016 年 11 月第 1 版
印　　次: 2016 年 11 月第 1 次印刷
定　　价: 49.00 元
ISBN 978-7-5664-1257-7

策划编辑: 李 梅 蒋 芳
责任编辑: 王 智 蒋 芳
责任印制: 赵明炎
装帧设计: 李 军 金伶智
美术编辑: 李 军

编写说明

为贯彻《国务院关于加快发展现代职业教育的决定》，落实《安徽省人民政府关于加快发展现代职业教育的实施意见》，推动我省职业教育的发展，安徽省高等学校计算机教育研究会和安徽大学出版社共同策划组织了这套“高职高专计算机应用技能培养系列规划教材”。

为了确保该系列教材的顺利出版，并发挥应有的价值，合作双方于2015年10月组织了“高职高专计算机应用技能培养系列规划教材建设研讨会”，邀请了来自省内十多所高职高专院校的二十多位教育领域的专家和资深教师、部分企业代表及本科院校代表参加。研讨会在分析高职高专人才培养的目标、已经取得的成绩、当前面临的问题以及未来可能的发展趋势的基础上，对教材建设进行了热烈的讨论，在系列教材建设的内容定位和框架、编写风格、重点关注的内容、配套的数字资源与平台建设等方面达成了共识，并进而成立了教材编写委员会，确定了主编负责制等管理模式，以保证教材的编写质量。

会议形成了如下的教材建设指导性原则：遵循职业教育规律和技术技能人才成长规律，适应各行业对计算机类人才培养的需要，以应用技能培养为核心，兼顾全国及安徽省高等学校计算机水平考试的要求。同时，会议确定了以下编写风格和工作建议：

(1)采用“教学做一体化＋案例”的编写模式，深化教材的教学成效。

以教学做一体化实施教学，以适应高职高专学生的认知规律；以应用案例贯穿教学内容，以激发和引导学生学习兴趣，将零散的知识点和各类能力串接起来。案例的选择，既可以采用学生熟悉的案例来引导教学内容，也可以引入实际应用领域中的案例作为后续实习使用，以拓展视野，激发学生的好奇心。

(2)以“学以致用”促进专业能力的提升。

鼓励各教材中采取合适的措施促进从课程到专业能力的提升。例如，通过建设创新平台，采用真实的课题为载体，以兴趣组为单位，实现对全体学生教学质量的提高，以及对适应未来潜在工作岗位所需能力的锻炼。也可结合特定的专业，增加针对性案例。例如，在C语言程序设计教材中，应兼顾偏硬件或者其他相关专业的需求。通过计算机设计赛、程序设计赛、单片机赛、机器人赛等竞赛或者特定的应用案例来实施创新教育引导。

(3)构建共享资源和平台，推动教学内容的与时俱进。

结合教材建设构筑相应的教学资源与使用平台，例如，MOOC、实验网站、配套案例、教学示范等，以便为教学的实施提供支撑，为实验教学提供资源，为新技术等内容的及时更新提供支持等。

通过系列教材的建设，我们希望能够共享全省高职高专院校教育教学改革的经验与成果，共同探讨新形势下职业教育实现更好发展的路径，为安徽省高职高专院校计算机类专业人才的培养做出贡献。

真诚地欢迎有共同志向的高校、企业专家参与我们的工作，共同打造一套高水平的安徽省高职高专院校计算机系列“十三五”规划教材。

胡学钢

2016年1月

编委会名单

前　言

身处移动互联网时代，我们倍感激动，从来没有哪个时代像今天一样，对手机无比的依赖，强大的智能移动终端已经被全球所有人接受，并广泛使用！移动互联网热潮正在席卷全球，所有的IT公司都争相将业务重心向移动互联网转移，移动互联网业务将成为公司所有业务中新的利润增长点。

Android是基于Linux系统用于移动设备的操作系统，由Google公司和开放手机联盟领导开发的。Android用最短的时间成为全球移动互联网操作系统的第一阵营，而且越来越多的开发者加入Android行列。它与iOS操作系统不一样的地方是Android是一个开放的操作系统，其所有的代码都是开源的。

目前Android已经成为应用最广泛的手机和移动终端的操作系统，由于其采用Java语言开发应用，所以对于大多数开发人员来说能够迅速地从Java服务端开发转向移动客户端从事APP开发。开发者可以通过Android客户端应用，用网络技术与传统的大型应用进行交互，使这一APP变成了大型企业应用的客户端，所有的大型服务端都需要建立相应的APP客户端，这就催生了Android移动客户端的开发市场。

编者阅读了大量软件开发类教材，发现教材内容与企业的真实需求存在一定差异，且教材的知识更新速度非常慢，学生在学校毕业后就出现找工作难，项目上手难等问题，说明了教材实践性差，教学案例与实际脱节。本教材采用全新的“教学做一体化”思想架构体系，通过“项目贯穿”的技能体系，将“理论＋实训”高度融合，实现了“教－学－做”的有机结合，通过具体项目驱动学生学习的积极性。

本书从基础入手循序渐进地讲述了Android的主要功能和基本框架。从实战的角度出发，通过大量的案例，让读者边学习边实践，从而更深刻地理解和掌握Android客户端开发的技能。编者针对每个知识点都做了深入的剖析，力求做到抽丝剥茧般讲述原理，并通过实际工作中用到的案例和项目让读者充分体验行业开发中的实际情况。

本书在编写过程中，将“教学做一体化”原则作为主线。教材既是教师课堂教学，知识传授的载体，也是学生学习归纳总结的载体。这一载体如果能充分体现教学内容、教学设计、教学过程就能对教学效果和教学效率起到事半功倍的效果。教学内容要便于课堂组织，便于教师知识讲解，使知识更加清晰化、形象化，好的教学内容将大大有利于学生知识的掌握。好的教学案例将有利于学生对所学知识的巩固，通过案例和项目反复训练后，将知识点转化为技能点。本书在设计教学案例时具备以下特点：

➢ 够用，实用。本教材不求大而全，编写教材时有意避开字典式参考书的编写方式，力求带读者轻松入门，快速上手，让读者不会被复杂的知识体系吓倒，力求学习过程中把最实用的知识和技能带给读者。

➢ 循序渐进。“从理论到实践，从实践到理论”这是一个反复的认知过程，也是一个对新知识的基本认知方式。在教学内容安排上，采用“循序渐进”的方式更加贴近于新人的认知规律。一生二，二生三，三生万物，从简单到复杂，减少读者遇到难点的挫败感。本书在第7章和第10章按照项目由部分到整体、由易到难的方式将一个“新闻客户端”项目分解成两个部分，让读者不再有项目一旦很大就不知道从哪里入手的感觉，在训练中从小处入手，从基本功能入手，逐步建立一个相对完整的项目。读者在亲手设计开发这些项目时，将大大提升自己的项目实战能力，对移动APP产品开发的理解也将会有进一步的提高。

➢ 案例丰富。在案例组织时为了充分说明知识点和技能点，设计了不同的案例和项目，其目的就是让读者可以举一反三。在项目设计时就充分考虑读者阅读代码的方便性，为每句代码都编写了详细的注释说明，这样读者就可以更加清楚地理解项目的开发思路，并且快速地掌握设计思想。

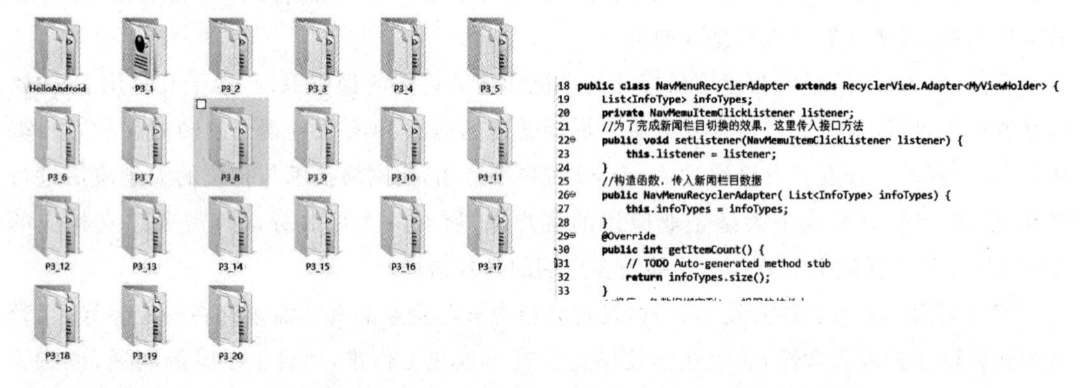

本书内容共分3个部分：基础技能部分、提升技能部分和综合技能部分。

基础技能部分为第1—6章，第1章学习Android开发环境的搭建和Android的体系结构，第2章学习创建Android APP应用程序并熟悉项目结构，第3章学习Android的界面开发以及掌握常用的控件用法，第4章学习Android界面的布局、样式和主题，第5章学习Activity和Intent，第6章学习Android的复杂控件ListView、GridView和RecyclerView。

提升技能部分为第8—9章，第8章学习如何访问Android系统的文件，学习对文件的读写操作，学习从SD卡中读写数据以及如何操作SQLite数据库，第9章学习如何创建线程，如何使用Handler收发消息、处理消息，学习如何使用AsyncTask进行异步通信，学习如何访问网络以及如何解析网络数据。

综合技能部分为第7章和第10章，第7章为阶段技能项目“新闻客户端”的第一部分，安排在基础技能掌握之后进行阶段性综合技能提升。第10章为课程技能项目“新闻客户端”的第二部分，重点是结合用户体验以及网络访问技术，从服务器端获取新闻信息，让整个项目更加接近于真实项目。

本书由侯海平主编，陆金江和胡龙茂任副主编，第1—2章由陆金江编写，第3章由陈良敏编写，第4章和第7章由胡龙茂编写，第5章由周沭玲编写，第6章和第8章由胡配祥编写，第9—10章由侯海平编写，项目案例和教材配套资源库由侯海平、陆金江、胡龙茂、王会颖、胡配祥、房丙午、郑有庆、陈良敏、周沭玲共同开发完成。全书由侯海平统稿和定稿。

本书所配教学资源请联系出版社或直接与编者联系。QQ:704359170，E-mail:hhp895@163.com。

本书可作为高职高专层次学校“Android应用开发”课程的教材，也适合作为计算机爱好者们学习数据库的参考书。

本书的出版是安徽财贸职业学院“12315教学质量提升计划”中“十大品牌专业”软件技术专业建设项目之一，得到了该项目建设资金的支持。

由于编者水平所限，书中不足之处，请广大读者批评指正。

编　者

2016年9月

目　录

第5章 Activity和Intent *118*

第 8 章 数据存储 213

第 9 章 Android 访问网络 245

第1章
Android 体系结构与开发环境

本章工作任务

- ✓ 完成 Android 开发环境的搭建
- ✓ 使用 SDK Manager 对 Android SDK 进行管理
- ✓ 使用 ADB 管理模拟器或真机

本章知识目标

- ✓ 理解 Android 的发展历史
- ✓ 理解 Android 的体系结构
- ✓ 掌握 Android 系统版本

本章技能目标

- ✓ 搭建 Android 开发环境
- ✓ 熟悉 Eclipse 操作
- ✓ Android SDK Manager 的使用
- ✓ Android 模拟器的使用
- ✓ ADB 的使用
- ✓ DDMS 的使用

本章重点难点

- ✓ ADB 的使用
- ✓ DDMS 的使用

Android 一词本意是指"机器人",当然现在都知道是 Google 推出的开源手机操作系统。Android 基于 Linux 平台,由操作系统、中间件、用户界面和应用软件组成,号称是首个为移动终端打造的真正开放和完整的移动软件。由一个有 30 多家科技公司和手机公司组成的"开放手机联盟"共同研发的,这大大降低新型手机设备的研发成本。完全整合的全移动功能性产品成为"开放手机联盟"的最终目标。

1.1 Android 简介

1.1.1 Android 的起源

Android 最初是由 Andy Rubin 创造的,其最初的目标是把 Android 打造成一个可以对所有软件设计人员开放的移动终端平台。很快 Android 就获得人们的青睐,很多人表示要买下。回到 2005 年,这一年 Google 公司完成了其发展史上最成功的收购,抢先收购了 Android。

Google 收购 Android 的时候没有宣布任何计划,直到 2007 年 11 月 5 日,Google 终于揭开了谜底,宣布与其他 33 家手机制造商,包括摩托罗拉、华为、宏达电、三星、LG 等著名企业、手机芯片供货商、软硬件供货商、移动运营商联合组成开放手机联盟(Open Handset Alliance,OHA),并发布了名为 Android 的开放移动平台。

Android 的诞生,同时也打开了移动互联网发展的大门,全球 IT 产业开始迎接第四个时代——移动互联网时代,这无疑给软件开发人员带来了无数的机遇与挑战。

2008 年 9 月,谷歌正式发布了 Android 1.0 系统,这也是 Android 系统最早的版本。随后的几年,谷歌以惊人的速度不断地更新 Android 系统,2.1、2.2、2.3 系统的推出使 Android 占据了大量的市场。2011 年 2 月,谷歌发布了 Android 3.0 系统,这个系统版本是专门为平板电脑设计的,但也是 Android 为数不多比较失败的版本,推出之后一直不见什么起色,市场份额也少得可怜。不过很快,在同年的 10 月,谷歌又发布了 Android 4.0 系统,这个版本不再对手机和平板进行差异化区分,既可以应用在手机上也可以应用在平板上,除此之外还引入了不少新特性。

下面列出了目前市场上主要的一些 Android 系统版本。

```
Android milestone builds (with Astro Boy and Bender floating around in here somewhere)
Android 1.0(没有开发代号)
Android 1.1-Petit Four
Android 1.5-Cupcake
Android 1.6-Donut
Android 2.0/2.1-Éclair
Android 2.2-Froyo
Android 2.3-Gingerbread
Android 3.0/3.1/3.2-Honeycomb
Android 4.0-Ice Cream Sandwich
Android 4.1/4.2/4.3-Jelly Bean
Android 4.4-KitKat
```

Android 5.0/5.1-Lollipop(Android L)

Android 6.0-Marshmallow(Android M)

Android 7.0-Nougat(Android N)

随着版本的更迭，应用程序编程接口(API)等级不断发生变化。下面将目前为止所有API等级罗列出来，并与Android各版本一一对应。

API 等级 1:Android 1.0

API 等级 2:Android 1.1 Petit Four

API 等级 3:Android 1.5 Cupcake

API 等级 4:Android 1.6 Donut

API 等级 5:Android 2.0 Éclair

API 等级 6:Android 2.0.1 Éclair

API 等级 7:Android 2.1 Éclair

API 等级 8:Android 2.2-2.2.3 Froyo

API 等级 9:Android 2.3-2.3.2 Gingerbread

API 等级 10:Android 2.3.3-2.3.7 Gingerbread

API 等级 11:Android 3.0 Honeycomb

API 等级 12:Android 3.1 Honeycomb

API 等级 13:Android 3.2 Honeycomb

API 等级 14:Android 4.0-4.0.2 Ice Cream Sandwich

API 等级 15:Android 4.0.3-4.0.4 Ice Cream Sandwich

API 等级 16:Android 4.1 Jelly Bean

API 等级 17:Android 4.2 Jelly Bean

API 等级 18:Android 4.3 Jelly Bean

API 等级 19:Android 4.4 KitKat

API 等级 20:Android 4.4 W

API 等级 21:Android 5.0 Lollipop

API 等级 22:Android 5.1 Lollipop

API 等级 23:Android 6.0 Marshmallow

API 等级 24:Android 7.0 Nougat

1.1.2 Android 的优点

与其他手机操作系统相比，Android有四个无可比拟的优点。

1. 开放性

Android是一个真正意义上的开放性移动开发平台。同时包含底层操作系统以及上层的用户界面和应用程序——移动电话工作所需的全部软件，而且不存在任何以往阻碍移动产业创新的专有权障碍，Google与OHA合作开发Android，目的是通过与运营商、设备厂商、开发商等结成深层次的合作伙伴关系，建立标准化、开放式的移动电话软件平台，在移动产业内形成一个开放式的生态系统，这样应用程序之间的通用性和互联性将在最大程度上得到保持。另一方面，Android平台的开放性还体现在不同的厂商可以根据需求对平台进行定制和扩展，以及使用这个平台无需任何授权许可费用。

2. 所有的应用程序是平等的

所有的 Android 应用程序之间是完全平等的。在开发之初，Android 平台就被设计成由一系列应用程序所组成的平台。所有的应用程序都运行在一个核心引擎上面，这个核心引擎其实就是一个虚拟机，提供了一系列用于应用程序和硬件资源间通信的 API。抛开这个核心引擎，Android 的所有其他的东西，包括系统的核心应用和第三方应用都是完全平等的。因此，用户可以将系统中默认的电话拨号软件替换成其他第三方的电话拨号软件，甚至可以改变主界面显示窗口的内容，或者将手机中任意的应用程序替换成所需要的其他应用程序。

站在开发者的角度来看，这将大大拓宽可开发应用程序的范围。这样的自由度在 Android 出现之前是不存在的，之前绝大多数的移动平台内都被固化了一套厂家定制的应用程序，不能被替换或删除。Android 的改进就在于此，用户将不再面对一堆枯燥无味的固化应用程序而感到无奈。

3. 应用程序间无界限

Android 打破了应用程序之间的界限，开发人员可以把 Web 上的数据与本地联系人、日历、位置信息结合起来，创造全新的用户体验。一个应用程序不但可以通过 API 访问系统提供的功能，还可以声明自身的功能提供给其他应用程序调用。

4. 快速方便的应用程序开发

Android 为开发人员提供了大量的使用库和工具，使得开发人员可以快速地创建应用程序。例如，在其他平台的手机上要开发基于地图的应用是十分困难的，而 Android 将著名的 Google Map 集成进来，开发人员通过简单的几行代码就可以快速开发出基于地图的应用。

由以上特点可以看出，Android 是一个真正意义上的开放性移动开发平台，其不仅包含上层的用户界面和应用程序，还包括底层的操作系统。所有的 Android 应用程序都运行在虚拟机上，程序之间是完全平等的，用户可以随意用第三方软件置换掉系统自带的软件。

平台的开放性，应用程序间的平等性，无界限、快速方便的应用程序开发，不管是给用户还是给应用程序的开发人员，都带来了全新的体验。这也是其能够如此快速发展的关键。

1.1.3 Android 的体系结构

Android 平台本身是基于 Linux 内核，图 1-1 展示了这个系统的架构：

Android 大致可以分为四层架构，五块区域。

1. Linux 内核层

Android 系统是基于 Linux 2.6 内核的，这一层为 Android 设备的各种硬件提供了底层的驱动，如显示驱动、音频驱动、照相机驱动、蓝牙驱动、Wi-Fi 驱动、电源管理等。

2. 系统运行库层

这一层通过一些 C/C++库来为 Android 系统提供了主要的特性支持。如 SQLite 库提供了数据库的支持，OpenGL ES 库提供了 3D 绘图的支持，Webkit 库提供了浏览器内核的支持等。同样在这一层还有 Android 运行时库，主要提供了一些核心库，能够允许开发者使用 Java 语言来编写 Android 应用。另外 Android 运行时库中还包含了 Dalvik 虚拟机，使得每一个 Android 应用都能运行在独立的进程当中，并且拥有一个 Dalvik 虚拟机实例。相

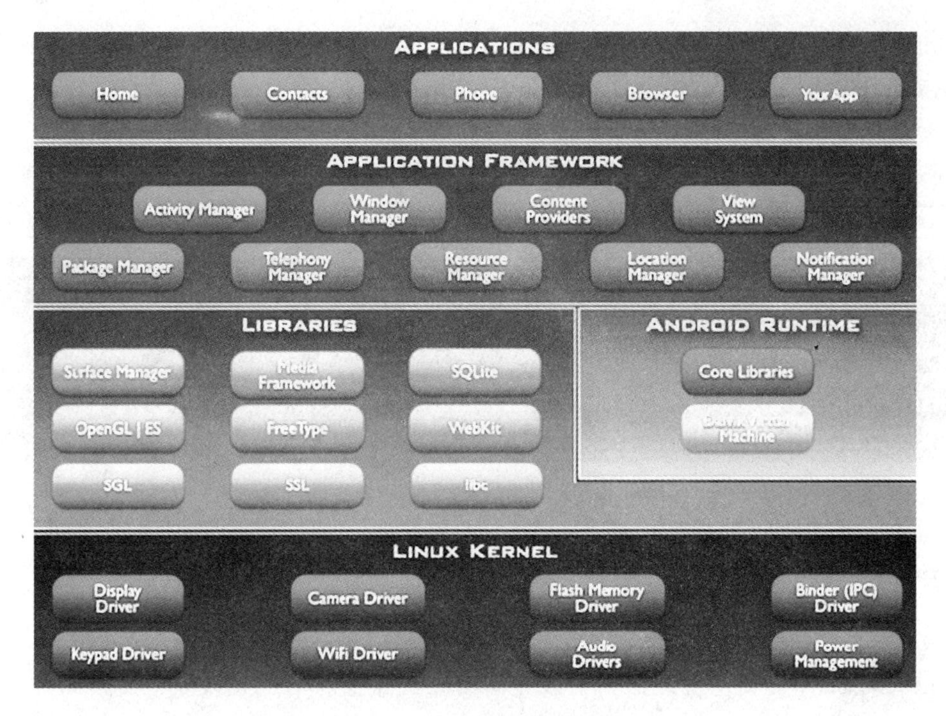

图 1-1　Android 系统结构图

较于 Java 虚拟机，Dalvik 是专门为移动设备定制的，针对手机内存、CPU 性能有限等情况做了优化处理。

3. 应用框架层

这一层主要提供了构建应用程序时可能用到的各种 API，Android 自带的一些核心应用就是使用这些 API 完成的，开发者也可以通过使用这些 API 来构建应用程序。

4. 应用层

所有安装在手机上的应用程序都是属于这一层的，比如系统自带的联系人、短信等程序，或者是从 Google Play 上下载的小游戏，当然还包括程序员开发的程序。

1.2　搭建 Android 开发环境

搭建 Android 开发环境，包括获取安装 JDK、Android SDK、Eclipse 以及使用 Android Eclipse 相关插件设置等知识。

1.2.1　安装 Java 的 JDK

搭建 Android 开发环境前，首先要安装 Java 的 JDK，并且正确地配置系统的环境变量（基于 Windows 操作系统）。具体步骤如下：

（1）下载并安装最新的 JDK 安装程序。这里采用 jdk1.6 版本，在互联网上下载完毕后，直接安装到默认目录下即可。

（2）配置环境变量。右键单击“我的电脑”图标，依次选择属性→高级→环境变量命令，添加 path 变量，值设置为刚刚安装的默认路径。这里假定默认路径为“C:\Program Files\

Java\jdk1.6.0\bin”。在系统变量中添加 JAVA_HOME 变量，值设置为“C:\Program Files\Java\jdk1.6.0”。

(3)打开命令行窗口，执行“java - version”命令查看 java 的版本号。如果显示为1.6.0 则表示 Java 的 JDK 安装成功，如图 1-2 所示。

图 1-2 JDK 安装成功后命令窗口执行相关命令

1.2.2 安装 Android SDK

JDK 安装完成后，接下来下载并安装 Android SDK。具体步骤如下：

(1)下载 SDK 安装包管理器。下载完毕后在磁盘上将看到图 1-3 中所示的文件和文件夹。

图 1-3 Android SDK 文件夹

(2)配置环境变量中的相关参数，在 path 中增加类似“C:\Android\SDK\tools”这样的值。当所有环境变量设置完毕后，可以在 Android SDK 安装目录下的 tools 中运行 android list targets 命令，如果看到图 1-4 所示则表示安装成功。

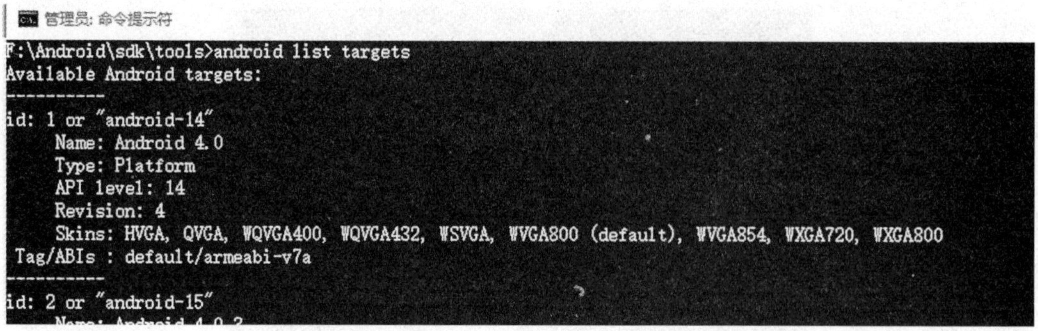

```
F:\Android\sdk\tools>android list targets
Available Android targets:
----------
id: 1 or "android-14"
     Name: Android 4.0
     Type: Platform
     API level: 14
     Revision: 4
     Skins: HVGA, QVGA, WQVGA400, WQVGA432, WSVGA, WVGA800 (default), WVGA854, WXGA720, WXGA800
 Tag/ABIs : default/armeabi-v7a
----------
id: 2 or "android-15"
```

图 1-4　执行 android list targets 命令

(3)在 Android SDK 目录下执行 SDK Manager. exe 可以对 SDK 文件进行管理,管理界面如图 1-5 所示。

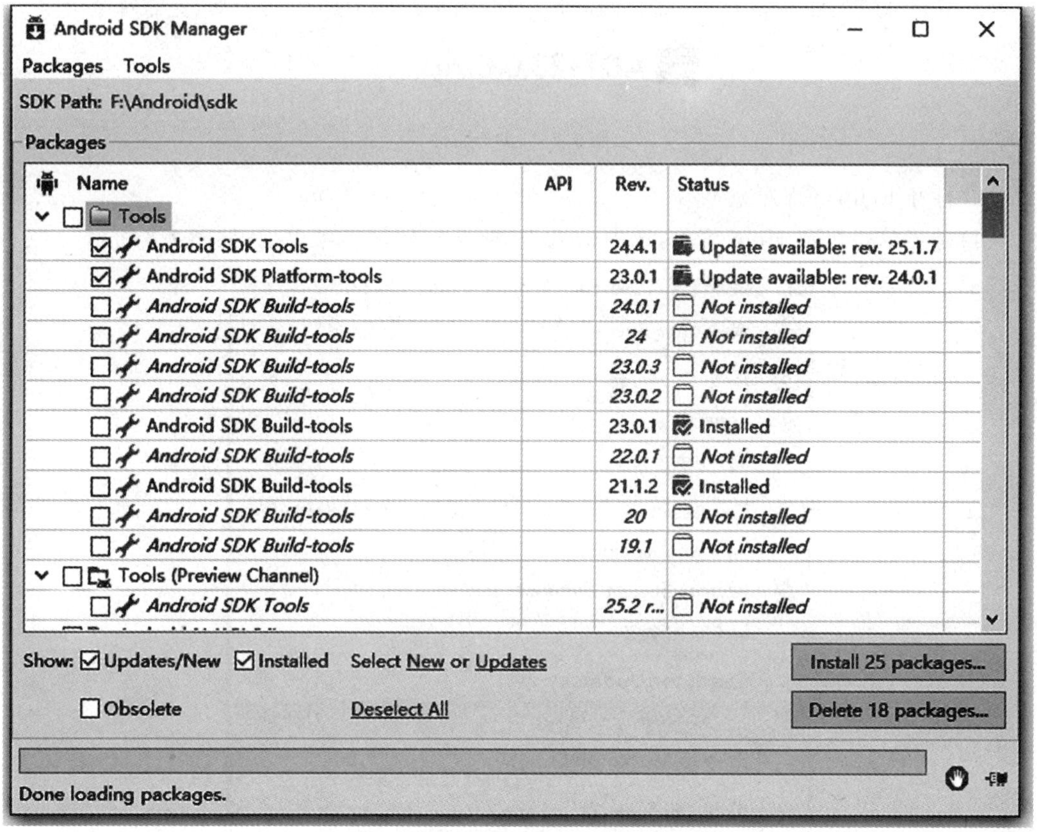

图 1-5　Android SDK Manager 管理界面

1.2.3　安装 Eclipse 及插件 ADT

完成 SDK 以及系统环境变量的配置后,接下来安装和配置 Eclipse 集成开发环境。具体步骤如下:

(1)下载 Eclipse 并解压到磁盘指定位置,图 1-6 为 Eclipse 的 INDIGO 版。

图 1-6　INDIGO 版的 Eclipse

(2)下载 ADT(Android Developer Tool)压缩包,图 1-7 为 ADT 23.0.6 版,无需解压。

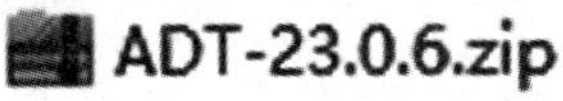

ADT-23.0.6.zip

图 1-7　ADT 插件

(3)打开 Eclipse 程序。

(4)在菜单栏找到 Help 菜单,选中 Install New Software 菜单项,如图 1-8 所示。

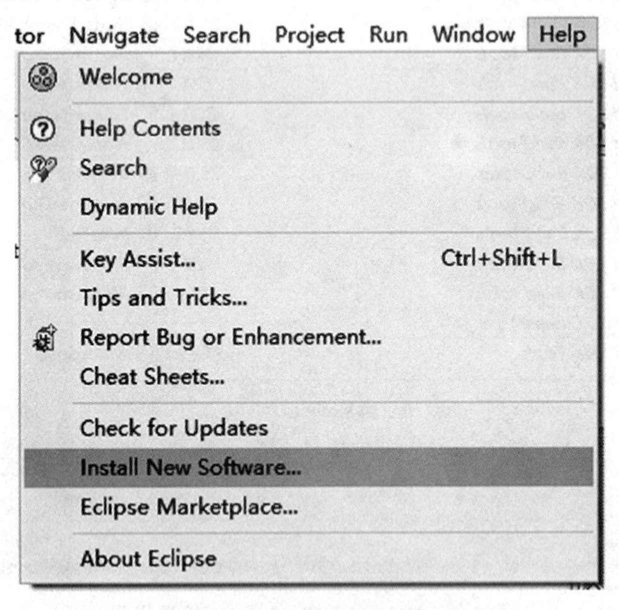

图 1-8　Eclipse 插件安装菜单项

(5)在弹出的对话框中点击“Add”按钮,如图 1-9 所示。

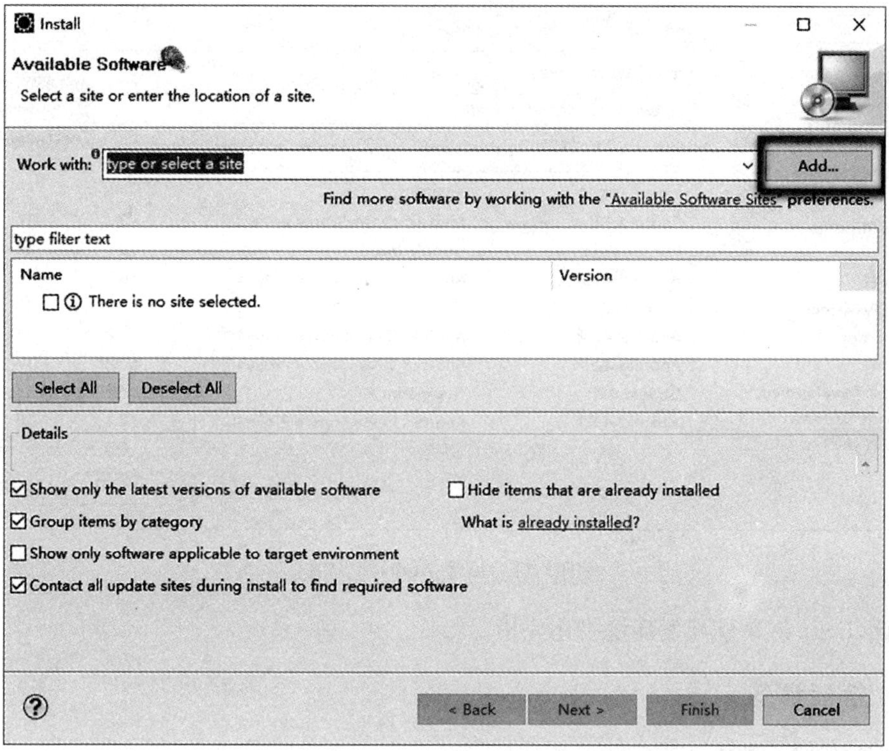

图 1-9 Eclipse 插件安装对话框

(6)在弹出的 Add Repository 对话框时,在 name(图 1-10 中位置❶)处添加插件名称“ADT”,再点击“Archive…”(图 1-10 中位置❷),选中保存路径中的 ADT 压缩包。最后点击“OK”。

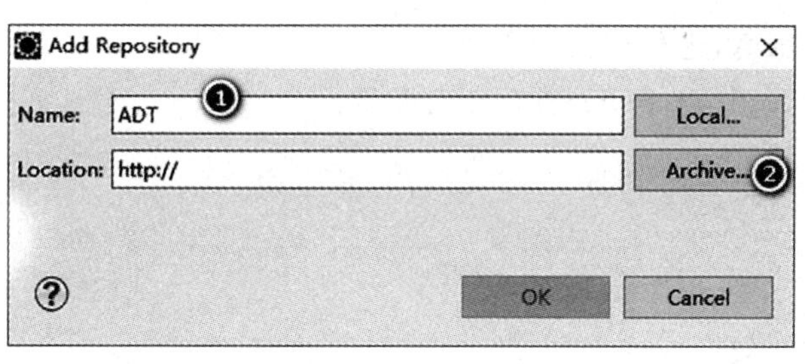

图 1-10 添加 ADT

(7)回到 Install 对话框中,选中 Developer Tools 下所有选项。点击“next”按钮,按提示完成安装,最后重启 Eclipse,ADT 安装完毕。

(8)配置 Android SDK 路径。选中“Window”菜单下“Preference”选项,找到对话框左侧中“Android”项选中,在右侧提示框中写入之前保存 Android SDK 的路径,如图 1-11 所示。

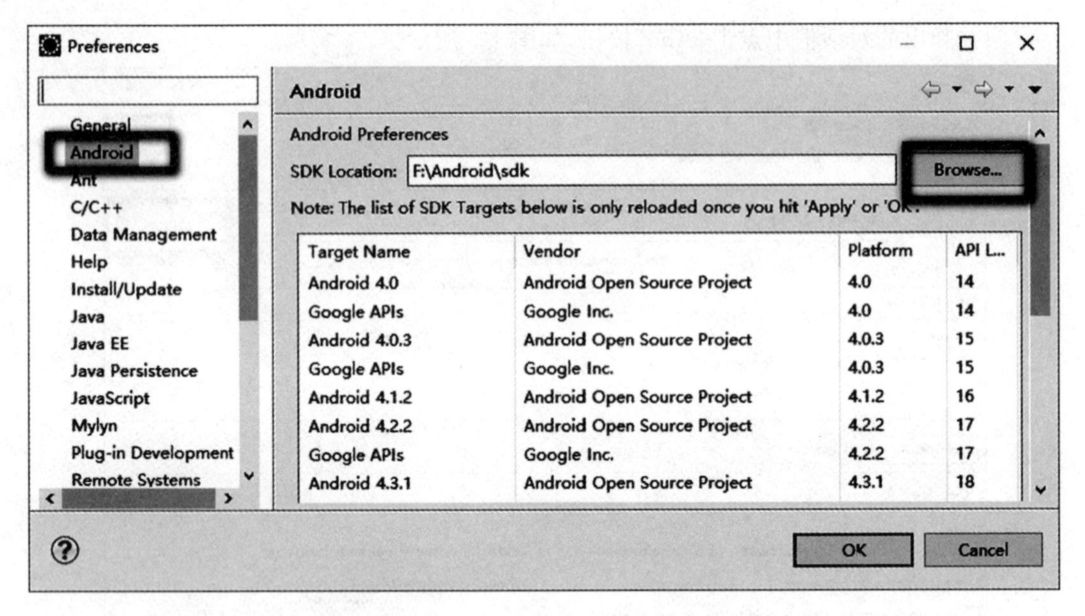

图 1-11　设置 Android SDK

至此，Eclipse 集成开发环境搭建完毕。

1.2.4　技能训练

【训练 1-1】 搭建 Android 开发环境。

↳技能要点

(1)使用 Eclipse 开发工具。

(2)配置 Eclipse，使其能够开发 Android 程序。

↳需求说明

(1)下载并安装 JDK，进行相关配置。

(2)下载并运行 Android SDK，进行相关配置。

(3)下载并运行 Eclipse。

(4)下载 ADT。

(5)安装 ADT。

↳关键点分析

(1)配置 Android SDK。

(2)配置 ADT。

↳补充说明

(1)ADT 安装成功与否决定 Eclipse 能否开发 Android 应用程序。

(2)熟悉使用 Eclipse。

1.3　Android 相关工具

使用 Eclipse 开发 Android 应用程序，需要用到的相关工具有：SDK Manager、Android

模拟器、DDMS、ADB 等。

1.3.1　SDK Manager

打开 Eclipse 后，可以在工具栏中单击“Android SDK Manager”按钮，即可弹出 SDK 的管理界面，如图 1-5 所示。

Android SDK 是 Google 提供的 Android 开发工具包，在开发 Android 程序时，需要通过引入该工具包，以使用 Android 相关的 API。随着 Google 公司对 Android 的更新，Android SDK 也在不断更新。

由于国内访问国外 SDK 官网更新速度较慢，国内也有多个镜像地址，用户可以点击管理界面菜单“Tools”中 option 来修改更新 SDK 的服务器地址，如使用腾讯公司提供的镜像 url：android-mirror. bugly. qq. com，端口号为 8080，具体设置如图 1-12 所示。修改完毕后需重新打开 SDK Manager，此时会发现更新速度提高很多。

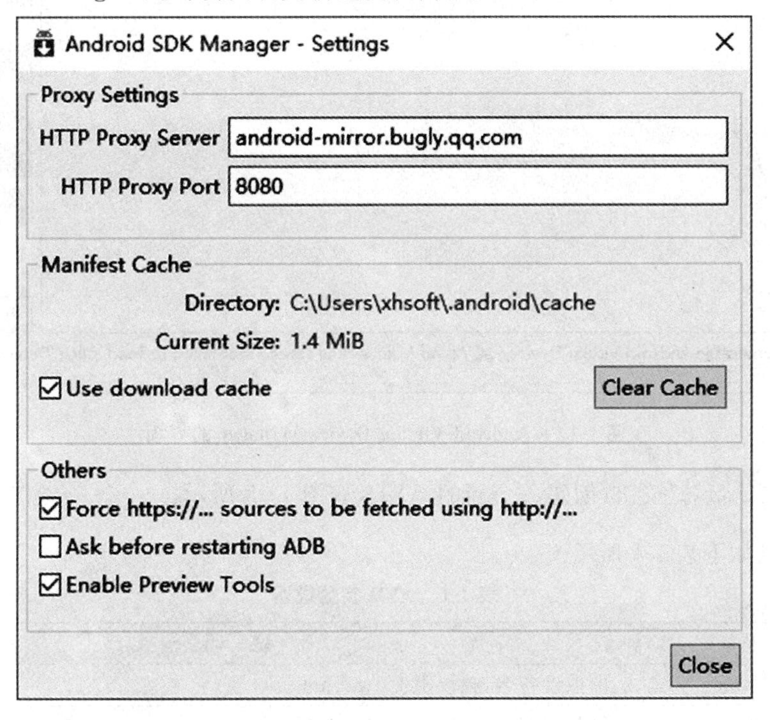

图 1-12　设置 Android SDK Manager 的更新地址

1.3.2　Android 模拟器

如果想要运行应用程序，则必须创建至少 1 个 AVD，其全称为 Android 虚拟设备（Android Virtual Device）。每个 AVD 模拟了一套虚拟设备来运行 Android 操作系统，这个操作系统至少要有内核、系统图像和数据分区，还可以有 SD 卡、用户数据以及外观显示等。

在 Android SDK 安装目录的 tools 子目录下有一个 emulator. exe（另外还有 emulator-arm. exe 和 emulator-x86. exe），都是 Android 模拟器。这个模拟器做得十分出色，几乎可以模拟真实手机的绝大部分功能。创建 AVD 的方法如下：

(1)在 Eclipse 工具栏中点击“Android Virtual Device Manager”,如图 1-13 所示。

图 1-13 启动 Android Virtual Device Manager

(2)弹出“Android Virtual Device Manager”管理窗口,如图 1-14 所示。

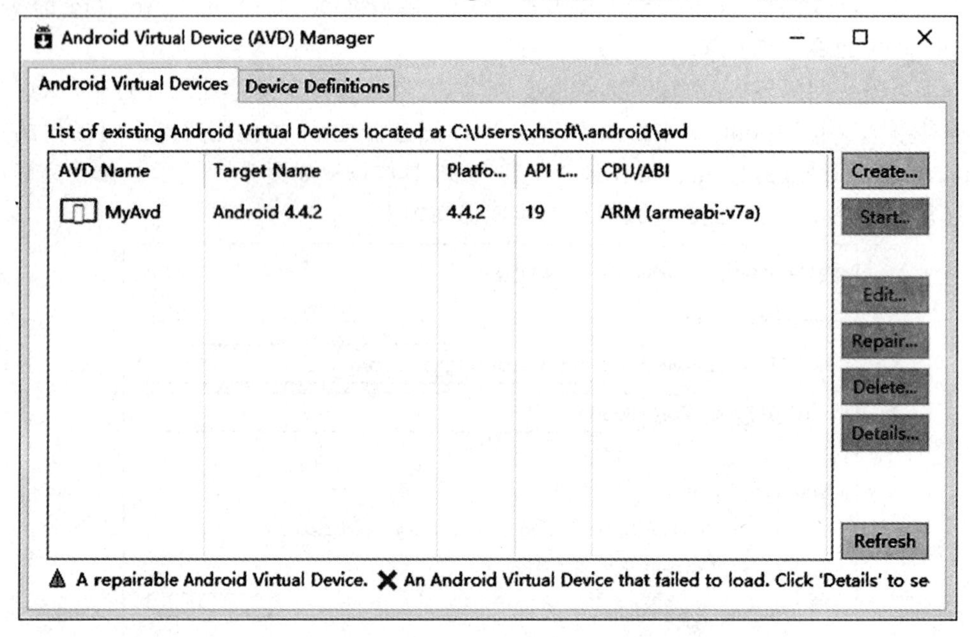

图 1-14 Android Virtual Device Manager 的界面

(3)点击“Create”按钮,创建一个新的 AVD,如图 1-15 所示。

所填信息如下表 1-1 所示。

表 1-1 AVD 参数说明

名 称	说 明
AVD Name	虚拟设备名,建议附上 Android 版本号
Device	设备类型,系统已提供多个选项
Target	设备运行的 Android 系统版本
CPU/ABI	CPU 架构,提供了 ARM 和 Intel Atom 两种架构
Skin	皮肤
Front Camera	前置摄像头
Back Camera	后置摄像头
Memory Option	内存设置
Internal Storage	内部存储容量设置
SD Card	SD 卡容器设置

(4)创建好 AVD 后,在管理界面中选中 AVD,点击右侧的“Start”按钮启动,如图 1-16

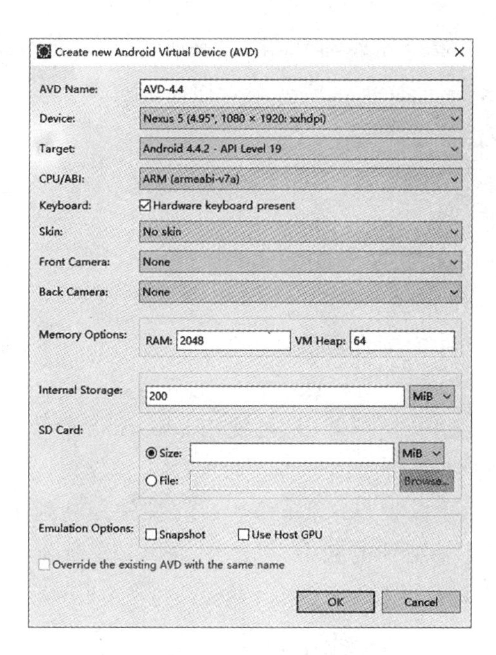

图 1-15　创建 AVD

所示。

图 1-16　AVD

1.3.3　Android Debug Bridge 的使用

Android Debug Bridge(ADB)是一个功能非常强大的工具,位于 Android SDK 安装目录的 platform-tools 子目录下。ADB 工具既可以完成模拟器与电脑文件的互相复制,也可以安装 APK 应用,甚至可以直接切换到 Android 系统中 Linux 命令。

ADB 工具的功能很多,下面详细说明各个常用命令。

1. 管理当前运行的模拟器

输入如下命令即可查看当前运行的模拟器:

adb devices:列出所有设备

adb start-server:开启 adb 服务

adb kill-server:关闭 adb 服务

2. 电脑与模拟器之间文件的相互复制

默认情况下,ADB 工具操作当前正在运行的模拟器。

如果需要将电脑文件复制到模拟器中,可使用 adb push 命令:

adb push d:/abc. txt /sdcard/

上面的命令将电脑的 D:\盘根目录下的 abc. txt 文件复制到手机的/sdcard/目录下。

如果需要将模拟器文件复制到电脑中,可使用 adb pull 命令:

adb pull /sdcard/xyz. txt　　d:/

上面的命令将模拟器的/sdcard/目录下的 xyz. txt 文件复制到电脑的 D:\盘根目录下。

3. 启动模拟器的 shell 窗口

Android 平台的内核是基于 Linux 的,有时开发者希望直接打开 Android 平台的 shell 窗口,这样就可以在该窗口内执行一些常用的 Linux 命令,如 ls、mkdir、rm 等。此时可考虑使用 adb shell 命令:

adb shell

4. 安装、卸载 APK 程序

APK 程序就是 Android 程序的发布包。虽然使用 Java 开发 Android 应用,但并不是直接将 Java 二进制文件复制到手机或模拟器上。可以通过 ADB 工具来安装、卸载 APK 程序。

使用 ADB 安装 APK 的命令格式如下:

adb install [-r] [-s] <file>

上面的命令格式指定安装<file>代表的 APK 包。其中-r 表示重新安装该 APK 包;-s 表示将 APK 包安装到 SD 卡上——默认是将 APK 包安装到内部存储器上。例如,如下命令即可安装 test. apk 包:

adb install test. apk

如果希望从 Android 系统中删除指定软件包,则可使用如下命令:

adb unintstall [-k] <package>

上面的命令格式指定删除<package>代表的 APK 包。其中-k 表示只删除该应用程序,但保留该程序所用的数据和缓存目录。

1.3.4 DDMS(Dalvik Debug Monitor Service)

DDMS(Dalvik Debug Monitor Service,Dalvik 虚拟机调试监控服务)是 Android 开发环境中 Dalvik 虚拟机调试监控服务。DDMS 作为 IDE、emulator(模拟器)、真机之间的桥梁,将捕捉到终端的 ID 通过 ADB 建立调试桥,从而实现发送指令到测试终端。当 DDMS 启动时会与 ADB 之间建立一个 device monitoring service 用于监控的设备。设备断开链接时，这个 service 就会通知 DDMS。当一个设备链接上时，DDMS 和 ADB 之间又会建立 VM monitoring services 用于监控设备上的虚拟机，将 Eclipse 的 Java 视图窗口切换到 DDMS 窗口。

(1)打开 Eclipse 菜单栏“Window”下的“Open Perspective”，如图 1-17 所示。

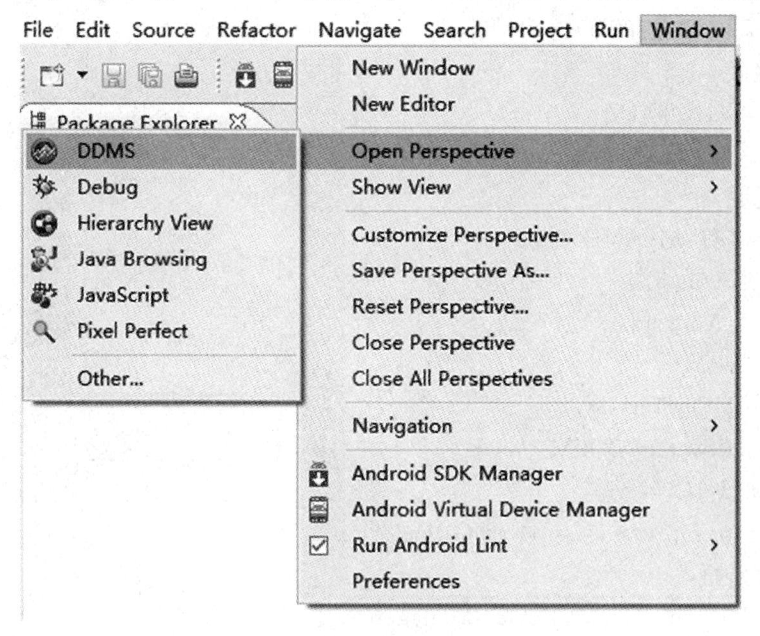

图 1-17　DDMS 菜单

(2)切换视图到 DDMS，如图 1-18 所示。

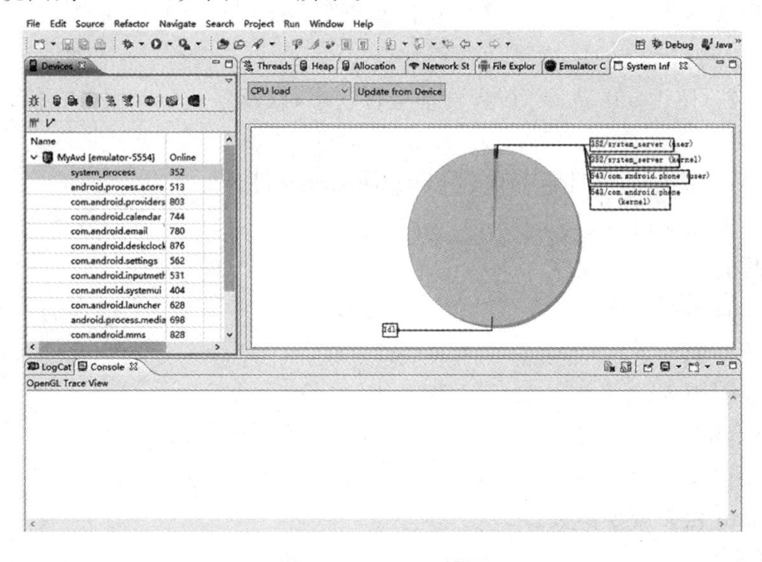

图 1-18　DDMS 界面

左侧为 Devices 窗口，可以看到模拟器 emulator-5554 的运行状态以及运行的进程，而且 DDMS 监听第一个终端 APP 进程的端口也会列在其中。右侧窗口中，可以看到 Threads、

Allocation Tracker、Network Statistics、File Explorer、Emulator Control、System Information 选项卡，分别显示线程统计信息、内存分配跟踪器（每个程序占用的内存）、网络统计信息、文件资源管理器、仿真器控制、Android 系统信息。

1.3.5 技能训练

【训练 1-2】 创建 AVD 并启动。

✎技能要点

(1)创建 AVD，并启动。

(2)设置 AVD 相关参数。

✎需求说明

(1)AVD 名称：MyAVD 4.4。

(2)设备：Nexus 5。

(3)Target：Android 4.4。

(4)CPU：ARM。

(5)Memory Options：2G。

(6)Internal Storage：200M。

(7)SD Card：1G。

(8)Emulator Options：Use Host GPU。

✎关键点分析

(1)使用 Android Virtual Device Manager。

(2)配置相关参数。

✎补充说明

(1)注意设置操作系统的版本，将影响后续开发 apk 运行。

(2)尽量选择内存大一些，保证运行正常。

【训练 1-3】 使用 adb 命令，查看设备运行状态，以及停止 adb 服务，再启动 adb 服务。

✎技能要点

(1)进入 Android SDK 目录下找到 platform-tools 目录。

(2)使用 adb 相关命令。

✎需求说明

(1)查看设备运行状态。

(2)停止 adb 服务。

(3)启动 adb 服务。

✎关键点分析

(1)正确使用 adb 命令。

(2)注意 adb 相关命令参数。

✎补充说明

熟练使用 adb 命令有助于 android 程序开发对模拟器或真机的控制。

本章总结

➢ Android 基于 Linux 平台，是由操作系统、中间件、用户界面和应用软件组成的开源手机操作系统。

➢ Android 大致可以分为四层架构：Linux 内核层、系统运行库层、应用框架层、应用层。

➢ 搭建 Android 开发环境的主要任务，包括获取安装 JDK、Android SDK、Eclipse 以及使用 Android Eclipse 相关插件设置。

➢ 开发 Android 应用程序，需要用到的相关工具有：SDK Manager、Android 模拟器、DDMS、ADB。

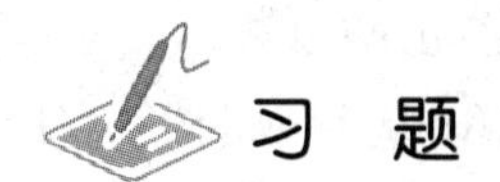

习　题

一、选择题

1. 被称为"Android 之父"的是(　　)。

A. Steve Jobs　　B. Andy Rubin　　C. Tim Cook　　D. Bill Gates

2. ADB 的常见指令中"列出所有设备"的指令是(　　)。

A. adb uninstall　　B. adb install

C. adb device　　D. adb kill-server

二、操作题

1. 在计算机上搭建 Android 开发环境。

2. 使用 AVD 创建一个模拟器。

第 2 章

第一个 Android APP——"Hello Android"

本章工作任务

- ✓ 创建第一个 Android APP 程序
- ✓ 熟悉和理解一个 Android 项目的文件结构
- ✓ 学会调试和测试 Android 项目
- ✓ 对 Android 程序进行打包和发布

本章知识目标

- ✓ 理解 Android 项目的程序结构
- ✓ 理解 Android 项目中 R 文件的作用
- ✓ 掌握 Android 项目中 AndroidManifest. xml 文件的作用

本章技能目标

- ✓ 学会创建 Android 项目程序
- ✓ 使用 Debug 调试 Android 项目程序
- ✓ 使用 LogCat 输出日志信息
- ✓ 使用 JUnit 对项目进行单元测试
- ✓ 打包 APK

本章重点难点

- ✓ 断点调试
- ✓ JUnit 的使用

Android应用的开发十分简单，所有Android应用程序都是建立在应用程序框架之上的，所以Android编程就是面向应用程序框架API编程——这种开发方式与编写普通Java程序没有太大区别，只是使用Android API罢了。

2.1 创建第一个Android APP

2.1.1 使用向导创建“Hello Android”

(1)启动Eclipse，在菜单栏中选择：File→New→Android Application Project，如图2-1所示。

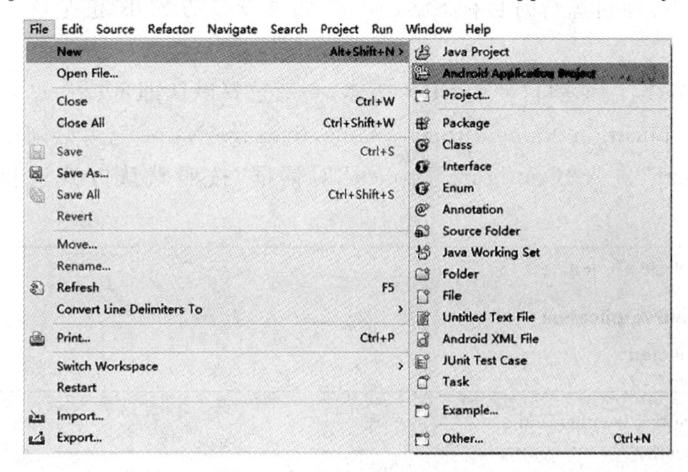

图2-1 新建Android项目

(2)弹出“New Application App”对话框，填入相关信息，如图2-2所示。

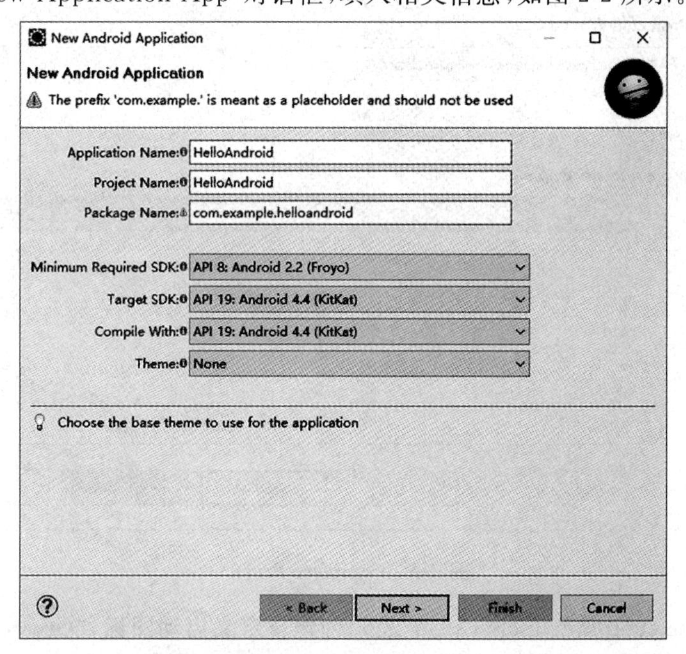

图2-2 输入项目相关信息

具体来说这些条目的含义如下：

①Application Name：App 的名字，将会在“Setting → Apps”应用程序列表中显示，填入“HelloAndroid”。

②Project Name：项目的文件路径及在 Eclipse 中显示的名称，填入“HelloAndroid”。

③Package Name：项目源码的包名（规则和普通的 Java 项目类似），填入“com. example. helloandroid”。

④Minimum Required SDK：项目编译所需 SDK 的最低版本，默认即可。如果当前设备中的 SDK 版本低于此，则项目将无法在其上运行。

⑤Target SDK：项目运行时目标 SDK 版本，如果设备的 SDK 也是这个版本，将不会出现任何兼容问题。

⑥Complie With：编译项目使用 SDK 版本，一般选择默认即可。

一般来说，Application Name、Project Name，Package Name 三者必须填写。

(3)选择“Next”进入“Configure Project”对话框，按照默认方式选择即可，如图 2-3 所示。

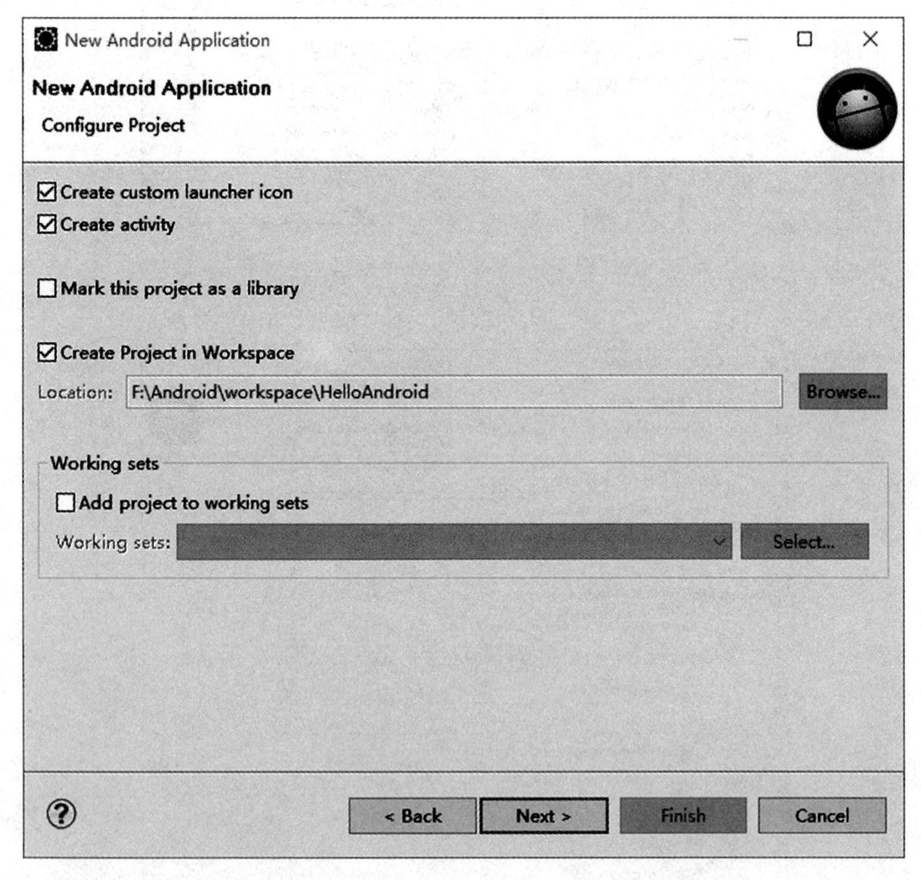

图 2-3　Configure Project

其中，“Create custom launcher icon”表示创建自定义启动图标，“Create activity”表示创建 activity，“Create Project in Workspace”表示在工作空间创建项目。

(4)选择“Next”,进入“Configuration the attribute of the icon set ”,按照默认选择即可,如图 2-4 所示。

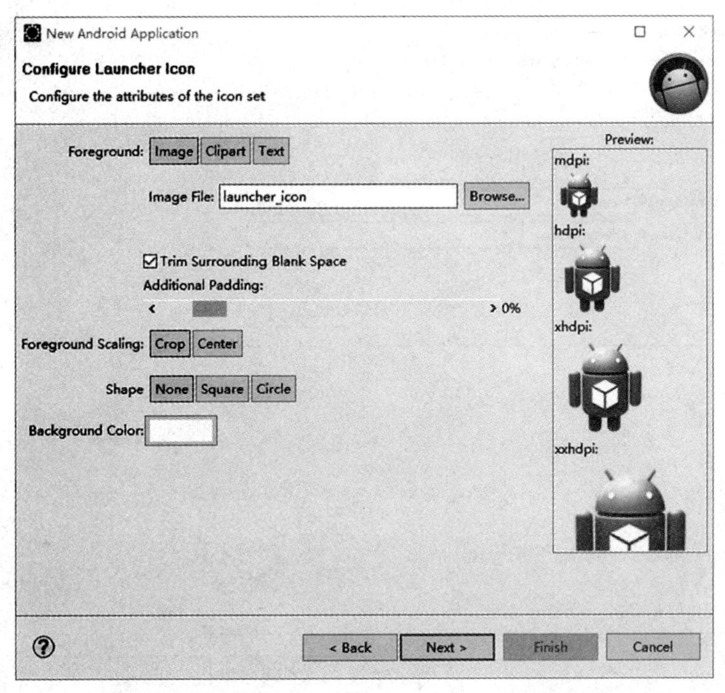

图 2-4 Configuration the attribute of the icon set

(5)选择“Next”,进入“Create Activity”,按照默认选择即可,如图 2-5 所示。

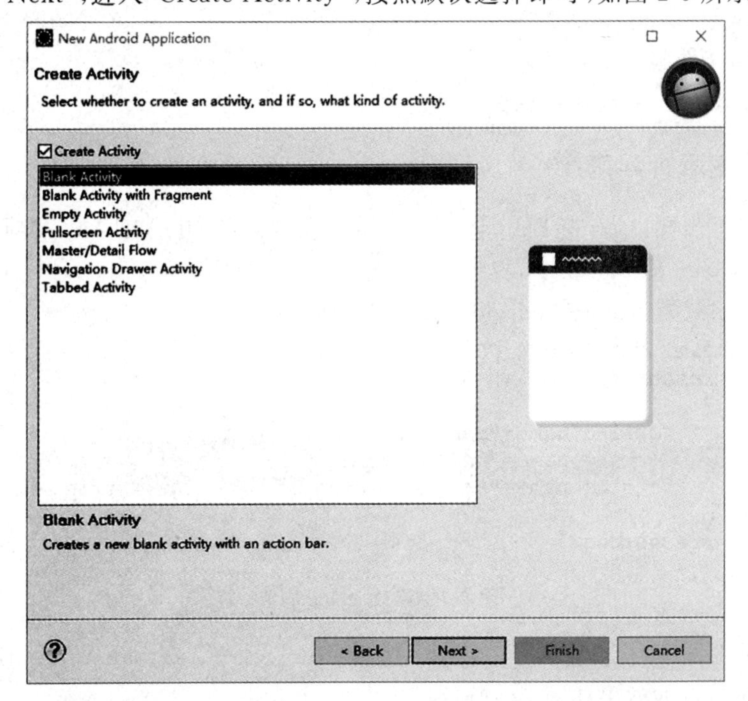

图 2-5 Create Activity

（6）选择“Next”，进入“Blank Activity”，按照默认选择即可，如图 2-6 所示。

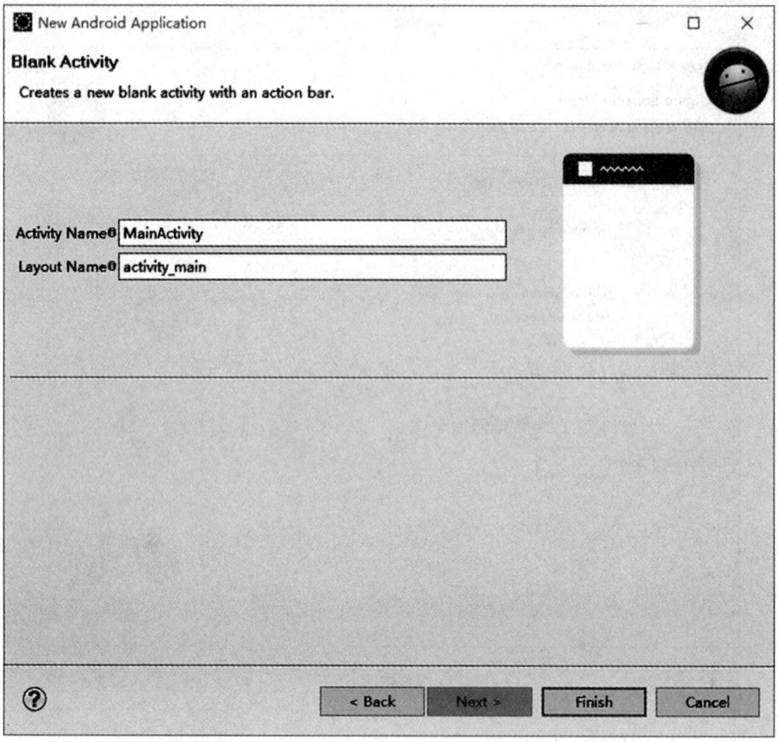

图 2-6　Blank Activity

其中 Activity Name 表示为第一个 Activity 起一个名字，Layout Name 表示为第一个 Activity 的布局文件起一个名字。

（7）选择“Finish”，完成项目创建。

2.1.2　让程序运行起来

（1）完成以上步骤以后，在 Eclipse 中会新增一个名为“HelloAndroid”的项目，在 Eclipse 的左侧窗口 Package Explorer 中，找到 HelloAndroid 项目中 res/values/ strings. xml 文件，修改“Hello World”为“Hello Android”，如图 2-7 所示。

```
1 <?xml version="1.0" encoding="utf-8"?>
2 <resources>
3
4     <string name="app_name">HelloAndroid</string>
5     <string name="hello_world">Hello Android</string>
6     <string name="action_settings">Settings</string>
7
8 </resources>
```

图 2-7　修改 string 的值

（2）右键单击该项目，会弹出下拉菜单，选择：Run As →Android Application，具体如图 2-8 所示。程序运行的效果如图 2-9 所示。

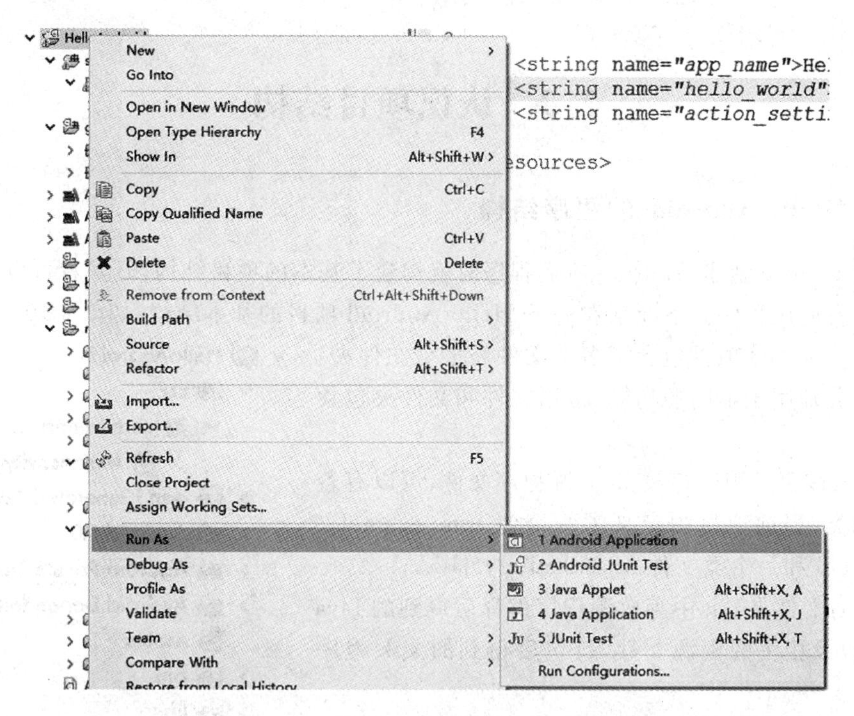

图 2-8　运行程序

图 2-9　Hello Android 程序运行画面

2.2 认识项目结构

2.2.1 "Hello Android"的程序结构

使用 Eclipse 创建 Android 应用程序时就构建了基本的项目结构，开发者可以在此基本结构上开发应用程序。下面来看一下 Hello Android 项目的基本结构，如图 2-10 所示。

一个 Android 项目包含了多个文件和多个文件夹，这些文件分别用于不同的功能，常用文件和文件夹包含如下：

• src：该目录用于存放 Java 源程序文件，可以有若干个包和类，当前项目中定义了一个包 com. example. helloandroid 和一个类文件 MainActivity. java。

• bin：文件夹 bin 中存放源程序编译后得到的 Java 类文件，以及相关的资源文件，打包后得到的 apk 程序安装文件。

• libs：如果项目中用到了第三方的 jar 包，就需要把这些 jar 包都放在 libs 目录下，放在这个目录下的 jar 包都会被添加到构建路径中。

• assets：文件夹 assets 存放程序需要用到的辅助文件，如音频文件、视频文件、数据文件等。当前程序没有使用任何辅助文件。

• res：文件夹 res 存放程序中需要用到的资源文件，该文件夹通常包含若干子文件夹，如 drawable-XXX、layout、values、menu 等。

• res/drawable-XXX：drawable 子文件夹存放程序中用到的图片或者动画资源。由于不同手机的屏幕分辨率相差较大，要使程序在不同手机上都获得理想的显示效果，需要针对高分辨率、中等分辨率和低分辨率三种情况准备三套不同的图片资源文件。所以对应的有三个 drawable 子文件夹：drawable-hdpi 中保存高分辨率图片，drawable-mdpi 中保存中等分辨率图片，drawable-ldpi 中保存低分辨率图片，通常程序的图片是一个 png 类型的图片。如果想用自己的图标替换这些系统图片，可以直接替换这些文件。

```
HelloAndroid
  src
    com.example.helloandroid
      MainActivity.java
  gen [Generated Java Files]
  Android 6.0
  Android Private Libraries
  Android Dependencies
  assets
  bin
  libs
  res
    drawable-hdpi
    drawable-ldpi
    drawable-mdpi
    drawable-xhdpi
    drawable-xxhdpi
    layout
      activity_main.xml
    menu
    values
    values-v11
    values-v14
    values-w820dp
  AndroidManifest.xml
  ic_launcher-web.png
  proguard-project.txt
  project.properties
```

图 2-10 Hello Android 程序项目结构

• res/layout：Android 应用程序开发的一个特点是将程序用户界面与对用户界面的控制分离开来。layout 子文件夹存放的就是描述用户界面信息的若干 xml 文件，而对用户界面的控制则由 Java 程序来完成。一般来说，程序中的每个用户界面都对应一个 xml 文件。当前程序 MainActivity. java 应用的界面文件就是 activity_main. xml。

• res/values:子文件夹 values 用于存放一些程序中用到的数据,比如常量、字符串、尺寸、样式等,这些数据通常组织成 xml 格式的文件。例如 Hello Android 中程序的名字,界面显示的文字都是从 values 文件夹下 strings. xml 文件中获取的。

• gen:该文件夹名字后面有一个提示信息"Generated Java Files"。也就是说该文件夹里存放的是自动生成的 Java 文件,作为开发者不能在该文件夹里创建文件,或者去修改自动生成的文件,当前项目自动生成了一个 R. java 文件。R. java 文件是一个资源信息文件。

• proguard-project. txt:该文件是 Android 提供的混淆代码工具 proguard 的配置文件,通过该文件可以混淆应用程序中的代码,防止应用程序被反编译出源码。

• project. properties:该文件记录了 Android 项目运行时的环境,并通过一行代码指定了编译程序时所使用的 SDK 版本,这个版本可以手动更改,但必须是已下载的版本。

• AndroidManifest. xml:该文件是整个项目的配置文件,在程序中定义的四大组件都需要在这个文件里注册,另外还可以在这个文件中给应用程序添加权限声明,也可以重新制定创建项目时程序最低兼容的版本和最高版本。清单文件配置的信息会配置到 Android 系统中,当程序运行时,系统会先找到清单文件中配置的信息,然后根据设置的信息打开相应的组件。

2.2.2 认识 R. java 文件

在类 R 中包含了若干个内部类,分别对应 drawable、layout 和 string 等资源文件,具体如图 2-11 所示。

```
package com.example.helloandroid;

public final class R {
    public static final class anim {
    public static final class attr {
    public static final class bool {
    public static final class color {
    public static final class dimen {
    public static final class drawable {
    public static final class id {
    public static final class integer {
    public static final class layout {
    public static final class menu {
    public static final class string {
    public static final class style {
    public static final class styleable {
}
```

图 2-11 R 文件的内部类

所有的这些信息都被赋了一个十六进制的整数值,用于唯一表示这些资源信息。文件夹 res 中的具体资源就是通过这些数值与 Java 程序关联起来的。可以在 Java 程序代码中这样来引用:

```
setContentView(R.layout.activity_main);
```

R. layout. activity_main 就是对 layout 文件夹下 activity_main. xml 的引用，这是一个布局资源文件。

2.2.3 认识 AndroidManifest. xml 文件

AndroidManifest. xml 清单文件是每个 Android 项目所必需的，是整个 Android 应用的全局描述文件，说明了该应用的名称、所使用的图标以及包含的组件等。

AndroidManifest. xml 清单文件通常包含以下信息：

(1)应用程序的包名，该包名将会作为该应用的唯一标识。

(2)应用程序所包含的组件，如 Activity、Service、BroadcastReceiver 和 ContentProvider 等。

(3)应用程序兼容的最低版本。

(4)应用程序使用系统的权限声明。

(5)其他程序访问该程序所需要的权限声明。

下面是当前项目的 AndroidManifest. xml 文件结构：

```
<? xml version = "1.0" encoding = "utf-8"? >
<manifest xmlns:android = "http://schemas.android.com/apk/res/android"
    package = "com.example.helloandroid"
    android:versionCode = "1"
    android:versionName = "1.0" >
<! --指定该 Android 应用的包名，该包名可用于唯一地表示该应用 -->
    <uses-sdk  android:minSdkVersion = "11"  android:targetSdkVersion = "19" />
<! --本程序所使用的 SDK 版本，以及支持的最小的版本 -->
    <application
        android:allowBackup = "true"
        android:icon = "@drawable/ic_launcher"
        android:label = "@string/app_name"
        android:theme = "@style/AppTheme" >
<! --指定 Android 应用标签和图标、主题 -->
      <activity
         android:name = ".MainActivity"
         android:label = "@string/app_name" >
         <intent-filter>
            <action android:name = "android.intent.action.MAIN" />
            <category android:name = "android.intent.category.LAUNCHER" />
         </intent-filter>
      </activity>
<! --定义 Android 应用的一个组件 Activity，该 Activity 的类为 MainActivity -->
      </application>
</manifest>
```

2.2.4 项目中的 SDK 版本

为了让应用程序指定可以运行的版本，AndroidManifest. xml 文件中提供了＜uses-sdk＞标签。该标签中有三个属性，分别是 minSdkVersion，targetSdkVersion，maxSdkVersion。

标签＜uses-sdk＞中指定的并不是 sdk 的版本，也不是 Android 系统的版本，而是使用的 Android 平台的版本，即 API level。API level 是一个整数，指的是框架(Framework)的版本，也就是 sdk 中各个平台下的 android. jar。但是这个 API level 又和 Android 系统的版本有着对应关系，并且每个系统都会在内部记录所使用的 API level。举例来说，当使用的手机系统是 Android 2. 3. 3，那么就会在内部记录使用的 API level 为 10。这个内部的 API level 可以让系统判定能不能安装一款 App。API level 和 sdk 中 platforms 目录中的各个 android. jar 是一一对应的。Android 系统版本是给 Android 用户看的，而 API level 是给应用程序开发者看的。

android：minSdkVersion 指明应用程序运行所需的最小 API level。如果系统的 API level 低于 android：minSdkVersion 设定的值，那么 android 系统会阻止用户安装这个应用。如果指明了这个属性，并且在项目中使用了高于这个 API level 的 API，那么会在编译时报错。将 build target 设为最新的 android-23，那么就会使用最新的 android-23 下的 android. jar 来编译项目。将 minSdkVersion 设置为 8。在使用的 android. jar 中，肯定会有和 ActionBar 相关的 API，但是在项目中调用 ActionBar API，项目会报错。因为 minSdkVersion 指明的 API level 8 中不存在 ActionBar 相关的 API。

android：targetSdkVersion 标明应用程序目标 API Level 的一个整数。如果不设置，默认值和 minSdkVersion 相同。这个属性通知系统，针对指定目标版本测试过的程序，系统不必再使用兼容模式来让应用程序向前兼容这个目标版本。如果平台的 API Level 高于应用程序中的 targetSdkVersion 属性指定的值，系统会开启兼容行为来确保应用程序继续以期望的形式来运行。targetSdkVersion 这个属性是在程序运行时期起作用的，系统根据这个属性决定要不要以兼容模式运行这个程序。一般情况下，应该将这个属性的值设置为最新的 API level 值，这样的话可以利用新版本系统上的新特性。Eclipse 在生成项目时，默认将该值设置为最高，如果设置一个较低的值，会给出一个警告。

android：maxSdkVersion 标明可以运行的应用的最高 API Level 版本。根据官方文档中的说明，已经不再推荐使用这个属性。

build target 并不存在于 AndroidManifest. xml 文件中，而是存在于项目根目录的 project. properties 文件中。如果使用 Eclipse 构建项目的话，那么每个项目的根目录下都会有一个 project. properties 文件，这个文件中的内容用于告诉构建系统，怎样构建这个项目。打开这个文件，除了注释之外，还有以下一行：

target＝android-23

也可以选中项目右键菜单中“Properties”，打开对话框在左侧中选中“Android”项，如图 2-12 所示。

此时就指明 build target，也就是根据哪个 android 平台构架这个项目。指明 build target 为 android-23，就是使用 sdk 中 platforms 目录下 android-23 目录中的 android. jar 这个 jar 包编译项目。同样，这个 android. jar 会被加入到本项目的 build path 中，如图 2-13 所示。

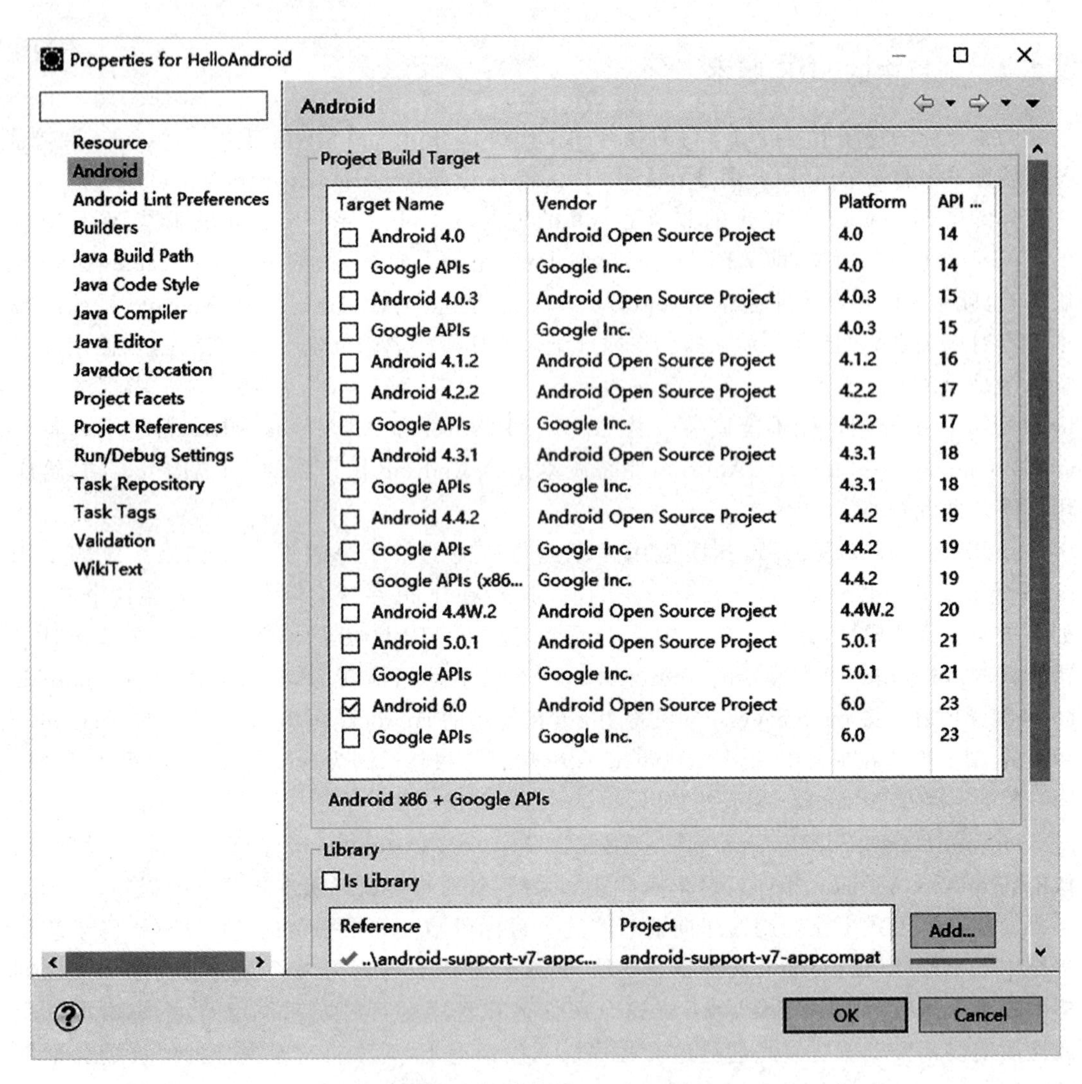

图 2-12　项目属性对话框

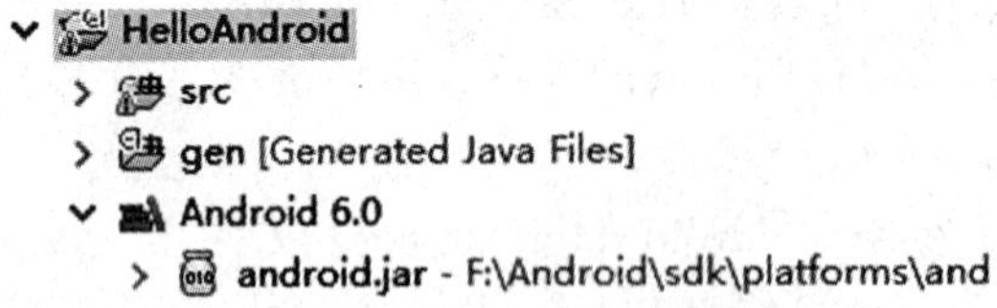

HelloAndroid
src
gen [Generated Java Files]
Android 6.0
android.jar - F:\Android\sdk\platforms\and

图 2-13　项目 build Target 的 SDK 为 API level 23

2.2.5　技能训练

【训练 2-1】　将项目的 Build Target SDK API Level 改成 19。

技能要点

(1)找到项目 Properties 对话框。

(2)修改 Build Target。

↳需求说明

(1)建立 Android 项目。

(2)设置项目相关 SDK。

(3)打开模拟器。

(4)修改项目的 Properties Build Target API Level 版本为 19。

↳关键点分析

(1)下载和更新 Android SDK。

(2)测试程序,并运行该程序。

2.3 调试

每个 Android 应用程序上线之前都会进行一系列的测试,确保应用能够正常使用后才正式发布。通常的调试方法有:设置断点、使用 LogCat、单元测试等。

2.3.1 设置断点与 Debug 模式

Android 提供的配套工具是强大的,利用 Eclipse 和 Android 基于 Eclipse 的插件,可以在 Eclipse 中对 Android 程序进行断点调试。具体操作如下:

(1)设置断点

打开之前项目中 MainActivity.java 文件,和普通的 Java 应用设置断点一样,可以通过双击代码区域左边栏进行断点设置,如图 2-14 所示。

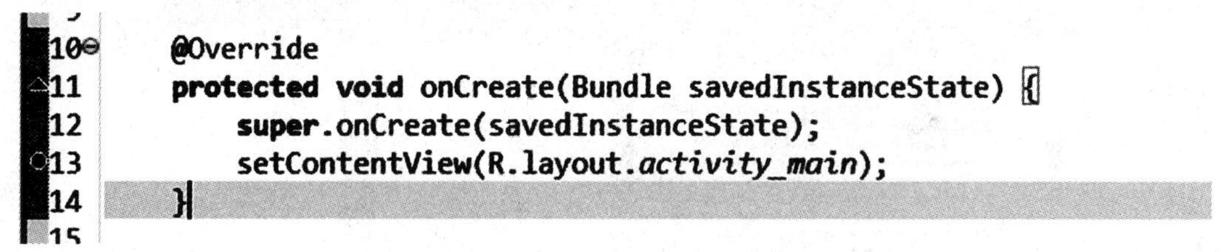

```
10    @Override
11    protected void onCreate(Bundle savedInstanceState) {
12        super.onCreate(savedInstanceState);
13        setContentView(R.layout.activity_main);
14    }
15
```

图 2-14 设置断点

(2)Debug 项目

Debug Android 项目的操作和 Debug 普通 Java 项目类似,选中项目右击弹出的菜单选中“Debug As”,再选中“Android Application”菜单,如图 2-15 所示。

(3)断点跟踪

当启动 Debug 后,Eclipse 会进入调试视图,程序运行到断点时会自动暂停下来,如图 2-16 所示。

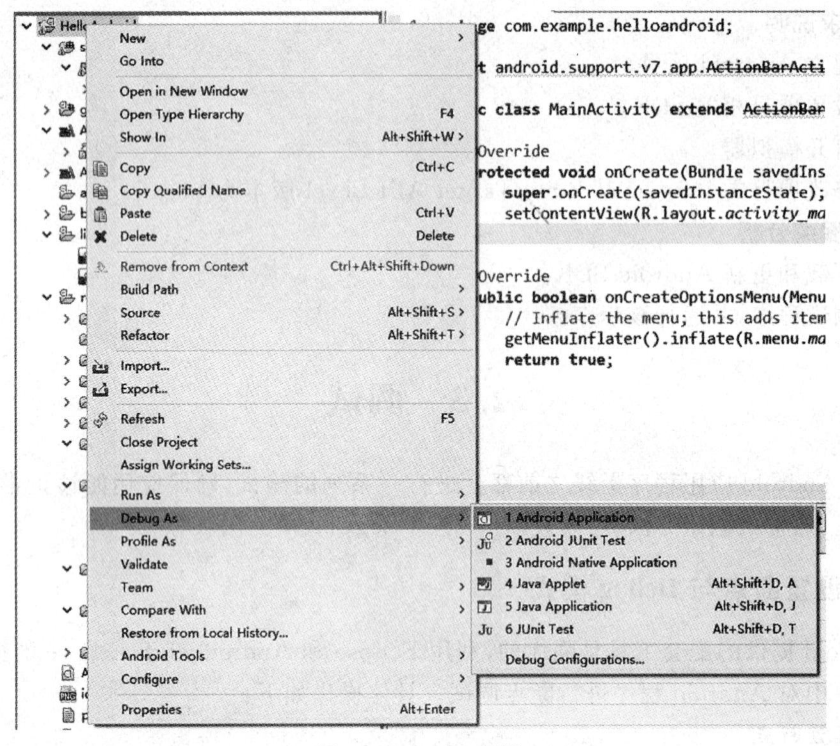

图 2-15 Debug 项目

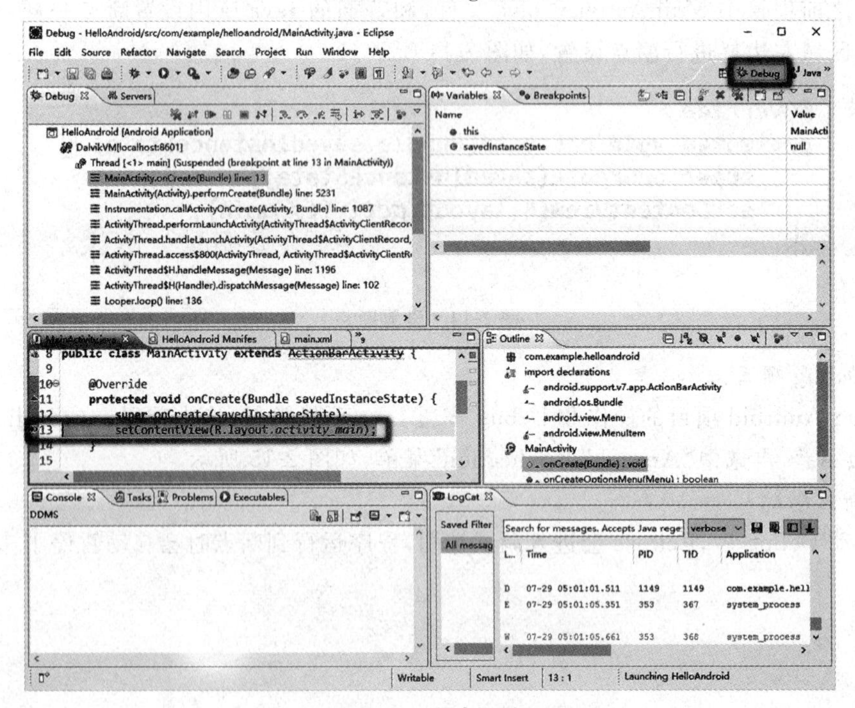

图 2-16 断点跟踪

2.3.2 使用 LogCat

在 Java 程序开发中，常常使用 System. out. println(“”)来输出日志信息到 Console 控制

台视图中。而在 Android 中，应用是运行在一个单独的设备中，Android 应用的调试信息会输出到这个设备单独的日志缓存区，如果需要显示设备日志缓冲区中这些日志信息，就需要使用 LogCat。

Log 类包含在 android. util 包中，使用 Log 类输出的日志内容分为五个级别，由低到高分别为 Verbose、Debug、Info、Warning 和 Error，这些级别分别对应 Log 类中的 Log. v()、Log. d()、Log. i()、Log. w()和 Log. e()五个静态方法，使用不同的方法输出信息的颜色也各有不同。

如果 LogCat 视图没有显示在屏幕上，可以通过选择“Window → Show View → LogCat”来打开 LogCat 控制台窗口，如图 2-17 所示。

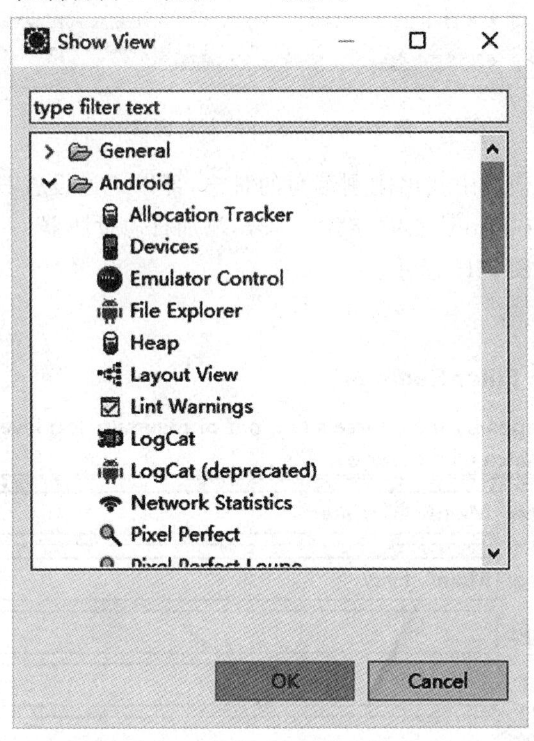

图 2-17　显示 LogCat 控制台窗口

接下来修改 MainActivity. java，在其中添加相关日志输出代码。

```
public class MainActivity extends Activity {
    @Override
    protected void onCreate(Bundle savedInstanceState){
        super.onCreate(savedInstanceState);
        setContentView(R.layout.activity_main);
        Log.v("MainActivity","Verbose");
        Log.d("MainActivity","Debug");
        Log.i("MainActivity","Info");
        Log.w("MainActivity","Warning");
        Log.e("MainActivity","Error");
```

```
        }
    }
```

执行程序，此时会在 LogCat 控制台中打印所有的 Log 信息，如图 2-18 所示。

Problems | @ Javadoc | Declaration | Console | LogCat

Saved Filters

All messages (no filters) (281
com.example.helloandroid (S

Search for messages. Accepts Java regexes. Prefix with pid:, app:, | verbose

L...	Time	PID	TID	Application	Tag
E	07-29 05:18:47.631	1149	1149	com.example.hello...	AndroidRuntime
E	07-29 05:18:47.631	1149	1149	com.example.hello...	AndroidRuntime
E	07-29 05:18:47.631	1149	1149	com.example.hello...	AndroidRuntime
E	07-29 05:18:47.631	1149	1149	com.example.hello...	AndroidRuntime
E	07-29 05:18:47.631	1149	1149	com.example.hello...	AndroidRuntime

图 2-18　LogCat 控制台窗口

为了在繁多的输出信息中找出刚刚编写的日志，可以通过设置日志过滤器来过滤日志信息。在上图左侧"Save Filter"栏中点击"＋"号，添加日志过滤器。

设置日志过滤器如图 2-19 所示。

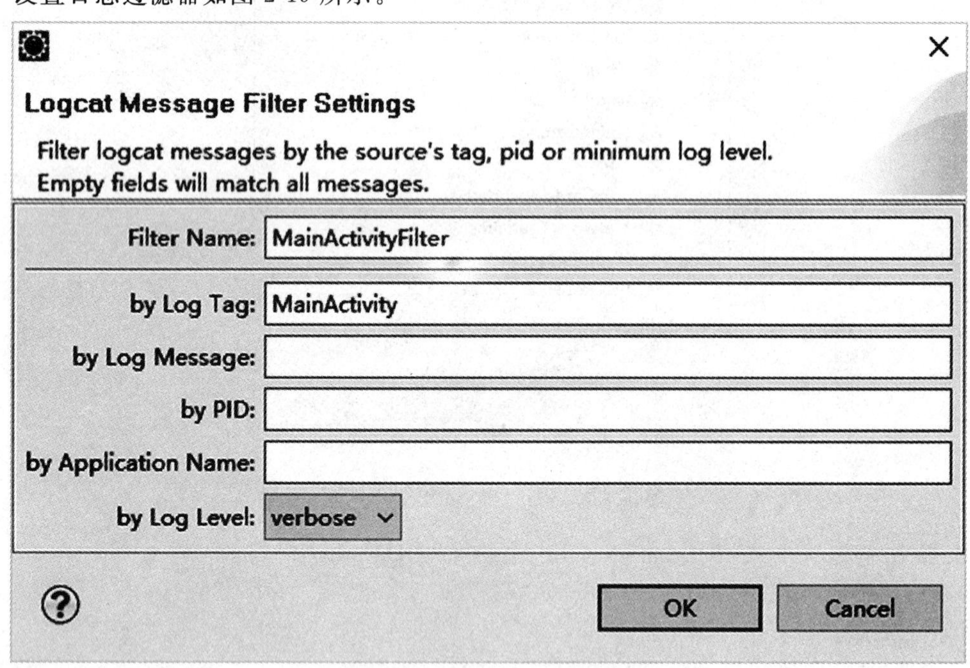

图 2-19　设置日志过滤器

"Filter Name"表示日志过滤器名称，"by Log Tag"表示过滤的标签。对应 Log 各个静态方法的第一个参数，表示按此参数过滤。

过滤的结果如图 2-20 所示。

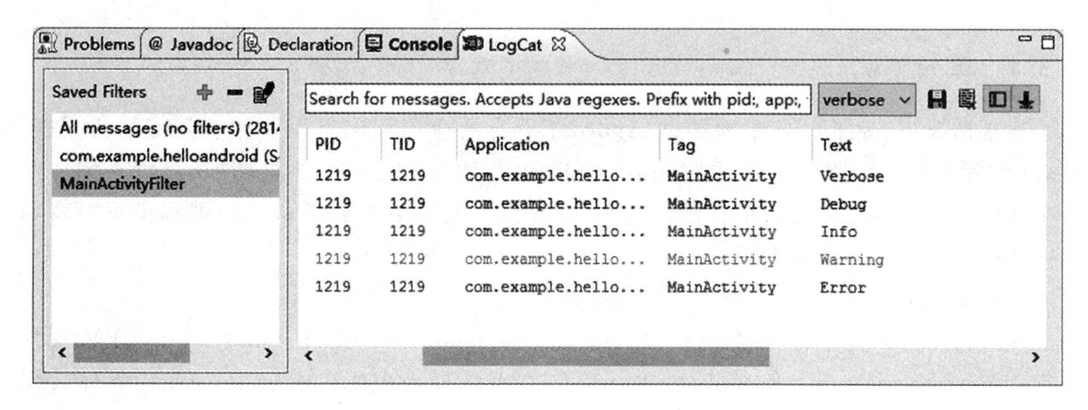

图 2-20 设置日志过滤器后显示的日志

五种不同的方法表示日志级别不同。Versobe，表示全部信息，黑色；Debug，表示调试信息，蓝色；Info，表示一般信息，绿色；Warning，表示警告信息，橙色；Error，表示错误信息，红色。

2.3.3 使用 Toast

很多 Android 开发者习惯将 Toast 作为调试使用的工具，通过 Toast 组件可以显示各种变量，方便观察错误。Toast 会显示一个小消息告诉用户一些必要的信息，该消息在显示较短的时间后会自动消失，并不会干扰用户操作。

Toast 组件有两个方法：makeText()和 show()，其中 makeText()方法用于设置要显示的字符串，show()方法显示消息框，基本用法如下：

Toast 变量名称＝Toast. makeText(Context, Text, Time)；

变量名称. show()；

第一个参数 Context 是一个抽象类，表示应用程序环境的信息，即当前组件的上下文环境。Android 中提供了该抽象类的具体实现，通过实现类可以获取应用程序的资源等，在 Activity 中使用当前“主程序类名. this”即可。Text 是要显示的消息字符串，Time 表示显示时长，该属性是特定的值，Toast. LENGTH_LONG，表示较长时间显示，Toast. LENGTH_SHORT 表示较短时间显示，这两个属性具有的值也可以用 int 类型整数 0 和 1 代替，“0”代表 SHORT，“1”代表 LONG。

例如要在程序中创建一个 Toast 显示“Hello Android”消息，代码如下：

Toast. makeText (MainActivity. this, " Hello Android ", Toast. LENGTH_LONG). show()；

将程序运行起来，效果如图 2-21 所示。

图 2-21 Toast

2.3.4 单元测试

通常情况下，为了更方便地测试 Android 平台的应用程序可以使用 JUnit 单元测试。JUnit 实际上是一个测试框架，是 Android SDK1.5 加入的自动化测试功能，可以在完成某一个功能之后对该功能进行单独测试，而不是把应用程序安装到手机或模拟器中再对各项功能进行测试。具体步骤如下：

(1)配置 JUnit

在进行 JUnit 测试时，首先需要在 AndroidManifest.xml 的<manifest>节点下配置指令集<instrumentation>和<application>节点下配置函数库<uses-library>，具体代码如下：

```
<?xml version="1.0" encoding="utf-8"?>
<manifest xmlns:android="http://schemas.android.com/apk/res/android"
    package="com.example.helloandroid"
    android:versionCode="1"
    android:versionName="1.0">
……
    <application
        android:allowBackup="true"
        android:icon="@drawable/ic_launcher"
        android:label="@string/app_name"
        >
    <uses-library android:name="android.test.runner"/>
……
    </application>
    <instrumentation android:name="android.test.InstrumentationTestRunner"
         android:targetPackage="com.example.helloandroid"></instrumentation>
</manifest>
```

注意<instrumentation>中 android:targetPackage 配置的包名必须要与被测试的应用包名一致，否则会出现找不到单元测试用例的错误。

(2)编写测试类

在 src 同一个包下创建一个类 MainActivityTest，该类需要继承 AndroidTestCase 类，再在该类中创建一个 test 方法，用于测试，假定此处测试一个用户登录账号和密码是否正确。测试方法必须抛出异常，不能捕获异常，以免出现 bug 后异常被捕获而导致测试框架得不到测试结果。详细代码如下：

```
package com.example.helloandroid;
import android.test.AndroidTestCase;
public class MainActivityTest extends AndroidTestCase {
    public void testLogin ()throws Exception{
        String user = "android";
        String password = "123";
```

```
        assertEquals(true,user.equals("android")&& password.equals("123"));
    }
}
```

assetEquals()方法用于断言当前的结果与程序运行结果是否匹配，如果匹配表示程序运行正确。

(3)运行测试

使用JUnit测试程序有两种方法：一种是选中类名，右键单击弹出快捷菜单选择“Run As→Android JUnit Test”，这样做可以对该类所有的方法进行单元测试，如图2-22所示。

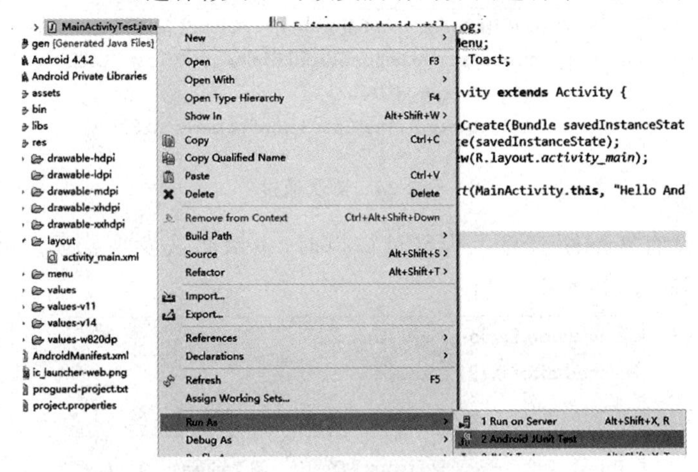

图2-22　选中测试类进行测试

另一种方法就是选中类中某一个方法名，右击选择“Run As→Android JUnit Test”，这种方式是针对这个方法进行测试，如图2-23所示。

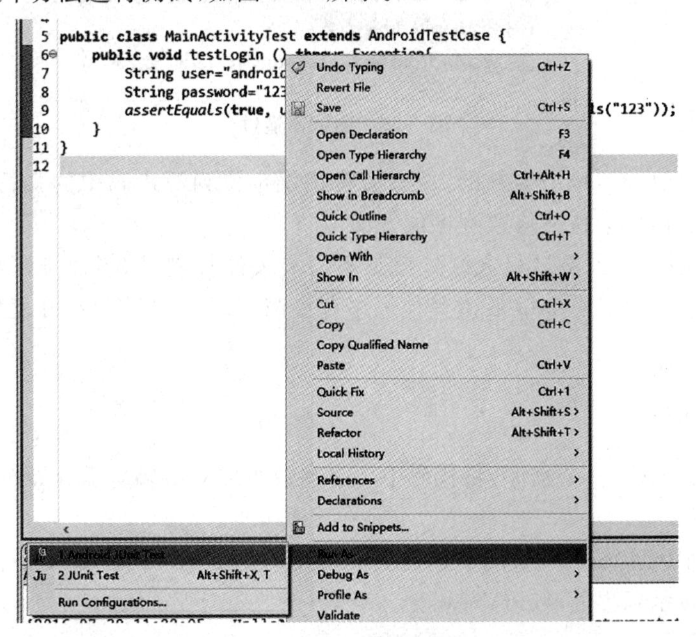

图2-23　选中方法进行测试

接下来，运行测试会出现一个 JUnit 测试运行的结果窗口。当测试结果匹配断言显示为绿色窗口，表示测试通过，如图 2-24 所示。

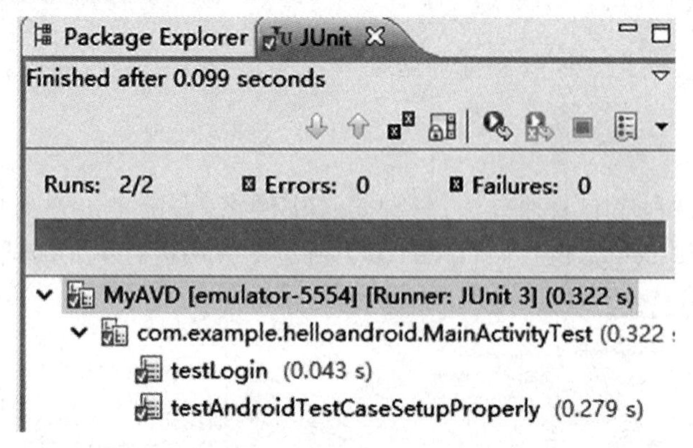

图 2-24　测试通过

当测试结果没有匹配断言显示为红色窗口时，表示测试发现错误。可以修改密码为“1234”，让测试不通过，如图 2-25 所示。

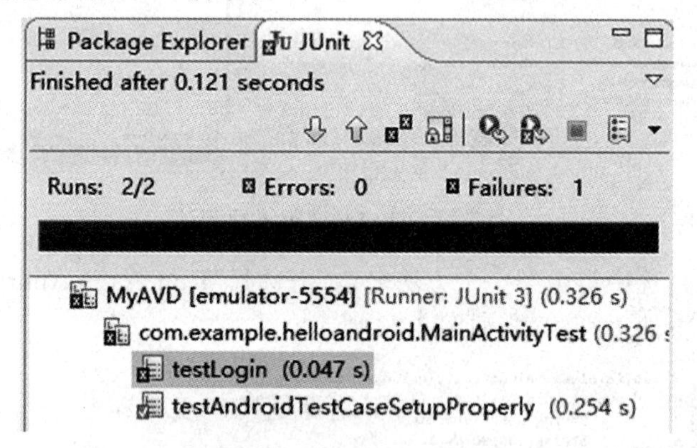

图 2-25　测试不通过

当测试出现红色时，单击出错的方法，会将错误定位到源代码中的某行代码，这样可以快速定位出错位置，便于快速修改程序的 bug。

使用 JUnit 进行单元测试最大好处就是不需要关注控制层，当业务逻辑写好之后就可以进行单独测试，确保没有 bug 后由其他程序直接调用，无需等待 UI 开发出来就可以提前进行开发程序测试。

2.3.5　技能训练

【训练 2-2】　编写一个程序，将代码中 2 个整数相加的结果显示到界面上去。

技能要点

(1)找到项目中 MainActivity.java 文件在 OnCreate 中添加 java 代码，定义 2 个整数变量 a 和 b。

(2)将结果显示到界面 TextView 上。

需求说明

(1)建立 Android 项目。

(2)修改 layout 文件夹下 activity_main. xml 中 TextView，添加 id 属性，设置值为 tvResult。

(3)编写加法代码。

(4)运行程序。

↳关键点分析

(1)给 TextView 取名注意使用@+id。

(2)java 代码中引用该控件 id，使用如下代码：

```
TextView tv = (TextView) findViewById(R.id.tvResult);
```

【训练 2-3】 按照【训练 2-2】的需求，使用断点方式调试程序。

↳技能要点

(1)在 MainActivity. java 中设置断点。

(2)启动 Debug 模式，让程序运行停止在断点。

↳需求说明

(1)观察 Debug 视图。

(2)使用断点调试的方式，追踪代码执行时，各变量的变化情况。

↳关键点分析

(1)查看程序运行过程变量值。

(2)断点的设置和取消。

【训练 2-4】 按照【训练 2-2】的需求，使用 LogCat 方式输出程序执行过程的日志信息。

↳技能要点

(1)在 MainActivity. java 中添加 LogCat 代码，输出加法的结果。

(2)正常启动程序，查看 LogCat 输出信息。

↳需求说明

(1)熟悉 LogCat 的用法。

(2)打开 LogCat 视图。

↳关键点分析

(1)LogCat 五种静态方法的使用。

(2)LogCat 过滤器的使用。

【训练 2-5】 按照【训练 2-2】的需求，使用 JUnit 对代码进行单元测试。

↳技能要点

(1)添加单元测试类。

(2)编写测试代码。

(3)运行测试，观察结果。

↳需求说明

(1)在 AndroidManifest. xml 中添加 JUnit 相关配置。

(2)编写继承 AndroidTestCase 的测试类。

↳关键点分析

(1)熟悉断言的用法。

(2)查看代码的出错位置。

2.4 打包与发布

2.4.1 打包与发布

如果要将 Android 应用程序发布到互联网上供别人使用，就必须要将已有的程序打包成正式的 Android 安装包文件(Android Package，apk)，文件的扩展名为 apk。虽然使用"Run As"也能够生成一个 apk 程序安装包，但是使用该命令生成的程序只是测试的安装包，只能供开发者测试使用。

为了正式发布，应该通过签名方式打包 Android 程序，具体步骤如下：

(1)右击项目名称，依次选择"Android Tools →Export Signed Application Package"，如图 2-26 所示。

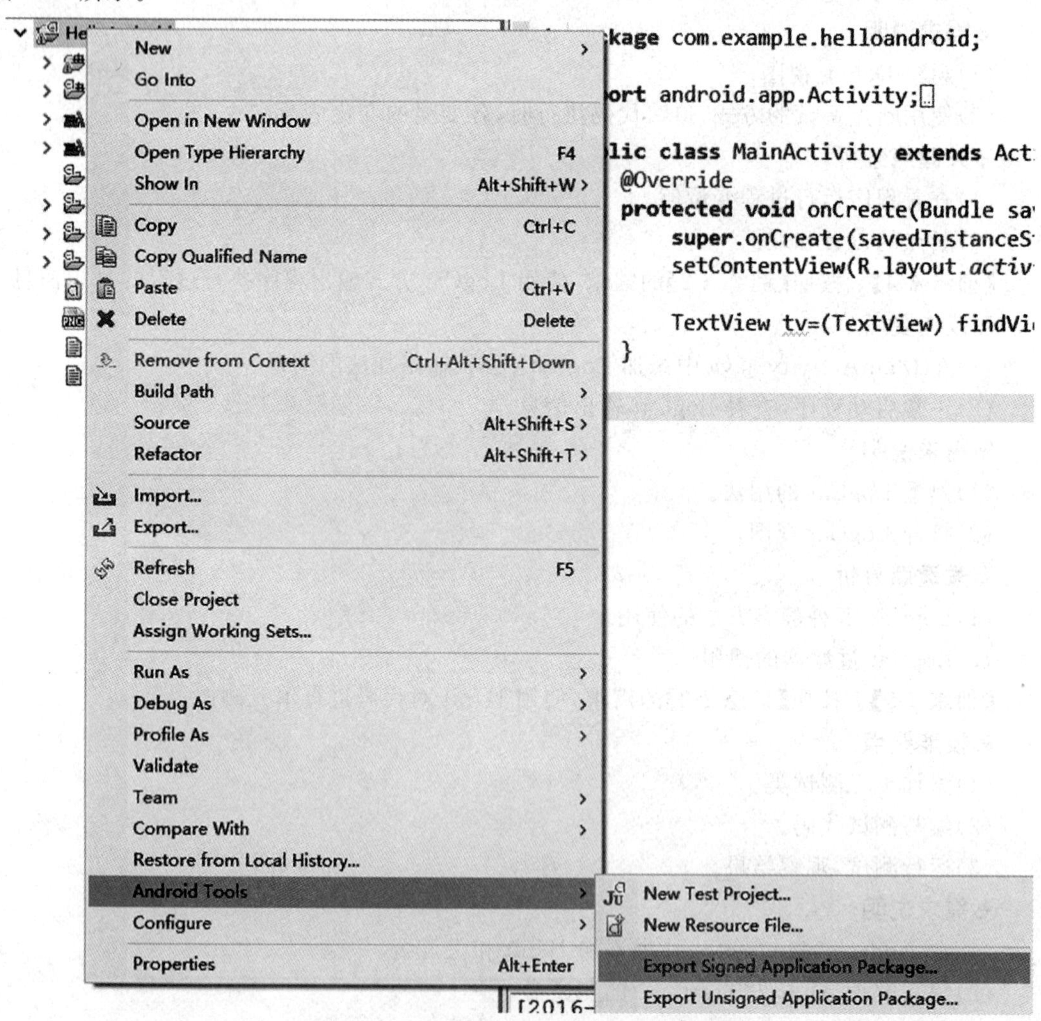

图 2-26 Export Signed Application Package

(2)打开 Project Checks 对话框，在该界面中选中要导出的项目"Hello Android"，如图

2-27 所示。点击“Next”按钮，进入 Keystore selection 对话框，该界面用于选择或创建程序的认证证书。第一次发布程序，选择创建证书库，然后选择证书保存的位置，并设置证书密码，如图 2-28 所示。

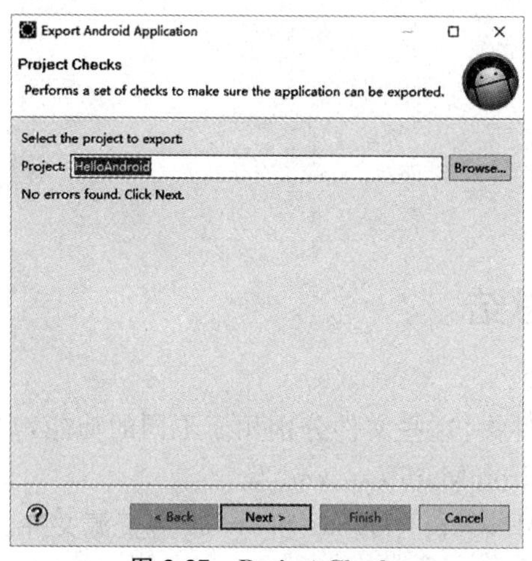

图 2-27　Project Checks

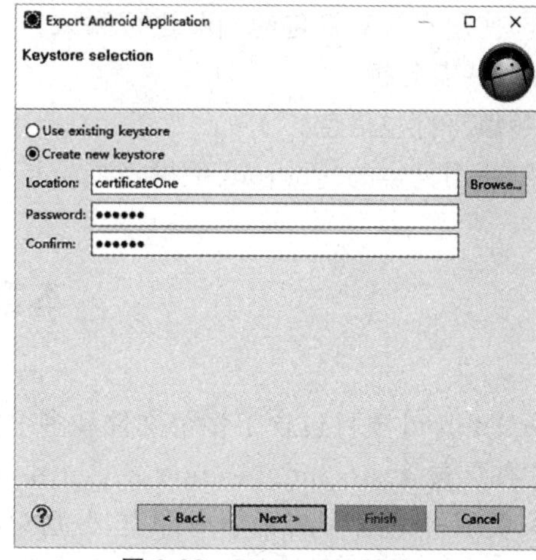

图 2-28　Keystore selection

(3)继续点击“Next”按钮，进入 Key Creation 界面，指定证书名称与相关信息，如图 2-29 所示。需要填写证书名称 Alias、证书密码 Password、确认密码 Confirm、证书有效期 Validity，以及其他相关信息。继续点击“Next”按钮，进入 Destination an key/certification checks 对话框，选择导出的位置，点击“Finish”按钮，经过一个等待时间完成打包工作，如图 2-30 所示。

图 2-29　Key Creation

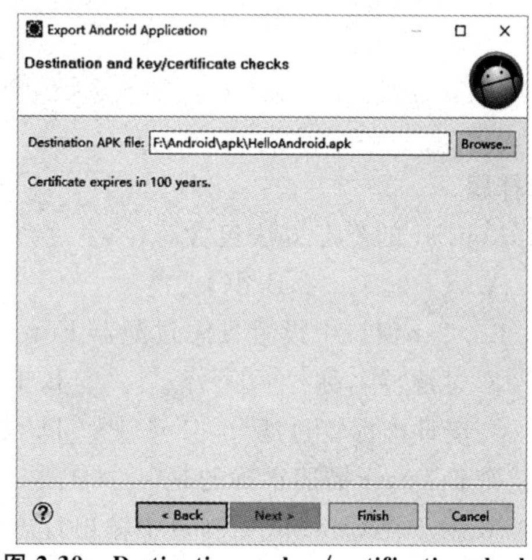

图 2-30　Destination an key/certification checks

完成之后将在目标位置看到一个打包完成的 apk 文件。

2.4.2　技能训练

【训练 2-6】 创建一个项目，并打包发布。

技能要点

(1)创建项目。

(2)使用 Android Tool 打包发布。

✎需求说明

(1)使用 ADT。

(2)对 apk 签名。

(3)使用真机对打包的 apk 进行测试。

✎关键点分析

(1)填写打包信息。

(2)使用真实的 Android 手机安装 apk 文件。

本章总结

➢ Android 项目包含了多个文件和多个文件夹,这些文件分别用于不同的功能,常用文件和文件夹包含 src、bin、assets、res、gen 和 AndroidManifest. xml 等。

➢ 类 R 中包含了若干个内部类,分别对应 drawable、layout 和 string 等资源文件。

➢ AndroidManifest. xml 清单文件是每个 Android 项目所必需的,是整个 Android 应用的全局描述文件,用于说明该应用的名称、所使用的图标以及包含的组件等。

➢ 项目中的 SDK 版本包含三种: minSdkVersion、targetSdkVersion 和 maxSdkVersion。另外整个项目还有一个 build target,表示使用哪个版本 SDK 对项目进行编译。

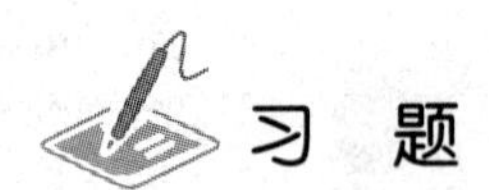

习 题

一、选择题

1. LogCat 的静态方法包含有(   )。

A. v()   B. d()   C. i()   D. w()   E. e()

2. LogCat 窗口中设置日志过滤器 Filter,"by Log Tag"是指(   )。

A. 过滤器名称   B. 日志内容

C. 按日志标签过滤   D. 没有什么实际作用

3. 关于 Toast 描述正确的是(   )。

A. 用于在 console 控制台中输出日志信息

B. 将弹出一个消息对话框,用户点击确认才能关闭

C. 一个短暂显示的消息,显示后会自动消失

D. 出现在通知栏的消息

二、操作题

1. 编写程序使用 Toast 显示今天的日期。

2. 编写程序使用 LogCat 显示今天的日期。

第3章
Android界面开发——常用控件

本章工作任务

- ✓ 学会创建事件的四种方法
- ✓ 学会常用控件的使用方法
- ✓ 学会菜单控件的使用方法
- ✓ 学会通知消息的创建

本章知识目标

- ✓ 理解 View 和 ViewGroup
- ✓ 理解事件的监听器和监听器的回调方法
- ✓ 掌握常用控件的继承关系
- ✓ 熟悉常用控件的基本属性

本章技能目标

- ✓ 使用常用控件创建 UI 界面
- ✓ 为常用控件绑定相关事件
- ✓ 能够通过 Java 代码动态创建控件

本章重点难点

- ✓ 事件的监听和回调方法
- ✓ 通过 Java 代码动态创建控件

在 Android 应用开发中，图形用户界面开发非常重要，是人与手机之间数据传递、信息交互的重要媒介和对话接口，是 Android 系统的重要组成部分。如果应用程序没有提供友好的图形用户界面，将很难吸引最终用户。相反，如果为应用程序提供友好的图形用户界面(Graphic User Interface，GUI)，用户通过手指的拖动、点击等动作就可以完成整个应用的操作，那将大大提升应用程序的欢迎程度。

Android 系统框架提供了大量功能丰富的 UI 组件，开发者只要按一定规律把这些 UI 组件组合起来，就可以搭建一个非常优秀的图形用户界面。同时为了让这些 UI 组件能响应用户的各项操作，Android 还提供了强大事件机制，这样就能保证图形用户界面可以响应用户的交互操作。

3.1 界面开发介绍

3.1.1 View 和 ViewGroup

一个 Android 应用的界面是由 View 和 ViewGroup 对象构建的，有很多种类，并且都是 View 类的子类。View 类是 Android 系统平台上用户界面表示的基本单元，View 的一些子类被统称为 Widgets(工具)，提供了诸如文本输入框和按钮之类的 UI 对象。ViewGroup 是 View 的一个扩展，可以容纳多个 View，通过 ViewGroup 类可以创建有联系的子 View 组成复合控件。

1. View

任何一个 View 对象都将继承 android. view. View 类，是一个存储有屏幕上一个矩形布局和内容属性的数据结构。一个 View 对象可以处理测距、布局、绘图、焦点变换、滚动条，以及屏幕区域表现的按键和手势。作为一个基类，View 类为 Widget 服务，Widget 则是一组用于绘制交互屏幕元素完全实现的子类。Widget 处理测距和绘图，所以可以快速地去构建 UI。可用到的 Widget 包括 Text、EditText、Button、RadioButton、Checkbox 和 ScrollView 等。

2. ViewGroup

ViewGroup 是一个 android. view. ViewGroup 类的对象。作为一个特殊的 View 对象，功能是装载和管理一组下层的 View 和其他 ViewGroup，ViewGroup 可以为 UI 增加结构，并且将复杂的屏幕元素构建成一个独立的实体。作为一个基类，ViewGroup 为 Layout(布局)服务，Layout 则是一组提供屏幕界面通用类型的完全实现子类。Layout 可以为一组 View 构建一个结构。

图 3-1 表达了 View 和 ViewGroup 之间的关系。

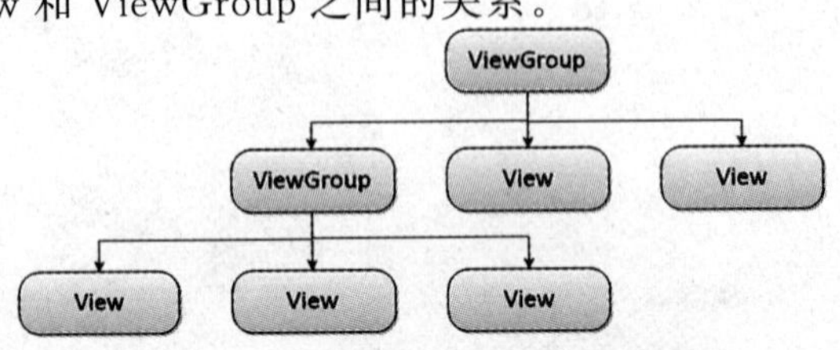

图 3-1 View 和 View Group 关系图

一个 Activity 界面可以包含多个 ViewGroup 和 View，通过这样的组合可以实现更复杂、更完美、更满足开发者的 UI。

当 Activity 调用 setContentView()方法并且传递一个参数给节点对象时，一旦 Android 系统获得了根节点的参数，就可以直接通过节点来测距和绘制树。当 Activity 被激活并获得焦点时，系统会通知 Activity 并且请求根节点测距并绘制树，根节点就会请求子节点去绘制。同时，每个树上的 ViewGroup 节点负责绘制直接子节点。每个 ViewGroup 都有测量有效空间、布局子对象并且调用每个子对象的 Draw()方法去绘制。子对象可能会请求获得在父对象中的大小和位置，但是父对象对每个子对象的大小和位置有最终的决定权。

3.1.2 事件

事件就是用户与 UI 交互时所触发的操作。例如，在手机上按下一个物理按键，就可以触发事件。在 Android 中，这些事件都将被传送到事件处理器，作为一个专门接受事件对象并对其进行翻译和处理的方法。与 Java 平台一样，Android 系统为 View 组件定义了用于捕捉各种事件的监听器，View 组件可以使用这些监听器捕获用户事件并予以响应。

下面通过四种方式来实现 View 组件对用户事件的监听。

1. 定义事件监听器，再与组件绑定

布局代码如下：

```
<LinearLayout xmlns:android = "http://schemas.android.com/apk/res/android"
    xmlns:tools = "http://schemas.android.com/tools"
    android:layout_width = "match_parent"
    android:layout_height = "match_parent"
    android:background = "#fff"
    tools:context = "com.example.helloandroid.MainActivity" >
    <Button
        android:id = "@ + id/btn"
        android:layout_width = "match_parent"
        android:layout_height = "wrap_content"
        android:text = "点击我" />
</LinearLayout>
```

当前使用 LinerLayout 布局，稍后在布局章节详细讲解，再在其中增加 Button 按钮控件。得到的 UI 界面，如图 3-2 所示。

接下来在 MainActivity.java 代码中先定义事件监听器，再通过组件的 setXXXXListener()方法绑定监听器。代码如下：

```
public class MainActivity extends Activity {
    @Override
    protected void onCreate(Bundle savedInstanceState) {
        super.onCreate(savedInstanceState);
        setContentView(R.layout.activity_main);
        Button btn = (Button) findViewById(R.id.btn);
```

```
        btn.setOnClickListener(listener);
    }
    private View.OnClickListener listener = new View.OnClickListener() {
        @Override
        public void onClick(View v) {
            if(v.getId() == R.id.btn){
                    Toast.makeText(MainActivity.this,"当前响应了用户点击操作!",Toast.
LENGTH_LONG).show();
            }
        }
    };
}
```

在代码中定义了实现事件监听接口的类实例,并将该实例赋值给变量 listener,再在 OnCreate 方法中获取到 Button 实例,通过 setXXXXListener 方法将监听器与按钮控件绑定。监听器实例实现了单击事件回调的方法 onClick,该方法判断是否为对应组件引发事件,如果是则弹出一个 Toast 信息。运行效果如图 3-3 所示。

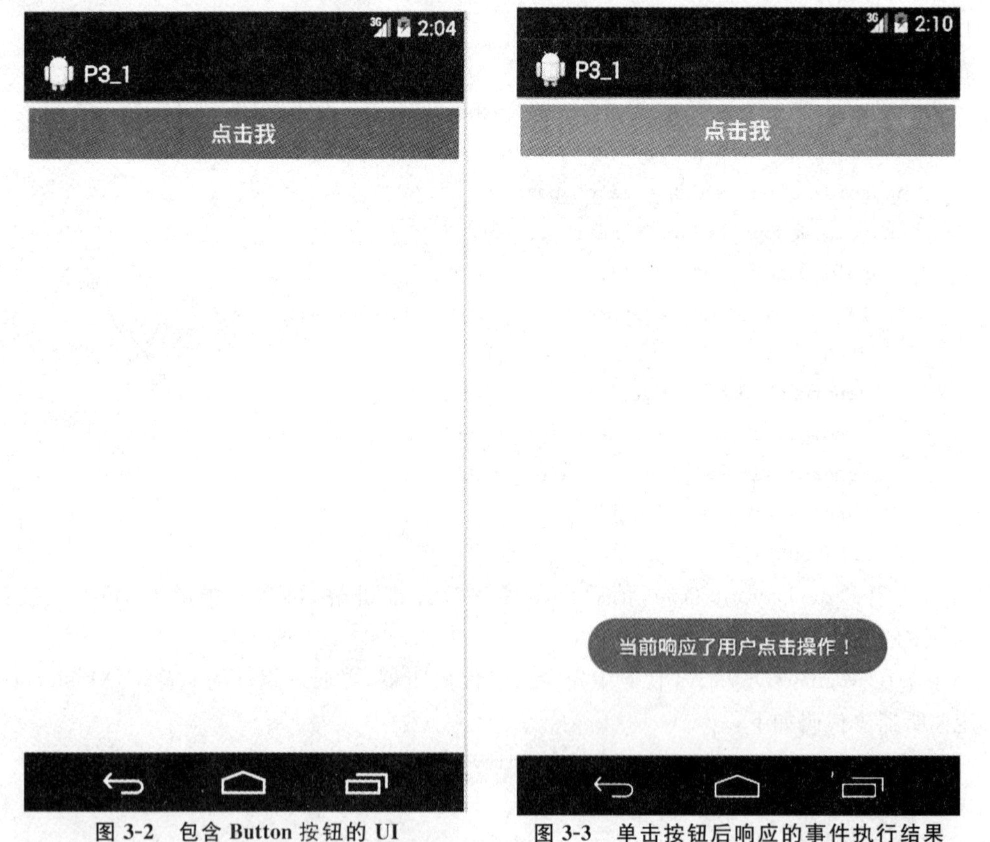

图 3-2　包含 Button 按钮的 UI　　　图 3-3　单击按钮后响应的事件执行结果

2. 在与组件绑定时定义事件监听器

该方法是当通过调用组件的 setXXXXListener()方法设置监听器时,定义只能当前组件使用的事件监听器,代码如下:

```
public class MainActivity extends Activity {
    @Override
    protected void onCreate(Bundle savedInstanceState) {
        super.onCreate(savedInstanceState);
        setContentView(R.layout.activity_main);
        Button btn = (Button) findViewById(R.id.btn);
        btn.setOnClickListener(new View.OnClickListener() {
            @Override
            public void onClick(View v) {
                if(v.getId() == R.id.btn){
                        Toast.makeText(MainActivity.this,"当前响应了用户点击操作!",
Toast.LENGTH_LONG).show();
                }
            }
        });
    }
}
```

3. 当前 Activity 类实现监听器接口

该方法使当前 Activity 类实现相应的监听器接口，完成监听器中的抽象方法，组件绑定监听器时，监听器对象即为 Activity 对象。具体代码如下所示：

```
public class MainActivity extends Activity implements OnClickListener {
    @Override
    protected void onCreate(Bundle savedInstanceState) {
        super.onCreate(savedInstanceState);
        setContentView(R.layout.activity_main);
        Button btn = (Button) findViewById(R.id.btn);
        btn.setOnClickListener(this);
    }
    @Override
    public void onClick(View v) {
        // TODO Auto-generated method stub
        if(v.getId() == R.id.btn){
            Toast.makeText(MainActivity.this,"当前响应了用户点击操作!",
Toast.LENGTH_LONG).show();
        }
    }
}
```

4. XML 布局文件中设置回调方法

该方法在 XML 布局文件中设置回调方法，在 Java 代码中实现该方法即可。此方法不是一个通用的方法，但对按钮等常用组件的单击事件处理确实很方便。

activity_main.xml 布局文件中添加 onClick 属性，设定回调方法。具体代码如下：

```
<LinearLayout xmlns:android="http://schemas.android.com/apk/res/android"
    xmlns:tools="http://schemas.android.com/tools"
    android:layout_width="match_parent"
    android:layout_height="match_parent"
    android:background="#fff"
    tools:context="com.android.p3_4.MainActivity" >
    <Button
        android:id="@+id/btn"
        android:layout_width="match_parent"
        android:layout_height="wrap_content"
        android:onClick="Click"
        android:text="点击我" />
</LinearLayout>
```

修改 Java 代码如下：

```
public class MainActivity extends Activity {
    @Override
    protected void onCreate(Bundle savedInstanceState) {
        super.onCreate(savedInstanceState);
        setContentView(R.layout.activity_main);
    }
    public void Click(View v){
        Toast.makeText(MainActivity.this,"当前响应了用户点击操作!",
Toast.LENGTH_LONG).show();
    }
}
```

3.1.3 技能训练

【训练 3-1】 创建项目，在界面上添加一个 Button 按钮控件，为该按钮添加长按事件，并给出响应的消息“当前响应了用户长按操作！”。

技能要点

(1)创建 activity_main.xml 主界面。

(2)设置长按事件 OnLongClickListener。

需求说明

(1)给主界面添加 Button 控件。

(2)为 Button 添加 id。

(3)在 MainActivity.java 中引用 Button。

(4)实现 OnLongClickListener 接口。

(5)为 Button 绑定监听器接口实例。

关键点分析

(1)编写监听器接口实例。

(2)引用 Button 实例。

3.2　常用控件

应用程序的人机交互界面由很多 Android 控件组成，Android 的控件可以说是目前所有手机平台控件中最全的，其常用控件有：文本框、按钮、编辑框、单选按钮和复选按钮。这些常用组件之间的关系如图 3-4 所示。

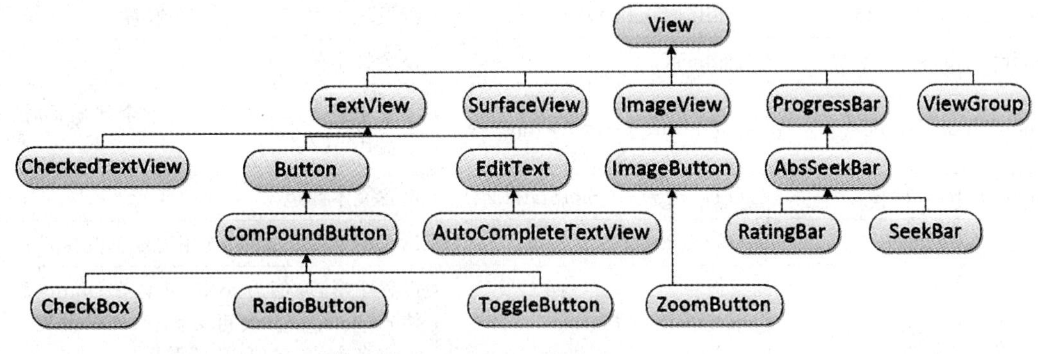

图 3-4　组件间继承关系

3.2.1　基本控件

1. 文本框

文本框用 TextView 表示，用于在界面上显示文字信息。Android 中的 TextView 组件不仅能显示单行文本，也可以显示多行文本，甚至可以显示带图像的文本。向界面添加文本框，可以在 XML 布局文件中使用<TextView>标记添加，也可以在 Java 代码中通过 new 关键字创建，这里推荐使用第一种。TextView 支持的常用 XML 属性如表 3-1 所示。

表 3-1　TextView 的常用属性

属性名称	相关方法	描述
android:autoLink	setAutoLinkMask(int)	是否将符合指定格式的文本转换为可单击的超链接形式
android:capitalize	setKeyListener(keyListener)	控制是否将用户输入的文本转换为大写字母。该属性支持属性值有： none:不转换 sentences:每个句子的首字母大写 words:每个单词首字母大写 characters:每个字母都大写
android:cursorVisible	setCursorVisble(Boolean)	设置该文本框的光标是否可见
android:digits	setKeyListener(keyListener)	如果该属性设为 true，则该文本框对应一个数字输入方法，并且只接受那些合法字符

android:drawableBottom	setComponentDrawablesWithIntrinsicBounds(Drawable,Drawable,Drawable,Drawable)	在文字下方放置图片。另外提供属性drawableLeft、drawableRight、drawableTop,分别在文字左方、右方、上方放置图片
android:gravity	setGravity(int)	设置文本框内文本的对齐方式
android:hint	setHint(int)	设置当该文本框内容为空时,文本框内默认显示的提示文本
android:maxLength	setFilter(InputFilter)	设置该文本框的最大字符长度
android:lines	setLines(int)	设置文本的行数
android:singleLine	setTransformationMethod	设置单行显示。当文本不能全部显示时,后面用"…"来表示
android:textColor	setTextColor(ColorStateList)	设置文本颜色
android:textSize	setTextSize(float)	设置文字大小,推荐使用度量单位"sp"
android:textStyle	setTypeface(Typeface)	设置字形,取值为:bold(粗体)0、itatic(斜体)1、bolditatic(又粗又斜)2、可以设置一个或多个值,多值用"|"隔开
android:typeface	setTypeface(Typeface)	设置文字字体,取值为:normal 0、sans 1、serif 2、monospace(等宽字体)3
android:height	setHeight(int)	设置文本区域的高度,支持度量单位:px、dp、sp、in、mm
android:width	setWidth(int)	设置文本区域的宽度,支持度量单位:px、dp、sp、in、mm

【例 3.1】 通过 setText()方法设置 TextView 控件的文本内容。

(1)布局文件代码如下:

```
<LinearLayout xmlns:android = "http://schemas.android.com/apk/res/android"
    xmlns:tools = "http://schemas.android.com/tools"
    android:layout_width = "match_parent"
    android:layout_height = "match_parent"
    android:background = "#fff"
    android:orientation = "vertical"
    tools:context = "com.android.p3_6.MainActivity" >
    <TextView
        android:id = "@+id/tv1"
        android:layout_width = "wrap_content"
        android:layout_height = "wrap_content"
        android:layout_gravity = "center" />
</LinearLayout>
```

(2)在 MainActivity.java 文件中通过 TextView 的 id 获取控件的引用,再通过 setText()方法设置该文本框文字。代码如下:

```
public class MainActivity extends Activity {
    @Override
    protected void onCreate(Bundle savedInstanceState) {
        super.onCreate(savedInstanceState);
        setContentView(R.layout.activity_main);
        TextView tv = (TextView) findViewById(R.id.tv1);
        tv.setText("本文本来自于 java 代码!");
    }
}
```

运行程序,效果如图 3-5 所示。

图 3-5　TextView 文本居中显示

【例 3.2】 在 TextView 中设置图片在文字上方,图片来自于 drawable 资源。

(1)粘贴图片资源 android_img.jpg 到 res/drawable-hdpi 文件夹中。

(2)布局文件代码如下:

```
<LinearLayout xmlns:android = "http://schemas.android.com/apk/res/android"
    xmlns:tools = "http://schemas.android.com/tools"
    android:layout_width = "match_parent"
    android:layout_height = "match_parent"
    android:background = "#fff"
    android:orientation = "vertical"
    tools:context = "com.android.p3_6.MainActivity" >
```

```
<TextView
    android:id="@+id/tv1"
    android:layout_width="wrap_content"
    android:layout_height="wrap_content"
    android:drawableTop="@drawable/android_img"
    android:layout_gravity="center"
    android:text="android"/>
</LinearLayout>
```

执行程序,运行效果如图 3-6 所示。

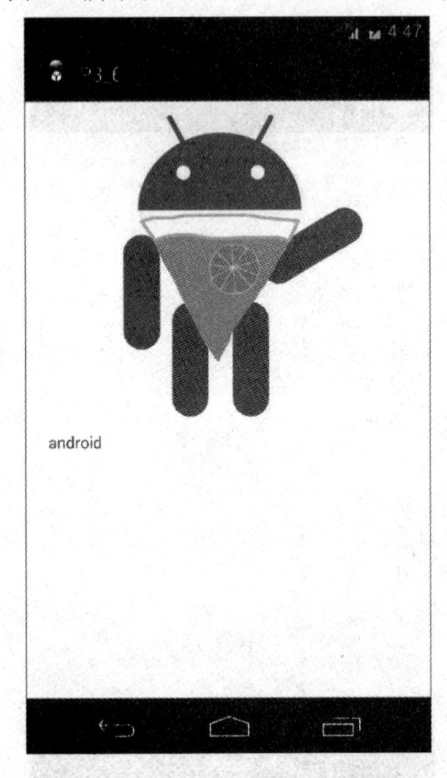

图 3-6　TextView 图片在上,文字在下

【例 3.3】 在 TextView 中设置超级链接,用户点击后跳转到百度页面。

布局文件代码如下:

```
<LinearLayout xmlns:android="http://schemas.android.com/apk/res/android"
    xmlns:tools="http://schemas.android.com/tools"
    android:layout_width="match_parent"
    android:layout_height="match_parent"
    android:background="#fff"
    android:orientation="vertical"
    tools:context="com.android.p3_6.MainActivity" >
    <TextView
        android:id="@+id/tv1"
```

```
        android:layout_width = "wrap_content"
        android:layout_height = "wrap_content"
        android:layout_gravity = "center"
        android:autoLink = "web"
        android:text = "点击,访问百度,http://www.baidu.com"/>
</LinearLayout>
```

执行程序,运行效果如图 3-7 所示。

图 3-7 使用 TextView 设置自动链接

【例 3.4】 在 TextView 中设置文字颜色和文字大小。

布局文件代码如下:

```
<LinearLayout xmlns:android = "http://schemas.android.com/apk/res/android"
    xmlns:tools = "http://schemas.android.com/tools"
    android:layout_width = "match_parent"
    android:layout_height = "match_parent"
    android:background = "#fff"
    android:orientation = "vertical"
    tools:context = "com.android.p3_6.MainActivity" >
    <TextView
        android:id = "@+id/tv1"
        android:layout_width = "match_parent"
        android:layout_height = "wrap_content"
```

```
        android:gravity="right"
        android:textColor="#f00"
        android:textSize="25sp"
        android:text="使用 textColor 设置颜色,使用 textSize 设置大小"/>
</LinearLayout>
```

“#f00”表示红色,“25sp”表示字体的字号大小。“gravity”表示内容在 TextView 中对齐方式。

执行程序,运行效果如图 3-8 所示。

图 3-8　设置 TextView 的颜色和文字大小

【例 3.5】 在 TextView 中设置文字单行显示。

布局文件代码如下:

```
<LinearLayout xmlns:android="http://schemas.android.com/apk/res/android"
    xmlns:tools="http://schemas.android.com/tools"
    android:layout_width="match_parent"
    android:layout_height="match_parent"
    android:background="#fff"
    android:orientation="vertical"
    tools:context="com.android.p3_6.MainActivity" >
    <TextView
        android:id="@+id/tv1"
        android:layout_width="match_parent"
        android:layout_height="wrap_content"
```

```
        android:gravity = "right"
        android:textColor = "#f00"
        android:textSize = "25sp"
        android:singleLine = "true"
        android:text = "使用 textColor 设置颜色,使用 textSize 设置大小"/>
</LinearLayout>
```

当多行文字只能显示在一行里时,后续文字会以“…”代替。

执行程序,运行效果如图 3-9 所示。

图 3-9　设置 TextView 的 singLine 为 true

2. 编辑框

编辑框用 EditText 表示,用于在界面上输入文本。在 Android 中,编辑框组件不仅可以输入单行文本、多行文本,还可以输入指定格式的文本,如密码、电话号码、E-mail 地址等。从继承结构上看,EditText 是 TextView 的子类,所以除了 TextView 属性之外,还包括自有的属性,如表 3-2 所示。

表 3-2　EditText 的常用属性

属性名称	相关方法	描述
android:inputType	setInputType(InputType)	设置文本的类型,取值为:text、textPassword、textEmailAddress、dateTime、date 等
android:numeric	setRawInputType(InputType)	打开数字输入法

【例 3.6】　设计一个用户输入界面,接受用户输入的文本框内默认会提示用户如何输入,当用户把焦点切换到输入框中,输入框自动选中其中已输入的内容,避免用户删除已有内容,当用户把焦点切换到只接受电话号码的输入框时,自动切换到数字键盘。

布局文件代码如下:

```
<LinearLayout xmlns:android = "http://schemas.android.com/apk/res/android"
    xmlns:tools = "http://schemas.android.com/tools"
    android:layout_width = "match_parent"
    android:layout_height = "match_parent"
    android:background = "#fff"
    android:orientation = "vertical"
    tools:context = "com.android.p3_7.MainActivity" >
  <TextView android:layout_width = "match_parent"
      android:layout_height = "wrap_content"
      android:textColor = "#000"
      android:text = "用户名:"/>
  <EditText android:layout_width = "match_parent"
      android:layout_height = "wrap_content"
      android:hint = "请填写登录账号"
      android:selectAllOnFocus = "true"/>
  <TextView android:layout_width = "match_parent"
      android:layout_height = "wrap_content"
      android:textColor = "#000"
      android:text = "密码:"
      android:textSize = "16sp"/>
  <EditText android:layout_width = "match_parent"
      android:layout_height = "wrap_content"
      android:inputType = "numberPassword"
      />
  <TextView android:layout_width = "match_parent"
      android:layout_height = "wrap_content"
      android:text = "年龄"
      android:textColor = "#000"
      android:textSize = "16sp"/>
  <EditText android:layout_width = "match_parent"
      android:layout_height = "wrap_content"
      android:inputType = "number"
      />
  <TextView android:layout_width = "match_parent"
      android:layout_height = "wrap_content"
      android:text = "生日"
      android:textColor = "#000"
      android:textSize = "16sp"/>
  <EditText android:layout_width = "match_parent"
      android:layout_height = "wrap_content"
      android:inputType = "date"
```

```
    />
  <TextView android:layout_width = "match_parent"
    android:layout_height = "wrap_content"
    android:text = "电话号码"
    android:textColor = "#000"
    android:textSize = "16sp"/>
 <EditText android:layout_width = "match_parent"
    android:layout_height = "wrap_content"
    android:selectAllOnFocus = "true"
    android:numeric = "integer"
    android:inputType = "phone"
    />
 <Button android:layout_width = "wrap_content"
    android:layout_height = "wrap_content"
    android:layout_gravity = "center"
    android:text = "注册"/>
</LinearLayout>
```

“hint”表示输入时的提示信息，“selectAllOnFocus”表示获得焦点后全选内容。

执行程序，运行效果如图 3-10 所示。

当用户录入年龄时，运行效果如图 3-11 所示。

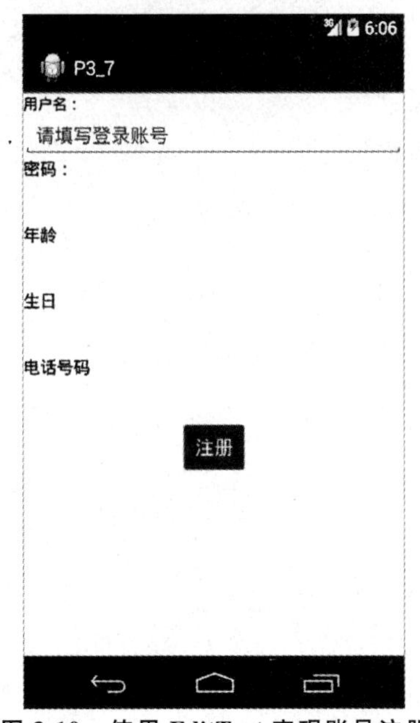

图 3-10 使用 EditText 实现账号注册

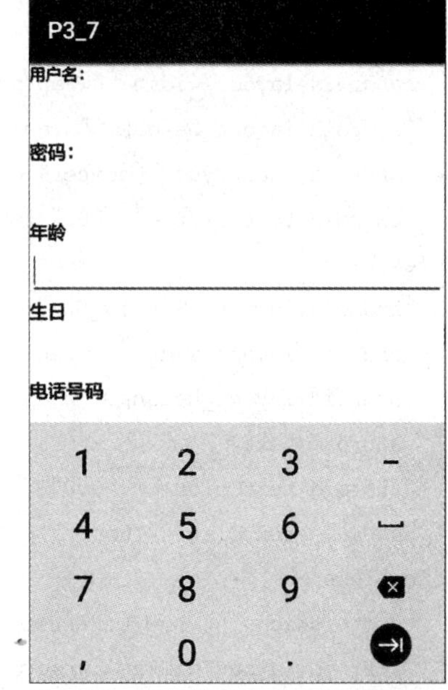

图 3-11 只允许输入数字的 EditText

【例 3.7】 设计一个用户输入界面，实现用户录入两个数，点击“等于”按钮计算出两数相加的结果。

如果需要获取界面 EditText 控件必须通过 findViewById()方法，再使用控件方法 getText()和 setText()获取文本信息和设置文本信息。

(1)在 xml 文件中设置三个 EditText,两个 TextView。布局代码文件如下:

```
<LinearLayout xmlns:android = "http://schemas.android.com/apk/res/android"
    xmlns:tools = "http://schemas.android.com/tools"
    android:layout_width = "match_parent"
    android:layout_height = "match_parent"
    android:background = "#fff"
    android:orientation = "horizontal"
    tools:context = "com.android.p3_8.MainActivity" >
    <EditText
        android:id = "@ + id/et_a"
        android:layout_width = "wrap_content"
        android:layout_height = "wrap_content"
        android:inputType = "number"
        android:textColor = "#000" />
    <TextView
        android:layout_width = "wrap_content"
        android:layout_height = "wrap_content"
        android:text = " + "
        android:textColor = "#000"
        android:textSize = "16sp" />
    <EditText
        android:id = "@ + id/et_b"
        android:layout_width = "wrap_content"
        android:layout_height = "wrap_content"
        android:inputType = "number"
        android:textColor = "#000" />
    <TextView
        android:id = "@ + id/tv_Sum"
        android:layout_width = "wrap_content"
        android:layout_height = "wrap_content"
        android:text = " = "
        android:textColor = "#000"
        android:textSize = "16sp" />
    <EditText
        android:id = "@ + id/etResult"
        android:layout_width = "wrap_content"
        android:layout_height = "wrap_content"
        android:inputType = "number"
        android:textColor = "#000" />
</LinearLayout>
```

(2)在 MainActivity.java 中获取控件的引用,并设置"="这个 TextView 的单击事件。

参考代码如下：

```
public class MainActivity extends Activity {
    EditText et_a,et_b,et_Result;
    @Override
    protected void onCreate(Bundle savedInstanceState) {
        super.onCreate(savedInstanceState);
        setContentView(R.layout.activity_main);
        et_a = (EditText) findViewById(R.id.et_a);
        et_b = (EditText) findViewById(R.id.et_b);
        et_Result = (EditText) findViewById(R.id.etResult);
        TextView tv_Sum = (TextView) findViewById(R.id.tv_Sum);
        tv_Sum.setOnClickListener(new View.OnClickListener() {
            @Override
            public void onClick(View v) {
                int a = Integer.parseInt(et_a.getText() + "");
                int b = Integer.parseInt(et_b.getText() + "");
                int result = a + b;
                et_Result.setText(result + "");
            }
        });
    }
}
```

执行程序，运行效果如图 3-12 所示。

图 3-12　加法运算的 UI

值得注意的是在获取文本框输入值时，需要使用在 getText()后连接一个空字符串实现数据类型转换，在使用 setText()时也需要连接一个空字符串实现类型转换。

3. 按钮

Button 继承了 TextView，主要是在 UI 界面上生成一个按钮，该按钮可以供用户单击，当用户单击按钮时，按钮会触发一个 onClick 事件。按钮使用起来比较简单，可以通过指定 background 属性为按钮添加背景颜色或图片，如果背景图片设为不规则的背景图片，还可以开发出各种不规则形状的按钮。

【例 3.8】 实现三个按钮：一个按钮为文字按钮，一个按钮为圆角按钮，一个按钮为图片按钮。

(1)创建 layout_main. xml 文件，其中布局代码文件如下：

```
<LinearLayout xmlns:android = "http://schemas.android.com/apk/res/android"
    xmlns:tools = "http://schemas.android.com/tools"
    android:layout_width = "match_parent"
    android:layout_height = "match_parent"
    android:background = "#fff"
    android:orientation = "vertical"
    tools:context = "com.android.p3_9.MainActivity" >
    <Button
        android:id = "@ + id/btn"
        android:layout_width = "match_parent"
        android:layout_height = "wrap_content"
        android:textSize = "12sp"
        android:text = "文字带阴影的按钮" />
    <Button android:layout_width = "wrap_content"
        android:layout_height = "wrap_content"
        android:background = "@drawable/blue_bg"
        android:text = "普通按钮"
        android:textSize = "30sp"
        />
      <Button android:layout_width = "wrap_content"
        android:layout_height = "wrap_content"
        android:background = "@drawable/button_selector"
        />
</LinearLayout>
```

(2)为了让布局中能成功引用相应的图片，需事先复制 3 个图片到 res/drawable-hdpi 文件夹下。图片 blue_bg. jpg 为第二个按钮的图片背景。图片 stop_normal. jpg 和 stop_pressed. jpg 表示一个按钮按下和释放的两种状态。图片文件夹如图 3-13 所示。

(3)为了实现按钮按下和释放的效果，需在 res/drawable-hdpi 文件夹下定义一个 drawable 资源文件 button_selector. xml 供 Button 的 background 属性应用。Selector 文件的代码如下：

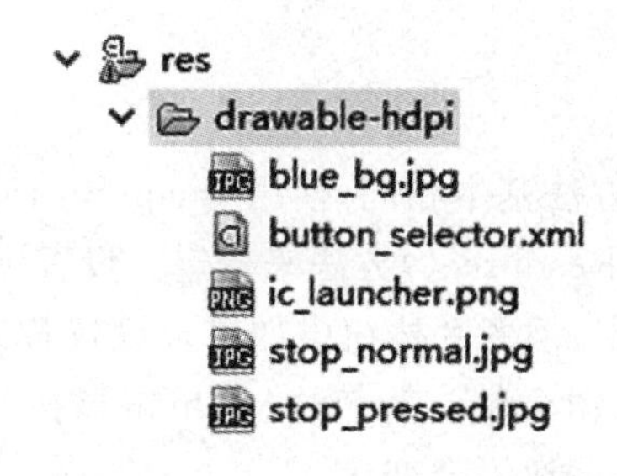

图 3-13 图片文件夹

```
<? xml version = "1.0" encoding = "utf-8"? >
<selector
        xmlns:android = "http://schemas.android.com/apk/res/android">
        <item android:drawable = "@drawable/stop_normal"
            android:state_pressed = "true"></item>
        <item android:drawable = "@drawable/stop_pressed"
            android:state_pressed = "false"></item>
</selector>
```

其中 state_pressed 表示按钮状态，当为 true 时表示按钮按下，当为 false 时表示按钮释放。

执行程序，运行效果如图 3-14 所示。

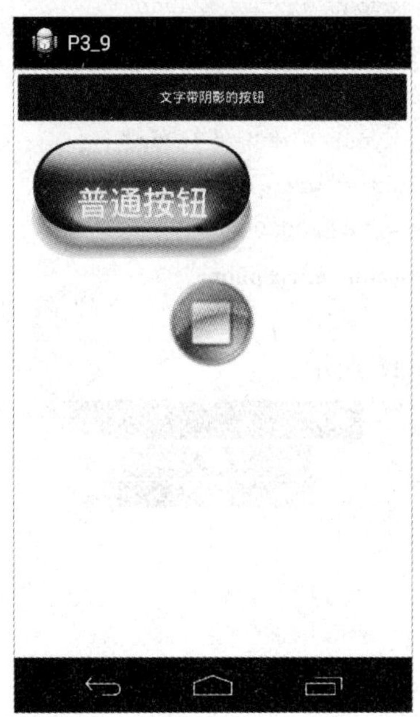

图 3-14 按钮

用户可以看到界面中一共有三个按钮，前两个按钮背景或者背景图片都是固定的，用户单击按钮看不到任何改变，用户按下第三个按钮后，会看到按钮的图片被换成了另一个图片，表示按钮已经被按下。这样做的好处就是可以实现任意情况下的按钮，按钮的外形也可以定义成不同形状，当用户进行交互时可以根据情况来改变按钮的外观，大大提升了用户操作的互动性。

4. 图片按钮

图片按钮与普通按钮使用方法基本相同,使用 ImageButton 来定义,背景图片可以通过 android:src 属性或者 setImageResource()方法来指定。设置图片按钮的背景颜色可以通过 android:background 属性来指定,但图片按钮中如果未设置背景色,则作为背景的图片会显示在一个灰色的按钮上,图片按钮会带有灰色边框,单击该按钮时按钮会变化;如果设置了背景色,则单击该图片按钮时该按钮不会变化。

【例 3.9】 实现两个按钮:一个按钮为声音按钮,一个按钮为语音按钮。

将布局管理器改为 LinearLayout 线性布局,垂直排列。在线性布局中添加两个图片按钮,一个未设置背景色,一个设置背景颜色。布局代码如下:

```
<LinearLayout xmlns:android="http://schemas.android.com/apk/res/android"
    xmlns:tools="http://schemas.android.com/tools"
    android:layout_width="match_parent"
    android:layout_height="match_parent"
    android:gravity="center_horizontal"
    android:background="#fff"
    android:orientation="vertical"
    tools:context="com.android.p3_10.MainActivity" >
  <ImageButton android:layout_width="240dp"
      android:layout_height="wrap_content"
      android:src="@drawable/volume"/>
  <ImageButton android:layout_width="240dp"
      android:layout_height="wrap_content"
      android:background="#FF000000"
      android:src="@drawable/microphone"/>
</LinearLayout>
```

执行程序,运行效果如图 3-15 所示。

图 3-15 图片按钮

5. 图片视图

图片视图用 ImageView 表示，用于在界面上显示图片信息，是最为常见的组件之一。在使用 ImageView 组件显示图片时，一般将待显示的图片放置在工程的 res 目录下相应的 drawable 目录中，通过 android:src 属性引用图片。表 3-3 说明了 ImageView 的基本属性。

表 3-3　ImageView 的基本属性

属性名称	相关方法	描述
android:adjustViewBounds	setAdjustViewBound (Boolean)	设置 ImageView 是否调整边界来保持图片的长宽比（需要与 maxWidth、maxHeight 一起使用，否则单独使用无效）
android:maxHeight	setMaxHeight(int)	设置 ImageView 的最大高度，需要设置 android:adjustViewBounds 为真
android:maxWidth	setMaxWidth(int)	设置 ImageView 的最大宽度，需要设置 android:adjustViewBounds 为真
android:scaleType	setScaleType (ImageView. ScaleType)	设置图片如何缩放或移动以适应 ImageView 的大小
android:src	setImageResoure(int)	设置图片来源

android:scaleType 属性可指定以下属性值：

- matrix：使用 matrix 方式缩放。
- fitXY：不按比例缩放图片，使图片完全适应于此 ImageView 中。
- fitStart：按比例缩放图片，使图片完全适应于此 ImageView，并位于 ImageView 左上角。
- fitCenter：按比例缩放图片，使图片完全适应于此 ImageView，且显示在 ImageView 的中间。
- fitEnd：按比例缩放图片，使图片完全适应于此 ImageView，且显示在 ImageView 的右下角。
- center：按原图大小显示图片，但图片宽高大于 ImageView 的宽高时，只显示图片中间部分。
- centerCrop：按比例缩放图片，直至图片完全覆盖 ImageView。
- centerInside：按比例缩放，直至 ImageView 能完全显示该图片。

【例 3.10】 使用 ImageView 组件，按五种不同方式显示图片。

将布局管理器改为 LinearLayout 线性布局，垂直排列。在线性布局中添加五个 ImageView 组件，布局代码如下：

```
<LinearLayout xmlns:android = "http://schemas.android.com/apk/res/android"
    xmlns:tools = "http://schemas.android.com/tools"
    android:layout_width = "match_parent"
    android:layout_height = "match_parent"
    android:background = "#fff"
    android:orientation = "vertical"
```

```
    tools:context = "com.android.p3_11.MainActivity" >
    <ImageView android:maxWidth = "220px"
      android:maxHeight = "220px"
      android:layout_width = "wrap_content"
      android:layout_height = "wrap_content"
     android:adjustViewBounds = "true"
      android:background = "#ff000000"
      android:src = "@drawable/img"
      android:layout_margin = "2dp"/>
    <ImageView
      android:layout_width = "220px"
      android:layout_height = "220px"
      android:background = "#ff000000"
      android:src = "@drawable/img"
      android:layout_margin = "2dp"
      android:scaleType = "fitStart"/>
    <ImageView
      android:layout_width = "220px"
      android:layout_height = "220px"
      android:background = "#ff000000"
      android:src = "@drawable/img"
      android:layout_margin = "2dp"
      android:scaleType = "centerCrop"/>
    <ImageView
      android:layout_width = "220px"
      android:layout_height = "220px"
      android:background = "#ff000000"
      android:src = "@drawable/img"
      android:layout_margin = "2dp"
      android:scaleType = "center"/>
    <ImageView
      android:layout_width = "220px"
      android:layout_height = "220px"
      android:background = "#ff000000"
      android:src = "@drawable/img"
      android:layout_margin = "2dp"/>
</LinearLayout>
```

第一张图片设置了最大宽度和最大高度，允许自动缩放；第二张图片设置按比例缩放，缩放后位于组件的左上角；第三张图片按比例缩放，但是图片缩放至覆盖组件停止缩放；第四张图片设置按原大小显示图片，超出组件范围时，只显示图片中间部分；第五张图片显示完整图片。

执行程序,运行效果如图 3-16 所示。

图 3-16 图片视图

6. 单选按钮与单选按钮组

RadioButton 表示单选按钮,是一种双状态的按钮,即选中和不选中。多个单选按钮通常与单选按钮组 RadioGroup 同时使用。同一组 RadioGroup 可以包含几个单选按钮,选中一个按钮其他将被取消。

【例 3.11】 使用单选按钮组合单选按钮组件,提交性别和年级信息。

(1)将布局管理器改为 LinearLayout 线性布局,垂直排列。在线性布局中添加两组单选按钮组组件,布局代码如下:

```
<LinearLayout xmlns:android = "http://schemas.android.com/apk/res/android"
    xmlns:tools = "http://schemas.android.com/tools"
    android:layout_width = "match_parent"
    android:layout_height = "match_parent"
    android:orientation = "vertical"
    tools:context = "com.android.p3_12.MainActivity" >
  <TextView android:layout_width = "wrap_content"
      android:layout_height = "wrap_content"
      android:text = "请选择您的性别"/>
   <RadioGroup android:id = "@ + id/rg_gender"
      android:layout_width = "wrap_content"
      android:layout_height = "wrap_content"
      android:orientation = "vertical">
   <RadioButton android:id = "@ + id/rb_male"
      android:layout_width = "wrap_content"
      android:layout_height = "wrap_content"
      android:checked = "true"
```

```
            android:text = "男"/>
        <RadioButton android:id = "@ + id/rb_female"
            android:layout_width = "wrap_content"
            android:layout_height = "wrap_content"
            android:text = "女"/>
    </RadioGroup>
     <TextView android:layout_width = "wrap_content"
        android:layout_height = "wrap_content"
        android:text = "请选择您的年级"/>
    <RadioGroup android:id = "@ + id/rg_grade"
        android:layout_width = "wrap_content"
        android:layout_height = "wrap_content"
        android:orientation = "vertical">
        <RadioButton android:id = "@ + id/rb_grade1"
            android:layout_width = "wrap_content"
            android:layout_height = "wrap_content"
            android:checked = "true"
            android:text = "大一"/>
        <RadioButton android:id = "@ + id/rb_grade2"
            android:layout_width = "wrap_content"
            android:layout_height = "wrap_content"
            android:text = "大二"/>
        <RadioButton android:id = "@ + id/rb_grade3"
            android:layout_width = "wrap_content"
            android:layout_height = "wrap_content"
            android:text = "大三"/>
    </RadioGroup>
    <Button android:id = "@ + id/btn"
        android:layout_gravity = "center_horizontal"
        android:layout_width = "wrap_content"
        android:layout_height = "wrap_content"
        android:text = "确定"/>
</LinearLayout>
```

(2)在 MainActivity.java 中实现对界面控件的引用，以及绑定相关事件监听器。代码如下：

```
public class MainActivity extends Activity {
    private RadioGroup rg_gender,rg_grade;
    private RadioButton rb_male,rb_female,rb_grade1,rb_grade2,rb_grade3;
    private Button btn;
    @Override
    protected void onCreate(Bundle savedInstanceState) {
```

```
        super.onCreate(savedInstanceState);
        setContentView(R.layout.activity_main);
        rg_gender = (RadioGroup) findViewById(R.id.rg_gender);
        rg_grade = (RadioGroup) findViewById(R.id.rg_grade);

        rb_male = (RadioButton) findViewById(R.id.rb_male);
        rb_female = (RadioButton) findViewById(R.id.rb_female);
        rb_grade1 = (RadioButton) findViewById(R.id.rb_grade1);
        rb_grade2 = (RadioButton) findViewById(R.id.rb_grade2);
        rb_grade3 = (RadioButton) findViewById(R.id.rb_grade3);

        rg_gender.setOnCheckedChangeListener(grouplistener);
        rg_grade.setOnCheckedChangeListener(grouplistener);

        btn = (Button) findViewById(R.id.btn);
        btn.setOnClickListener(btnlistener);
    }
    //……此处为事件监听器实例,参考下面代码
}
```

(3)可以为 RadioGroup 添加选中改变事件的监听器 OnCheckedChangeListener,在回调方法 onCheckedChanged 中获取用户选中了的单选按钮。代码如下:

```
RadioGroup.OnCheckedChangeListener grouplistener = new RadioGroup.OnCheckedChangeListener() {
    @Override
    public void onCheckedChanged(RadioGroup group,int checkedId) {
        // TODO Auto-generated method stub
        //checkedId 表示选中按钮的 Id
        RadioButton rb = (RadioButton) findViewById(checkedId);
         Toast.makeText(MainActivity.this,"您选择了" + rb.getText(),Toast.LENGTH_
LONG).show();
    }
};
```

(4)可以为 Button 按钮添加单击事件的监听器,在回调方法中通过循环的方式判断哪些单选按钮被选中,代码如下:

```
View.OnClickListener btnlistener = new View.OnClickListener() {
    @Override
    public void onClick(View v) {
        // TODO Auto-generated method stub
        for (int i = 0; i < rg_gender.getChildCount(); i ++ ) {
            RadioButton rb = (RadioButton) rg_gender.getChildAt(i);
            if(rb.isChecked()){
                Toast.makeText(MainActivity.this,"您性别选择了"
```

```
                        + rb.getText(),Toast.LENGTH_LONG).show();
                }
        }
        for (int i = 0; i < rg_grade.getChildCount(); i++) {
            RadioButton rb = (RadioButton) rg_grade.getChildAt(i);
            if(rb.isChecked()){
                Toast.makeText(MainActivity.this,"您年级选择了"
                    + rb.getText(),Toast.LENGTH_LONG).show();
                }
            }
        }
    };
```

执行程序,运行效果如图 3-17 所示。

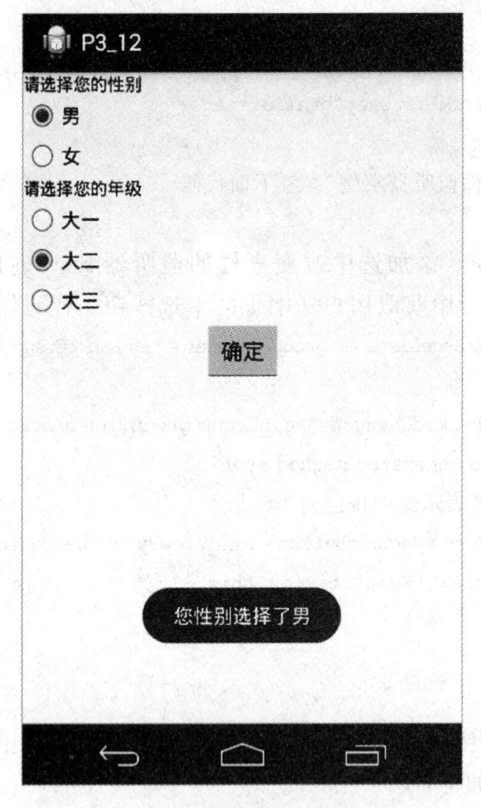

图 3-17　单选按钮组和单选按钮

7. 复选按钮

复选按钮与单选按钮的最大区别就是可以让用户选择一个以上的选项。Android 平台提供了 CheckBox 来实现多项选择。为了确定用户是否选择某一项,需要对每个选项进行事件监听。复选按钮也是 Button 的子类,所以可以直接使用 Button 的属性。

【例 3.12】 使用复选按钮让用户提交自己的爱好。

(1)将布局管理器改为 LinearLayout 线性布局,垂直排列。在线性布局中添加三个复选

按钮组组件,布局代码如下:

```
<LinearLayout xmlns:android = "http://schemas.android.com/apk/res/android"
    xmlns:tools = "http://schemas.android.com/tools"
    android:layout_width = "match_parent"
    android:layout_height = "match_parent"
    android:orientation = "vertical"
    tools:context = "com.android.p3_13.MainActivity" >
  <TextView
      android:layout_width = "wrap_content"
      android:layout_height = "wrap_content"
      android:text = "请选择您的爱好"/>
  <CheckBox
      android:id = "@ + id/cb_habit1"
      android:layout_width = "wrap_content"
      android:layout_height = "wrap_content"
      android:text = "篮球"/>
  <CheckBox
      android:id = "@ + id/cb_habit2"
      android:layout_width = "wrap_content"
      android:layout_height = "wrap_content"
      android:text = "足球"/>
  <CheckBox
      android:id = "@ + id/cb_habit3"
      android:layout_width = "wrap_content"
      android:layout_height = "wrap_content"
      android:text = "排球"/>
<Button android:id = "@ + id/btn"
      android:layout_gravity = "center_horizontal"
      android:layout_width = "wrap_content"
      android:layout_height = "wrap_content"
      android:text = "确定"/>
</LinearLayout>
```

(2)在 MainActivity.java 中实现对界面控件的引用,以及绑定相关事件监听器。代码如下:

```
public class MainActivity extends Activity {
    private CheckBox cb_habit1,cb_habit2,cb_habit3;
    private Button btn;
    @Override
    protected void onCreate(Bundle savedInstanceState) {
    super.onCreate(savedInstanceState);
    setContentView(R.layout.activity_main);
```

```
        cb_habit1 = (CheckBox) findViewById(R.id.cb_habit1);
        cb_habit2 = (CheckBox) findViewById(R.id.cb_habit2);
        cb_habit3 = (CheckBox) findViewById(R.id.cb_habit3);

        cb_habit1.setOnCheckedChangeListener(cblistener);
        cb_habit2.setOnCheckedChangeListener(cblistener);
        cb_habit3.setOnCheckedChangeListener(cblistener);

        btn = (Button) findViewById(R.id.btn);
        btn.setOnClickListener(btnlistener);
    }
    //……此处为事件监听器实例,参考下面代码
}
```

(3)为每一个复选按钮添加事件监听器 OnCheckedChangeListener,在回调方法 onCheckedChanged(CompoundButton buttonView,boolean isChecked)中通过 isChecked 判断该复选按钮是否选中。参考代码如下：

```
CompoundButton.OnCheckedChangeListener cblistener =
    new CompoundButton.OnCheckedChangeListener() {
    @Override
    public void onCheckedChanged(CompoundButton buttonView,
    boolean isChecked) {
        // TODO Auto-generated method stub
        //isChecked 判断复选按钮是否被选中
        if(isChecked){
            Toast.makeText(MainActivity.this,"您选择了"
                + buttonView.getText(),Toast.LENGTH_SHORT).show();
        }
    }
};
```

(4)可以为 Button 按钮添加单击事件的监听器,在回调方法中逐个判断哪些复选按钮被选中,代码如下：

```
View.OnClickListener btnlistener = new View.OnClickListener() {
    @Override
    public void onClick(View v) {
        // TODO Auto-generated method stub
        String chooseStr = "";
        if(cb_habit1.isChecked()){
            chooseStr + = cb_habit1.getText() + " ";
        }
        if(cb_habit2.isChecked()){
```

```
                chooseStr + = cb_habit2.getText() + " ";
            }
            if(cb_habit3.isChecked()){
                chooseStr += cb_habit3.getText() + " ";
            }
            Toast.makeText(MainActivity.this,"您选择了" + chooseStr,
                    Toast.LENGTH_SHORT).show();
        }
    };
```

执行程序,运行效果如图 3-18 所示。

图 3-18　复选按钮

8. 下拉列表

当使用者在某个网站注册账号时,网站可能会要求提供性别、生日、城市等信息。网站开发人员为了方便用户,不让用户填写这些信息,而是提供一个下拉列表将所有可选的项目列举出来,供用户选择。Android 平台上是通过 Spinner 来实现这一功能。

对于 Spinner 下拉列表数据可以采用两种方法来填充:一种是通过定义数组资源文件;另一种是通过定义一个数据适配器。

【例 3.13】　使用下拉列表让用户提交自己的血型。

(1)将布局管理器改为 LinearLayout 线性布局,垂直排列。在线性布局中添加一个下拉列表组件和一个按钮,布局代码如下:

```
<LinearLayout xmlns:android = "http://schemas.android.com/apk/res/android"
    xmlns:tools = "http://schemas.android.com/tools"
    android:layout_width = "match_parent"
```

```
    android:layout_height = "match_parent"
    android:orientation = "vertical"
    tools:context = "com.android.p3_13.MainActivity" >
    <TextView
        android:layout_width = "wrap_content"
        android:layout_height = "wrap_content"
        android:text = "请选择您的血型" />
    <Spinner
        android:id = "@ + id/spinner"
        android:layout_width = "wrap_content"
        android:layout_height = "wrap_content"
        android:entries = "@array/bloods" />
    <Button
        android:id = "@ + id/btn"
        android:layout_width = "wrap_content"
        android:layout_height = "wrap_content"
        android:layout_gravity = "center_horizontal"
        android:text = "确定" />
</LinearLayout>
```

(2)其中 android:entries 表示指定下拉列表项数据引用对象。这里的引用对象存放在一个数组资源 arrays.xml 中,该数组资源放在 res/values 下,具体代码如下:

```
<? xml version = "1.0" encoding = "utf-8"? >
<resources>
    <string-array name = "bloods">
        <item >O 型</item>
        <item >A 型</item>
        <item >B 型</item>
        <item >AB 型</item>
        <item >其他</item>
    </string-array>
</resources>
```

(3)在 MainActivity.java 中实现对界面控件的引用,以及绑定相关事件监听器。代码如下:

```
public class MainActivity extends Activity {
    private Spinner spinner;
    private Button btn;
    @Override
    protected void onCreate(Bundle savedInstanceState) {
        super.onCreate(savedInstanceState);
        setContentView(R.layout.activity_main);
        spinner = (Spinner) findViewById(R.id.spinner);
```

```
        spinner.setOnItemSelectedListener(spinnerListener);
        btn = (Button) findViewById(R.id.btn);
        btn.setOnClickListener(btnlistener);
    }
    //……此处为事件监听器实例,参考下面代码
    }
```

(4)为了能够检测到用户选中的项,可以为该下拉列表添加选择项选定监听事件 AdapterView.OnItemSelectedListener,可以在回调方法 onItemSelected(AdapterView<? >parent,View view,int pos,long id)中通过 pos 定位到选定项,具体代码如下:

```
AdapterView.OnItemSelectedListener spinnerListener =
    new AdapterView.OnItemSelectedListener() {
        @Override
        public void onItemSelected(AdapterView<? > parent,View view,int pos,
                long id) {
            // TODO Auto-generated method stub
            String result = spinner.getItemAtPosition(pos).toString();
            Toast.makeText(MainActivity.this,"您选择了" + result,
                    Toast.LENGTH_SHORT).show();
        }
        @Override
        public void onNothingSelected(AdapterView<? > arg0) {
            // TODO Auto-generated method stub
    }
};
```

(5)可以为 Button 按钮添加单击事件的监听器,在回调方法中获取 spinner 选中的下拉项,代码如下:

```
View.OnClickListener btnlistener = new View.OnClickListener() {
    @Override
    public void onClick(View v) {
        // TODO Auto-generated method stub
        Toast.makeText(MainActivity.this,"您选择了" +
            spinner.getSelectedItem(),
            Toast.LENGTH_SHORT).show();
    }
    };
```

执行程序,运行效果如图 3-19 所示。

【例 3.14】 使用 ArrayAdapter 数据适配器来指定血型下拉列表数据源。

(1)先定义字符串数组。

```
String[] arrays = {"O 型","A 型","B 型","AB 型","其他"};
```

(2)定义数组资源适配器,并指定适配器选项样式。

```
ArrayAdapter<String> adapter = new ArrayAdapter<String>(
```

```
        MainActivity.this,
        android.R.layout.simple_spinner_item,
        arrays);
    adapter.setDropDownViewResource(
        android.R.layout.simple_spinner_dropdown_item);
```

(3)为 spinner 设置数据适配器。

```
    Spinner spinner2 = (Spinner) findViewById(R.id.spinner2);
        spinner2.setAdapter(adapter);
```

执行程序,运行效果与上例一样。

图 3-19　下拉列表

9. 自动完成文本框

使用者在使用一些网站搜索框时,当在搜索框中输入要搜索的内容时,搜索框下拉列表会提示很多与输入接近的内容供选择。Android 控件也提供了这一控件自动完成文本框——AutoCompleteTextView。

【例 3.15】 使用 AutoCompleteTextView 控件实现输入自动完成。

(1)将布局管理器改为 LinearLayout 线性布局,垂直排列。在线性布局中添加一个自动完成文本框组件和一个按钮,布局代码如下:

```
<LinearLayout xmlns:android = "http://schemas.android.com/apk/res/android"
    xmlns:tools = "http://schemas.android.com/tools"
    android:layout_width = "match_parent"
    android:layout_height = "match_parent"
    android:orientation = "horizontal"
    tools:context = "com.android.p3_15.MainActivity" >
```

```
<AutoCompleteTextView
    android:id = "@ + id/actv"
    android:layout_width = "wrap_content"
    android:layout_height = "wrap_content"
    android:layout_weight = "8"
    android:completionThreshold = "2"
    />
 <Button
    android:id = "@ + id/btn"
    android:layout_width = "wrap_content"
    android:layout_height = "wrap_content"
    android:layout_weight = "2"
    android:text = "搜索" />
</LinearLayout>
```

其中 completionThreshold 值设置为 2 表示当用户输入 2 个字符后开始出现下拉提示。

(2)在 MainActivity.java 中,先建立一个数组表示搜索的相关单词,再初始化一个数组资源适配器,最后把适配器绑定到自动完成文本框上。参考代码如下:

```
public class MainActivity extends Activity {
    private AutoCompleteTextView actv;
    private Button btn;
    private String[]
        keys = {"android4.0","android5.0","android6.0","android7.0",
            "React","React.js","React Native","React-Redux"
            };
    @Override
    protected void onCreate(Bundle savedInstanceState) {
        super.onCreate(savedInstanceState);
        setContentView(R.layout.activity_main);
        actv = (AutoCompleteTextView) findViewById(R.id.actv);
        ArrayAdapter<String> adapter = new ArrayAdapter<String>(
            MainActivity.this,
            android.R.layout.simple_list_item_1,
            keys);
        actv.setAdapter(adapter);
    btn = (Button) findViewById(R.id.btn);
    btn.setOnClickListener(btnlistener);
}
View.OnClickListener btnlistener = new View.OnClickListener() {
    @Override
    public void onClick(View v) {
        // TODO Auto-generated method stub
```

```
                Toast.makeText(MainActivity.this,"您搜索了" + actv.getText(),
                    Toast.LENGTH_SHORT).show();
            }
        };
    }
```

执行程序,运行效果如图 3-20 所示。

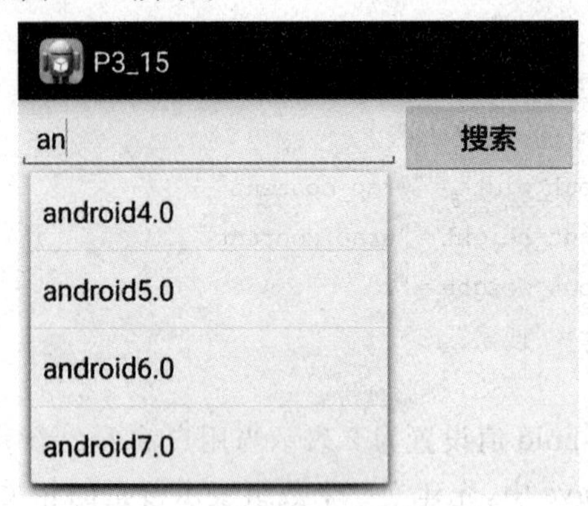

图 3-20　自动完成文本框

10. 日期和时间选择器

日期和时间的选择经常被使用到,也是任何手机都会有的基本功能,Android 平台也不例外。Android 平台使用 DatePicker 组件来实现日期选择,使用 TimePicker 组件来实现时间选择。为了在程序中获取用户选择的日期和时间,需要为 DatePicker 组件和 TimePicker 组件添加事件监听器。DatePicker 常用的事件监听器是 OnDateChangedListener,而 TimePicker 组件常用的事件监听器是 OnTimeChangedListener。

【例 3.16】 使用 DatePicker 控件和 TimePicker 选择日期和时间。

(1)将布局管理器改为 LinearLayout 线性布局,垂直排列。在线性布局中添加一个 DatePicker 组件、一个 TimePicker 组件和一个 TextView,用户通过点击日期和时间选择器将选定的日期和时间显示到 TextView 上,布局代码如下:

```
<LinearLayout xmlns:android = "http://schemas.android.com/apk/res/android"
    xmlns:tools = "http://schemas.android.com/tools"
    android:layout_width = "match_parent"
    android:layout_height = "match_parent"
    android:orientation = "vertical"
    tools:context = "com.android.p3_15.MainActivity" >
    <DatePicker
        android:id = "@ + id/dp"
        android:layout_width = "wrap_content"
        android:layout_height = "wrap_content" />
    <TimePicker
        android:id = "@ + id/tp"
        android:layout_width = "wrap_content"
```

```
        android:layout_height = "wrap_content" />
    <TextView
        android:id = "@ + id/tv"
        android:layout_width = "wrap_content"
        android:layout_height = "wrap_content" />
</LinearLayout>
```

(2)通过 Calendar 类获取系统的时间并把年月日和时分秒传递给 DatePicker 控件和 TimePicker 控件,并为 DatePicker 添加 OnDateChangedListener 监听器,为 TimePicker 添加 OnTimeChangedListener 监听器。

参考代码如下:

```
public class MainActivity extends Activity {
    private DatePicker dp;
    private TimePicker tp;
    private TextView tv;
    private int year,month,day,hour,minute;
    @Override
    protected void onCreate(Bundle savedInstanceState) {
        super.onCreate(savedInstanceState);
        setContentView(R.layout.activity_main);
        dp = (DatePicker) findViewById(R.id.dp);
        tp = (TimePicker) findViewById(R.id.tp);
        tv = (TextView) findViewById(R.id.tv);

        Calendar c = Calendar.getInstance();
        //获得当前日期和时间
        year = c.get(Calendar.YEAR);
        month = c.get(Calendar.MONTH);
        day = c.get(Calendar.DAY_OF_MONTH);
        hour = c.get(Calendar.HOUR_OF_DAY);
        minute = c.get(Calendar.MINUTE);
        dp.init(year,month,day,new OnDateChangedListener(){
            @Override
            public void onDateChanged(DatePicker view,int year,
                    int monthOfYear,int dayOfMonth) {
                // TODO Auto-generated method stub
                MainActivity.this.year = year;
                MainActivity.this.month = monthOfYear;
                MainActivity.this.day = dayOfMonth;
                setTextView(year,month,day,hour,minute);
            }
        });
```

```
        tp.setOnTimeChangedListener(new OnTimeChangedListener(){
            @Override
            public void onTimeChanged(TimePicker view,int hourOfDay,int minute) {
                // TODO Auto-generated method stub
                MainActivity.this.hour = hour;
                MainActivity.this.minute = minute;
                setTextView(year,month,day,hour,minute);
            }
        });
    }
    private void setTextView(int year,int month,int day,int hour,int minute){
        String str = year + "-" + (month + 1) + "-" + day + " " + hour + ":" + minute + " ";
        tv.setText(str);
    }
}
```

执行程序,运行效果如图 3-21 所示。

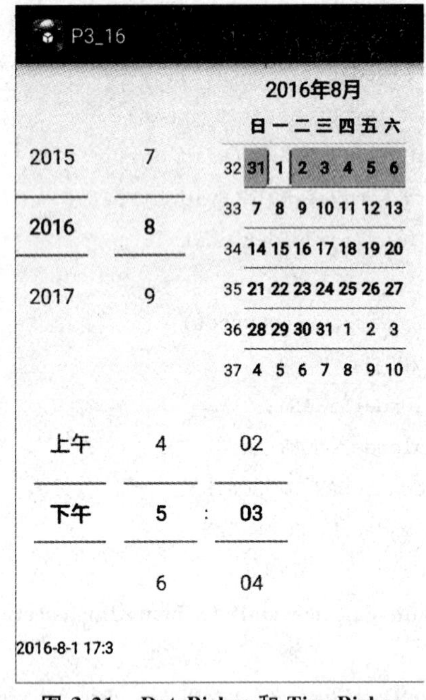

图 3-21　DatePicker 和 TimePicker

3.2.2　技能训练

【训练 3-1】 创建一个注册用户的界面,注册界面上包含用户名、密码、性别等信息,使用 EditText 控件实现用户名输入,使用 EditText 控件实现密码输入,使用 RadioGroup 组件实现性别的选择,使用 Button 控件实现信息的提交。

技能要点

(1)使用 EditText。

(2)使用 RadioGroup。

(3)使用 Button。

↳关键点分析

按钮监听事件的使用。

【训练 3-2】 创建一个选课的界面,界面上包含一个 TextView 表示“请选择您所学的课程”,再使用 CheckBox 列出专业所学课程名称,用户可以多选。使用 Button 控件实现信息的提交。

↳技能要点

(1)使用 CheckBox。

(2)使用 Button。

↳关键点分析

判断用户选中了哪些课程。

3.3 菜单与活动栏

从 Android 4.0 开始,Google 开始大范围推广虚拟按键,并执意要将菜单键改成多任务键。Google 为此制定了一套新标准,三个按键依次为返回键、Home 键和多任务键。原有 menu 键不再使用。

3.3.1 上下文菜单

Android 平台中使用 Context Menu 表示上下文菜单,上下文菜单可以跟具体的 View 绑定到一起,当长按特定界面 View 时显示该菜单,类似于 PC 上鼠标右键菜单。

【例 3.17】 长按 TextView 显示上下文菜单,并点击菜单项显示相应消息。

(1)将布局管理器改为 LinearLayout 线性布局,垂直排列。在线性布局中添加一个 TextView 组件,布局代码如下:

```
<LinearLayout xmlns:android = "http://schemas.android.com/apk/res/android"
    xmlns:tools = "http://schemas.android.com/tools"
    android:layout_width = "match_parent"
    android:layout_height = "match_parent"
    android:orientation = "vertical"
    tools:context = "com.android.p3_15.MainActivity" >
        <TextView
        android:id = "@ + id/tv"
        android:layout_width = "match_parent"
        android:layout_height = "30dp"
        android:gravity = "center"
        android:text = "长按此处获取上下文菜单" />
</LinearLayout>
```

(2)在 res/menu 文件下添加 contextmenu.xml 文件,表示上下文菜单项。代码如下:

```
<? xml version = "1.0" encoding = "utf-8"? >
<menu xmlns:android = "http://schemas.android.com/apk/res/android" >
    <item
        android:id = "@ + id/item1"
        android:title = "上下文菜单子项 1"/>
    <item
        android:id = "@ + id/item2"
        android:title = "上下文菜单子项 2"/>
    <item
        android:id = "@ + id/item3"
        android:title = "上下文菜单子项 3"/>
</menu>
```

(3) 为 TextView 注册上下文菜单，并且重写 Activity 的 onCreateContextMenu(ContextMenu menu, View v, ContextMenuInfo menuInfo)方法，在该方法中使用填充器getMenuInflater()方法，填充刚刚创建上下文菜单项作为当前上下文菜单。此时就实现了长按 TextView 显示上下文菜单。

(4)重写 Activity 的 onContextItemSelected(MenuItem item)方法，在该方法中实现用户点击上下文菜单项，并响应相应的消息。

具体 MainActivity.java 参考代码如下：

```
public class MainActivity extends Activity {
    private TextView tv;
    @Override
    protected void onCreate(Bundle savedInstanceState) {
        super.onCreate(savedInstanceState);
        setContentView(R.layout.activity_main);
        tv = (TextView) findViewById(R.id.tv);
        //注册上下文菜单
        registerForContextMenu(tv);
    }
    @Override
    public void onCreateContextMenu(ContextMenu menu, View v, ContextMenuInfo menuInfo) {
        // TODO Auto-generated method stub
        super.onCreateContextMenu(menu, v, menuInfo);
        getMenuInflater().inflate(R.menu.contextmenu, menu);
    }
    @Override
    public boolean onContextItemSelected(MenuItem item) {
        // TODO Auto-generated method stub
        Toast.makeText(MainActivity.this, item.getTitle(),
        Toast.LENGTH_SHORT).show();
        return super.onContextItemSelected(item);
```

```
    }
}
```

执行程序，运行效果如图 3-22 所示。

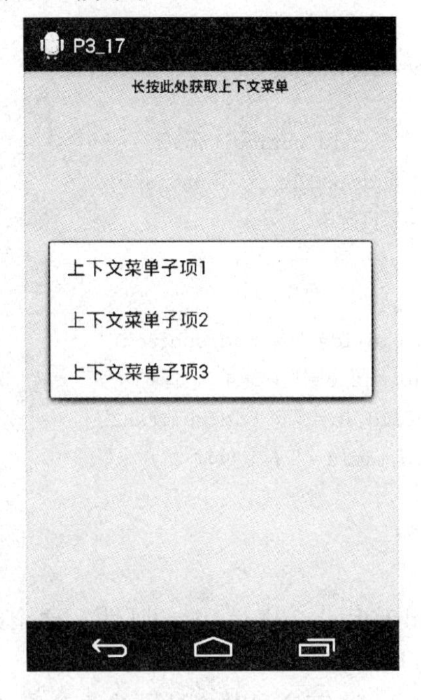

图 3-22 上下文菜单

3.3.2 活动栏

活动栏 ActionBar 是 Android3.0 之后增加的新组件，可以替代传统的标题栏。通过 ActionBar 可以实现：显示选项菜单、添加交互视图到活动栏、用程序的图标作为返回 Home 或向上的导航操作、提供标签导航功能和下拉导航功能。

【例 3.18】 为当前界面 Activity 添加 ActionBar。

(1)在 res/menu 目录下添加菜单资源文件 actionitem.xml，布局代码如下：

```
<?xml version="1.0" encoding="utf-8"?>
<menu xmlns:android="http://schemas.android.com/apk/res/android">
    <item android:id="@+id/actionview"
        android:icon="@drawable/ic_launcher"
        android:title="活动视图"
        android:actionViewClass="android.widget.Search"
        android:showAsAction="always"
        />
    <item android:id="@+id/optionitem1"
        android:icon="@drawable/ic_launcher"
        android:title="选项 1"
        android:showAsAction="ifRoom|withText"
```

```
        />
    <item android:id="@+id/optionitem2"
        android:icon="@drawable/ic_launcher"
        android:title="选项 2"
        android:showAsAction="ifRoom|withText"
        />
    <item android:id="@+id/optionitem3"
        android:icon="@drawable/ic_launcher"
        android:title="子菜单"
        >
        <menu>
            <item android:id="@+id/subitem1"
                android:title="子菜单项 1"/>
            <item android:id="@+id/subitem2"
                android:title="子菜单项 2"/>
        </menu>
    </item>
</menu>
```

每个 item 中增加了 android:showAsAction 属性。这个属性用于声明菜单项作为 actionitem 时的显示特性。有以下特性：

• ifRoom:只有当 ActionBar 上有空间时才显示的菜单项，如果 ActionBar 上没有足够的空间，那么 Action Item 会被放在“更多”菜单项中。

• never:此属性的 item 显示在“更多”菜单项中。

• withText:此属性要求 action item 同时显示图标和文字，无此属性将只显示图标。

• always:此属性声明 action item 显示在活动栏中，不放入“更多”菜单栏中。

(2)修改 MainActivity. java 代码，通过重写 Activity 的 onCreateOptionsMenu(Menu menu)方法将菜单资源填充到 ActionBar 上，通过重写 Activity 的 onOptionsItemSelected (MenuItem item)方法响应用户点击菜单项，给出消息提示。

具体 MainActivity. java 参考代码如下：

```
public class MainActivity extends Activity {
    @Override
    protected void onCreate(Bundle savedInstanceState) {
        super.onCreate(savedInstanceState);
        setContentView(R.layout.activity_main);
        ActionBar actionBar = this.getActionBar();
        actionBar.setDisplayOptions(
            ActionBar.DISPLAY_HOME_AS_UP,
            ActionBar.DISPLAY_HOME_AS_UP);
        //设置 actionBar 显示方式
    }
    @Override
```

```
    public boolean onCreateOptionsMenu(Menu menu) {
        // TODO Auto-generated method stub
        getMenuInflater().inflate(R.menu.actionitem,menu);
        //填充 actionitem.xml 到 ActionBar
        SearchView searchView = (SearchView) menu
            .findItem(R.id.actionview).getActionView();
        return super.onCreateOptionsMenu(menu);
    }
    @Override
    public boolean onOptionsItemSelected(MenuItem item) {
        // TODO Auto-generated method stub
        Toast.makeText(MainActivity.this,
                item.getTitle(),Toast.LENGTH_SHORT).show();
        //点击菜单项,返回消息
        return super.onOptionsItemSelected(item);
    }
}
```

执行程序,运行效果如图 3-23 所示。用户可以点击左上角图标、点击每一个菜单项以及"更多"菜单,观察响应消息。

图 3-23 ActionBar

3.3.3 技能训练

【训练 3-3】 创建一个图片浏览的界面,界面上包含一个 ImageView 用于显示一个图片,用户长按该图片出现 ContextMenu 上下文菜单,菜单项包括保存和分享两项,点击后给出响应信息。

技能要点

(1)使用 ImageView。

(2)使用 ContextMenu。

关键点分析

(1)重写 onCreateContextMenu(ContextMenu menu,View v,ContextMenuInfo menuInfo)。

(2)重写 onContextItemSelected(MenuItem item)。

【训练 3-4】 创建一个 ActionBar 活动栏,修改左上角图标和标题,并在右边添加一个搜索图标。

技能要点

(1)使用 ActionBar。

(2)使用 OptionsMenu。

关键点分析

(1)重写 onCreateOptionsMenu(Menu menu)。

(2)重写 onOptionsItemSelected(MenuItem item)。

3.4 通知

3.4.1 通知

通知(Notification)是显示在手机状态栏的通知——手机状态栏位于手机屏幕的最上方,那里一般显示了手机当前的网络状态、电池状态、时间等。Notification 所代表的是一种具有全局效果的通知,程序一般通过 NotificationManager 服务来发送 Notification。

【例 3.19】 点击屏幕上 Button 给自己发送一个通知信息。

(1)将布局管理器改为 LinearLayout 线性布局,垂直排列。在线性布局中添加一个 Button 组件,布局代码如下:

```
<LinearLayout xmlns:android = "http://schemas.android.com/apk/res/android"
    xmlns:tools = "http://schemas.android.com/tools"
    android:layout_width = "match_parent"
    android:layout_height = "match_parent"
    android:orientation = "vertical"
    tools:context = "com.android.p3_19.MainActivity" >
    <Button android:id = "@ + id/btn"
        android:layout_width = "match_parent"
        android:layout_height = "wrap_content"
        android:text = "发送通知"/>
</LinearLayout>
```

(2)在 MainActivity.java 中创建一个专门用于通知管理的管理器 NotificationManager,再创建一个 PendingIntent 用于点击通知后的跳转意图,然后通过使用 Notification.Builder 来构建一个通知,最后通过 NotificationManager 发出通知。具体代码如下所示:

```
public class MainActivity extends Activity {
    private Button btn;
    @Override
    protected void onCreate(Bundle savedInstanceState) {
        super.onCreate(savedInstanceState);
        setContentView(R.layout.activity_main);
        btn = (Button) findViewById(R.id.btn);
        btn.setOnClickListener(listener);
    }
```

```
    View.OnClickListener listener = newView. OnClickListener() {
        @Override
        public void onClick(View v) {
            // TODO Auto-generated method stub
            NotificationManager manager =
                   (NotificationManager) getSystemService(
                         Context.NOTIFICATION_SERVICE);
            //通过系统服务获取“通知管理器”
            PendingIntent pendingIntent =
                     PendingIntent.getActivity(
                         MainActivity.this,
                         0,
                new Intent(MainActivity.this,MainActivity.class),
                         0);//用于打开通知跳转到 Intent 指定的 Activity
                Notification notification =
                new Notification.Builder(MainActivity.this)
                .setAutoCancel(true)
                //打开该通知,该通知自动消失
                .setTicker("我的通知信息")
                //设置显示在状态栏的通知提示
                .setSmallIcon(R.drawable.ic_launcher)
                //设置通知图标
                .setContentTitle("一条新通知")
                //设置通知内容标题
                .setContentText("我的通知信息详细内容")
                //设置通知详细内容
                .setWhen(System.currentTimeMillis())
                //设置通知的时间戳
                .setDefaults(Notification.DEFAULT_SOUND
                          |Notification.DEFAULT_LIGHTS)
                //设置默认声音和 LED 灯
                .setContentIntent(pendingIntent)
                //设置打开通知跳转
                .build();
                //建立通知实例
            manager.notify(0,notification);
            //使用 NotificationManager 发送通知
        }
    };
}
```

Notification.Builder 有如下方法:

- setAutoCancel()表示点击通知后，状态栏是否自动删除通知。
- setTicker()表示设置在状态栏的提示文本。
- setSmallIcon()表示设置通知栏的图标。
- setContentTitle()表示设置通知的信息标题。
- setContentText()表示设置通知的详细内容。
- setWhen()表示设置通知的时间戳。
- setDefaults()表示设置通知的声音、震动、LED 灯。
- setContentIntent()表示设置通知的跳转意图。
- build()表示建立通知栏。

其中 PendingIntent 对象表示即将跳转到哪个意图指明的 Activity，本例中该 Activity 是 MainActivity 本身。当收到通知时，会有相应的声音和灯提示。

执行程序，运行效果如图 3-24 所示。

图 3-24 Notification

点击通知栏后，显示如图 3-25 所示。

图 3-25 Notification 下拉后的效果

3.4.2 技能训练

【训练 3-5】 创建一个界面，界面上包含一个 EditText 和一个 Button，EditText 用于输入通知具体内容，当用户点击按钮后给自己发送一个通知信息。

技能要点

(1)使用 EditText。

(2)使用 Button。

(3)使用 Notification。

关键点分析

(1)为按钮添加点击的事件监听器。

(2)使用 Notification. Builder。

3.5 使用 Java 代码动态创建控件

3.5.1 动态创建 UI 控件

使用 Java 代码来控制 UI 界面可能会比较繁琐，不利于解耦，而完全使用 XML 布局文件来控制 UI 界面虽然方便、便捷，但难免丧失灵活。通常把那些变化较多，行为控制比较复杂的组件交给 Java 代码来管理。

【例 3.20】 下面通过 Java 代码来实现一个图片显示的功能。

(1)将布局管理器改为 LinearLayout 线性布局，垂直排列。为 LinearLayout 添加一个 android:id 属性，便于 Java 代码引用。布局的具体代码如下：

```
<LinearLayout xmlns:android = "http://schemas.android.com/apk/res/android"
    xmlns:tools = "http://schemas.android.com/tools"
    android:layout_width = "match_parent"
    android:layout_height = "match_parent"
    android:orientation = "vertical"
    android:id = "@ + id/container">
    </LinearLayout>
```

(2)复制一个图片 android_ios.jpg 到 res/drawable-hdpi 中。便于后面 Java 代码引用该图片资源。

(3)在 MainActivity.java 代码中实现对布局根节点的引用，并实例化一个 ImageView 添加到根节点中。具体代码如下所示：

```
public class MainActivity extends Activity {
    @Override
    protected void onCreate(Bundle savedInstanceState) {
        super.onCreate(savedInstanceState);
        setContentView(R.layout.activity_main);
        LinearLayout layout = (LinearLayout) findViewById(R.id.container);
        //获取当前 Activity 的布局根节点
        ImageView imageView = new ImageView(this);
        //实例化一个图片视图
        imageView.setImageResource(R.drawable.android_ios);
        //为图片视图添加图片
        layout.addView(imageView);
        //将图片视图添加到布局容器中
    }
}
```

执行程序，运行效果如图 3-26 所示。

图 3-26 动态创建控件

3.5.2 技能训练

【训练 3-6】 使用 Java 代码的方式动态创建【训练 3-1】中涉及到的控件。

技能要点

(1)动态创建 TextView。

(2)动态创建 EditText。

(3)动态创建 RadioGroup。

(4)动态创建 RadioButton。

关键点分析

(1)获取布局容器的根节点。

(2)向容器中添加控件。

本章总结

➤ Android 系统框架提供了大量功能丰富的 UI 组件,开发者只要按一定规律把这些 UI 组件组合起来,就可以搭建一个非常优秀的图形用户界面。

➤ View 类是 Android 系统平台上用户界面表示的基本单元,View 的一些子类被统称为 Widgets(工具),提供了诸如文本输入框和按钮之类的 UI 对象。ViewGroup 是 View 的一个扩展,可以容纳多个 View,通过 ViewGroup 类可以创建有联系的子 View 组成复合控件。

➤ 事件就是用户与 UI 交互时所触发的操作。掌握事件创建的四种方法。

➤ Android 的常用控件有:文本框、按钮、编辑框、单选按钮、复选按钮、图片视图、自动完成文本框、日期选择器、时间选择器等,除此之外还提供了菜单控件、活动栏和通知栏来满足各种应用程序设计的需求。

➤ 使用 Java 代码动态创建控件。

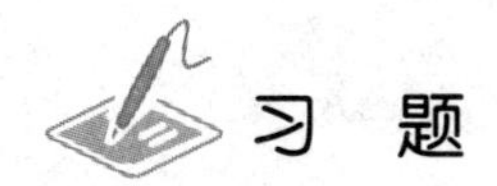

习 题

一、选择题

1. 下列可做 EditText 编辑框的提示信息的是(　　)。

   A. android:inputType　　B. android:text

   C. android:digits　　D. android:hint

2. 关于 widget(组件)属性的写法,下面正确的是(　　)。

   A. android:id = "@+id/tv_username"

   B. android:layout_width = "100px"

   C. android:src = "@drawable/icon"

   D. android:id = "@id/tabhost"

3. 在 android 中 ActionBar 使用 Menu 时,可能需要重写的方法有(　　)。

   A. onCreateOptionsMenu()

   B. onCreateMenu()

   C. onOptionsItemSelected()

   D. onItemSelected()

二、操作题

1. 使用常用控件完成一个用户调查问卷。

2. 使用两个下拉列表控件,完成省市二级联动,当用户换不同省份时,第二个下拉列表就会切换不同的下拉项目。

第 4 章
Android 界面开发——布局、样式、主题

本章工作任务

- ✓ 学会使用线性布局管理器 LinearLayout
- ✓ 学会使用表格布局管理器 TableLayout
- ✓ 学会使用帧布局管理器 FrameLayout
- ✓ 学会使用相对布局管理器 RelativeLayout
- ✓ 掌握布局的优化方法
- ✓ 掌握样式的创建和引用
- ✓ 掌握主题的创建和引用

本章知识目标

- ✓ 理解布局管理的方法
- ✓ 掌握常用布局的基本属性
- ✓ 掌握布局优化的方法
- ✓ 熟悉样式和主题的创建

本章技能目标

- ✓ 学会四种主流布局的使用方法
- ✓ 学会布局优化的方法
- ✓ 能够编写样式和主题

本章重点难点

- ✓ 布局的使用
- ✓ 布局的优化

一个完整的UI界面需要将这些组件按照一定的样式进行布局，这就需要使用Android XML布局文件来完成。Android XML布局文件的大体结构很简单，它就是一个标签组成的树，每个标签就是View类的名字。通过这个结构可以很容易地构建界面，比在源代码中使用的结构和语法更简单。这个模式的设计灵感来自于Web开发，也就是将界面和应用程序逻辑分离的模式。

4.1 布局分类

在Android中提供了五种布局分类，包括线性布局管理器LinerLayout、表格布局管理器TableLayout、帧布局管理器FrameLayout、相对布局管理器RelativeLayout和绝对布局管理器AbsoluteLayout。五种布局方式，可以互相嵌套。

4.1.1 线性布局

线性布局是Android中较为常见的布局方式，使用<LinearLayout>标签来表示。正名字描述一样，这个布局会将所包含的控件在线性方向上依次排列。线性布局主要有两种形式，一种是水平线性布局，一种是垂直线性布局。LinearLayout布局的属性既可以在布局文件XML中设置，也可以在Java代码中设置。表4-1是LinearLayout的常用属性。

表4-1 线性布局常用属性

属性名称	描述
android:orientation	设置线性布局的方式，有horizontal(水平)和vertical(垂直)排列方式
android:gravity	设置线性布局的内部组件的布局对齐方式

orientation设置布局排列方式时，水平或垂直分布如果超过一行或一列，不会自动换行或换列，超出屏幕的组件将不会被显示，除非将其放到ScrollView中。

gravity属性用来在线性布局中设置内部组件的对齐方式，当要为gravity设置多个值时，可以使用"|"来分隔。gravity可以取如下值：

- top:不改变组件大小，对齐到容器顶部；
- bottom:不改变组件大小，对齐到容器底部；
- left:不改变组件大小，对齐到容器左侧；
- right:不改变组件大小，对齐到容器右侧；
- center_vertical:不改变组件大小，对齐到容器纵向中央位置；
- center_horizontal:不改变组件大小，对齐到容器横向中央位置；
- center:不改变组件大小，对齐到容器中央位置；
- fill_vertical:若有可能，纵向拉伸以填满容器；
- fill_horizontal:若有可能，横向拉伸以填满容器；
- fill:若有可能，纵向横向同时拉伸以填满容器。

【例4.1】 采用线性布局显示三个按钮(纵向)。

创建layout_main.xml文件，其中布局代码文件如下：

```
<LinearLayout xmlns:android = "http://schemas.android.com/apk/res/android"
    xmlns:tools = "http://schemas.android.com/tools"
    android:layout_width = "match_parent"
    android:layout_height = "match_parent"
    android:orientation = "vertical" >
    <Button
        android:layout_width = "wrap_content"
        android:layout_height = "wrap_content"
        android:text = "按钮 1" />
    <Button
        android:layout_width = "wrap_content"
        android:layout_height = "wrap_content"
        android:text = "按钮 2" />
    <Button
        android:layout_width = "wrap_content"
        android:layout_height = "wrap_content"
        android:text = "按钮 3" />
</LinearLayout>
```

程序在 LinearLayout 中添加了三个 Button，每个 Button 的长和宽都是 wrap_content，并指定排列方向是 vertical。

执行程序，运行效果如图 4-1 所示。

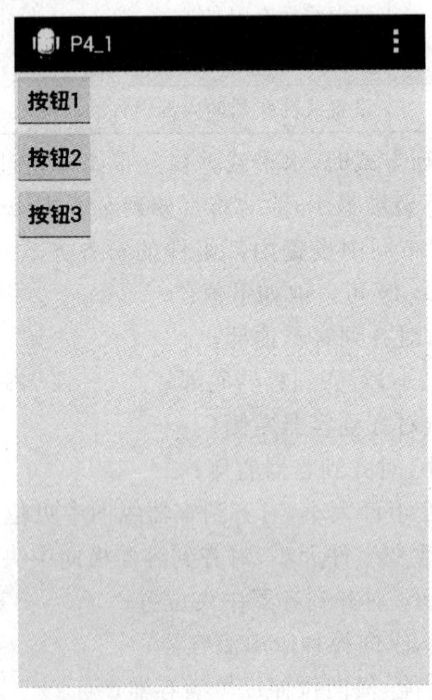

图 4-1　LinearLayout 的垂直布局

【例 4.2】 采用线性布局显示三个按钮(横向)。

实现线性布局只需修改 android:orientation 的属性值为 horizontal 即可。参考代码如下：

```
<LinearLayout xmlns:android = "http://schemas.android.com/apk/res/android"
    xmlns:tools = "http://schemas.android.com/tools"
    android:layout_width = "match_parent"
    android:layout_height = "match_parent"
    android:orientation = "horizontal" >
……
</LinearLayout>
```

执行程序，运行效果如图 4-2 所示。

图 4-2　LinearLayout 的水平布局

这里需要注意，如果 LinearLayout 的排列方向是 horizontal，内部的控件就绝对不能将宽度指定为 match_parent，因为这样的话单独一个控件就会将整个水平方向占满，其他的控件就没有可放置的位置了。同样的道理，如果 LinearLayout 的排列方向是 vertical，内部的控件就不能将高度指定为 match_parent。

android:gravity 是用于指定文字在控件中的对齐方式，而 android:layout_gravity 是用于指定控件在布局中的对齐方式。android:layout_gravity 的可选值和 android:gravity 差不多，但是需要注意，当 LinearLayout 的排列方向是 horizontal 时，只有垂直方向上的对齐方式才会生效，因为此时水平方向上的长度是不固定的，每添加一个控件，水平方向上的长度都会改变，因而无法指定该方向上的对齐方式。同样的道理，当 LinearLayout 的排列方向是 vertical 时，只有水平方向上的对齐方式才会生效。

【例 4.3】　采用线性布局显示三个按钮（横向），为按钮设置不同的 android:layout_gravity。

修改 activity_main.xml 即可。参考代码如下：

```
<LinearLayout xmlns:android="http://schemas.android.com/apk/res/android"
    xmlns:tools="http://schemas.android.com/tools"
    android:layout_width="match_parent"
    android:layout_height="match_parent"
    android:orientation="horizontal" >
    <Button
        android:layout_width="wrap_content"
        android:layout_height="wrap_content"
        android:layout_gravity="top"
        android:text="按钮 1" />
    <Button
        android:layout_width="wrap_content"
        android:layout_height="wrap_content"
        android:layout_gravity="center_vertical"
        android:text="按钮 2" />
    <Button
        android:layout_width="wrap_content"
        android:layout_height="wrap_content"
        android:layout_gravity="bottom"
        android:text="按钮 3" />
</LinearLayout>
```

由于目前 LinearLayout 的排列方向是 horizontal,因此只能指定垂直方向上的排列方向,将第一个 Button 的对齐方式指定为 top,第二个 Button 的对齐方式指定为 center_vertical,第三个 Button 的对齐方式指定为 bottom。运行程序,效果如图 4-3 所示。

图 4-3 layout_gravity 在 LinearLayout 中的效果

LinearLayout 中的另一个重要属性,android:layout_weight。这个属性允许开发者使用比例的方式来指定控件的大小，在手机屏幕的适配性方面可以起到非常重要的作用。

【例 4.4】 编写一个消息发送界面，需要一个文本编辑框和一个发送按钮。

修改 activity_main. xml 中的代码，如下所示：

```
<LinearLayout xmlns:android = "http://schemas.android.com/apk/res/android"
        xmlns:tools = "http://schemas.android.com/tools"
        android:layout_width = "match_parent"
        android:layout_height = "match_parent"
        android:orientation = "horizontal" >
    <EditText android:id = "@ + id/et"
            android:layout_width = "0dp"
            android:layout_height = "wrap_content"
            android:layout_weight = "1"
            android:hint = "请输入消息"/>
    <Button android:id = "@ + id/btn"
            android:layout_width = "0dp"
            android:layout_height = "wrap_content"
            android:layout_weight = "1"
            android:text = "发送"
            />
</LinearLayout>
```

用户会发现，这里竟然将 EditText 和 Button 的宽度都指定成了 0，由于开发者使用了 android:layout_weight 属性，此时控件的宽度就不应该再由 android:layout_width 来决定，这里指定成 0 是一种比较规范的写法。

然后开发者在 EditText 和 Button 里都将 android:layout_weight 属性的值指定为 1，这表示 EditText 和 Button 将在水平方向平分宽度。

重新运行程序，如图 4-4 所示的效果。

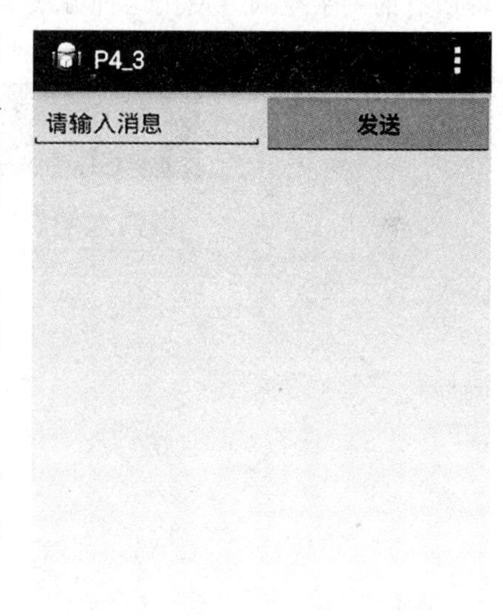

图 4-4 layout_weight 在 LinearLayout 中的效果

android:layout_weight 属性表示的是权重，同时指定为 1 就会平分屏幕宽度。系统会先把 LinearLayout 下所有控件指定的 layout_weight 值相加，得到一个总值，然后每个控件所占大小的比例就是用该控件的 layout_weight 值除以刚才算出的总值。因此如果想让 EditText 占据屏幕宽度的 3/5，Button 占据屏幕宽度的 2/5，只需要将 EditText 的 layout_weight 改成 3，Button 的 layout_weight 改成 2 就可以了。

【例 4.5】 编写一个消息发送界面，需要一个文本编辑框和一个发送按钮，修改 layout_weight 让文本编辑框更宽一些。

修改 activity_main. xml 中的代码，如下所示：

```
<LinearLayout xmlns:android = "http://schemas.android.com/apk/res/android"
    xmlns:tools = "http://schemas.android.com/tools"
    android:layout_width = "match_parent"
    android:layout_height = "match_parent"
    android:orientation = "horizontal" >
  <EditText android:id = "@ + id/et"
        android:layout_width = "wap.content?"
        android:layout_height = "wrap_content"
        android:layout_weight = "4"
        android:hint = "请输入消息"/>
  <Button android:id = "@ + id/btn"
        android:layout_width = "0dp"
        android:layout_height = "wrap_content"
        android:layout_weight = "1"
        android:text = "发送"
        />
</LinearLayout>
```

这里仅指定了 EditText 的 android:layout_weight 属性,并将 Button 的宽度改回 wrap_content。这表示 Button 的宽度仍然按照 wrap_content 来计算,而 EditText 则会占满屏幕所有的剩余空间。使用这种方式编写的界面,不仅在各种屏幕的适配方面会非常好,而且看起来也更加舒服,重新运行程序,效果如图 4-5 所示。

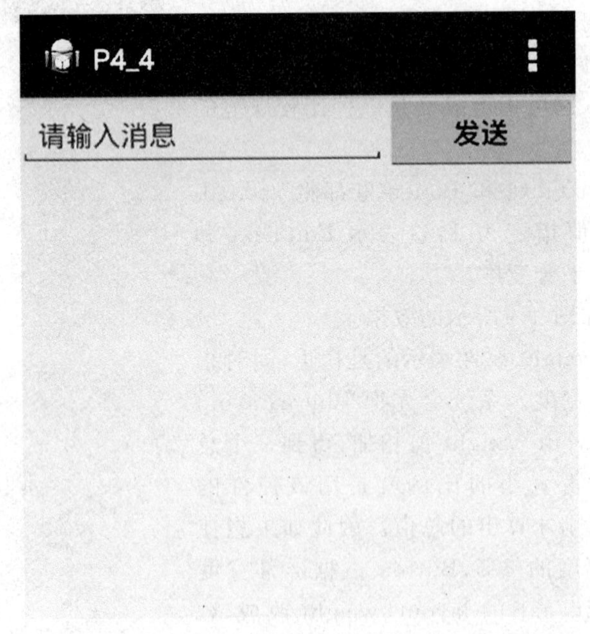

图 4-5　修改 layout_weight 在 LinearLayout 中的效果

4.1.2 相对布局

相对布局使用<RelativeLayout>标签来表示，是指按照组件之间的相对位置来进行布局，是实际布局中最常见的方式之一。相对布局灵活性很大，属性较多，所以属性之间产生冲突的可能性也较大，但能够最大程度在各种屏幕类型的设备上正确显示界面布局。表4-2表达了相对布局常用的属性。

表4-2 相对布局常用属性

属性名称	描述
android：layout_alignParentLeft	是否跟父布局左对齐
android：layout_alignParentTop	是否跟父布局顶部对齐
android：layout_alignParentRight	是否跟父布局右对齐
android：layout_alignParentBottom	是否跟父布局底部对齐
android：layout_toRightOf	在指定控件的右边
android：layout_toLeftOf	在指定控件的左边
android：layout_above	在指定控件的上边
android：layout_below	在指定控件的下边
android：layout_alignBaseline	与指定控件水平对齐
android：layout_alignLeft	与指定控件左对齐
android：layout_alignRight	与指定控件右对齐
android：layout_alignTop	与指定控件顶部对齐
android：layout_alignBottom	与指定控件底部对齐

【例4.6】 编写五个按钮，分别出现在界面四个方向和中心位置。

修改activity_main.xml中的代码，如下所示：

```
<RelativeLayout xmlns:android="http://schemas.android.com/apk/res/android"
    xmlns:tools="http://schemas.android.com/tools"
    android:layout_width="match_parent"
    android:layout_height="match_parent" >
    <Button
        android:id="@+id/btn1"
        android:layout_width="wrap_content"
        android:layout_height="wrap_content"
        android:layout_alignParentLeft="true"
        android:layout_alignParentTop="true"
        android:text="按钮" />
    <Button
        android:id="@+id/btn2"
        android:layout_width="wrap_content"
        android:layout_height="wrap_content"
```

```
        android:layout_alignParentRight = "true"
        android:layout_alignParentTop = "true"
        android:text = "按钮" />
    <Button
        android:id = "@ + id/btn3"
        android:layout_width = "wrap_content"
        android:layout_height = "wrap_content"
        android:layout_centerInParent = "true"
        android:text = "按钮" />
    <Button
        android:id = "@ + id/btn4"
        android:layout_width = "wrap_content"
        android:layout_height = "wrap_content"
        android:layout_alignParentLeft = "true"
        android:layout_alignParentBottom = "true"
        android:text = "按钮" />
    <Button
        android:id = "@ + id/btn5"
        android:layout_width = "wrap_content"
        android:layout_height = "wrap_content"
        android:layout_alignParentRight = "true"
        android:layout_alignParentBottom = "true"
        android:text = "按钮" />
</RelativeLayout>
```

运行程序,效果如图 4-6 所示。

图 4-6　RelativeLayout

上面例子是相对于父容器进行定位的，也可以相对某些控件进行定位。

【例 4.7】　编写五个按钮，其中四个按钮分别出现在界面中心位置按钮的旁边。

修改 activity_main. xml 中的代码，如下所示：

```
<RelativeLayout xmlns:android = "http://schemas.android.com/apk/res/android"
    xmlns:tools = "http://schemas.android.com/tools"
    android:layout_width = "match_parent"
    android:layout_height = "match_parent" >
    <Button
        android:id = "@ + id/btn1"
        android:layout_width = "wrap_content"
        android:layout_height = "wrap_content"
        android:layout_centerInParent = "true"
        android:text = "按钮" />
    <Button
        android:id = "@ + id/btn2"
        android:layout_width = "wrap_content"
        android:layout_height = "wrap_content"
        android:layout_above = "@id/btn1"
        android:layout_toLeftOf = "@id/btn1"
        android:text = "按钮" />
    <Button
        android:id = "@ + id/btn3"
        android:layout_width = "wrap_content"
        android:layout_height = "wrap_content"
        android:layout_above = "@id/btn1"
        android:layout_toRightOf = "@id/btn1"
        android:text = "按钮" />
    <Button
        android:id = "@ + id/btn4"
        android:layout_width = "wrap_content"
        android:layout_height = "wrap_content"
        android:layout_below = "@id/btn1"
        android:layout_toLeftOf = "@id/btn1"
        android:text = "按钮" />
    <Button
        android:id = "@ + id/btn5"
        android:layout_width = "wrap_content"
        android:layout_height = "wrap_content"
        android:layout_below = "@id/btn1"
        android:layout_toRightOf = "@id/btn1"
        android:text = "按钮" />
```

```
</RelativeLayout>
```

android:layout_above 属性可以让一个控件位于另一个控件的上方,需要为这个属性指定相对控件 id 的引用,这里开发者填入了@id/btn1,表示让该控件位于 btn1 的上方。其他的属性也都是相似的,android:layout_below 表示让一个控件位于另一个控件的下方,android:layout_toLeftOf 表示让一个控件位于另一个控件的左侧,android:layout_toRightOf 表示让一个控件位于另一个控件的右侧。注意,当一个控件去引用另一个控件的 id 时,该控件一定要定义在引用控件的后面,不然会出现找不到 id 的情况。

运行程序,效果如图 4-7 所示。

图 4-7 RelativeLayout 中相对某控件布局

4.1.3 帧布局

帧布局也称框架布局,使用<FrameLayout>标签来表示,为每个加入其中的组件都创建一个空白的区域,通常称为一帧。每个组件对应的一帧都会被对齐到屏幕的左上角,即坐标原点。这样各个组件叠加在一起,而且所有的组件通过层叠的方式来进行显示。如果每个帧的大小一样,gravity 属性也相同,则同一时刻只能看到最上面的帧。其他的则被其遮挡,这个特点在进行选项卡设计时会被用到。

【例 4.8】 使用帧布局添加三个按钮,一个按钮比一个按钮小,最上层的按钮最小。

修改 activity_main.xml 中的代码,如下所示:

```
<FrameLayout xmlns:android = "http://schemas.android.com/apk/res/android"
    xmlns:tools = "http://schemas.android.com/tools"
    android:layout_width = "match_parent"
    android:layout_height = "match_parent" >
    <Button
```

```
        android:id = "@ + id/btn1"
        android:layout_width = "300dp"
        android:layout_height = "300dp"
        android:text = "按钮 1" />
    <Button
        android:id = "@ + id/btn2"
        android:layout_width = "200dp"
        android:layout_height = "200dp"
        android:text = "按钮 2" />
    <Button
        android:id = "@ + id/btn3"
        android:layout_width = "100dp"
        android:layout_height = "100dp"
        android:text = "按钮 3" />
</FrameLayout>
```

帧布局的界面上是一帧一帧显示的，通常用于游戏开发中，如刮刮卡就是通过帧布局完成的。

运行程序，效果如图 4-8 所示。

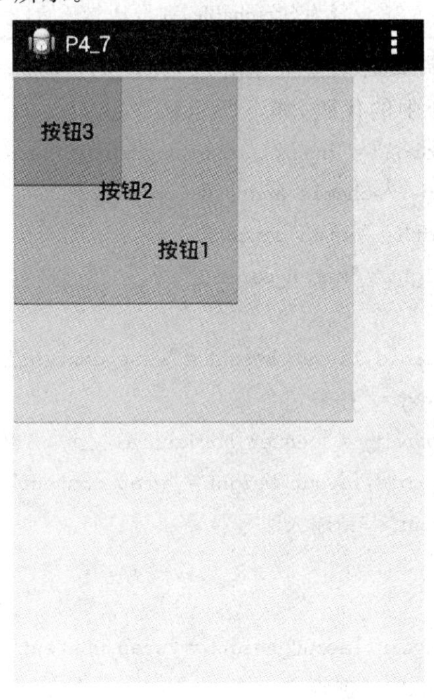

图 4-8　FrameLayout 布局

4.1.4　表格布局

表格布局使用<TableLayout>标签来表示，类似常见的表格，通过指定行和列的形式来管理视图组件。在表格布局中可以添加多个<TableRow>标签，每个<TableRow>标签就是一个表格行，由于<TableRow>标签也是一个容器，因此在该标签中可以添加其他组件，每添加一个组件该行就增加一列，但表格布局并不会为每一行、每一列或每个单元格绘制边框。如果直接向 TableLayout 中添加组件，那么该组件会直接占用一行。

在表格布局中，列的宽度由该列中最宽的那个组件决定，整个表格布局的宽度则取决于父容器的宽度。通过设置列的属性对列进行隐藏、伸展、收缩操作，从而可以充分利用屏幕空间。这三个属性为：

· Collapsed：如果一列被标识为 collapsed，则该列将会被隐藏。

· Shrinkable：如果一列被标识为 shrinkable，则该列的宽度可以进行收缩，以使表格能够适应其父容器的大小。

· Strechable：如果一列被标识为 strechable，则该列的宽度可以进行拉伸，以使填满表格中空闲的空间。

表 4-3 表达了表格布局常用的属性。

表 4-3 表格布局常用属性

属性名称	描述
android：collapseColumns	设置列为 Collapsed，列号从 0 开始，多个列号用“，”分隔
android：shrinkColumns	设置列为 Shrinkable，列号从 0 开始，多个列号用“，”分隔
android：stretchColumns	设置为 Strechable，列号从 0 开始，多个列号用“，”分隔

【例 4.8】 使用表格布局设计一个登录界面，允许用户输入账号和秘码。

修改 activity_main. xml 中的代码，如下所示：

```
<TableLayout xmlns:android = "http://schemas.android.com/apk/res/android"
    xmlns:tools = "http://schemas.android.com/tools"
    android:layout_width = "match_parent"
    android:layout_height = "match_parent"">
    <TableRow >
        <TextView android:layout_height = "wrap_content"
            android:text = "账号:"
            android:gravity = "center_horizontal"/>
        <EditText android:layout_height = "wrap_content"
            android:hint = "请输入账号"/>
    </TableRow>
    <TableRow >
        <TextView android:layout_height = "wrap_content"
            android:text = "密码:"
            android:gravity = "center_horizontal"/>
        <EditText android:layout_height = "wrap_content"
            android:hint = "请输入密码"
            android:inputType = "textPassword"/>
    </TableRow>
    <TableRow >
```

```
        <Button android:id = "@ + id/btn"
            android:layout_height = "wrap_content"
            android:layout_span = "2"
            android:text = "登录"/>
    </TableRow>
</TableLayout>
```

在 TableLayout 中每加入一个 TableRow 就表示在表格中添加了一行,然后在 TableRow 中每加入一个控件,就表示在该行中加入了一列,TableRow 中的控件是不能指定宽度的。这里将表格设计成了三行两列的格式,第一行有一个 TextView 和一个用于输入账号的 EditText,第二行也有一个 TextView 和一个用于输入密码的 EditText,通过将 android:inputType 属性的值指定为 textPassword,把 EditText 变为密码输入框。可是第三行只有一个用于登录的按钮,前两行都有两列,第三行只有一列,这样的表格就会很难看,而且结构也非常不合理。这时就需要通过对单元格进行合并来解决这个问题,使用 android:layout_span = "2"让登录按钮占据两列的空间,就可以保证表格结构的合理性了。

运行程序,效果如图 4-9 所示。

图 4-9 TableLayout 布局

上面的布局看上去很奇怪,那么设置自动拉伸再看一下。

【例 4.9】 使用表格布局设计一个登录界面,允许用户输入账号和密码,对表格第二列进行拉伸。

只需在 TableLayout 中添加 android:stretchColumns 即可。修改 activity_main. xml 中的代码,如下所示:

```
<TableLayout xmlns:android = "http://schemas.android.com/apk/res/android"
    xmlns:tools = "http://schemas.android.com/tools"
```

```
    android:layout_width = "match_parent"
    android:layout_height = "match_parent"
    android:stretchColumns = "1" >
    ……
</TableLayout>
```

运行程序,效果如图 4-10 所示。

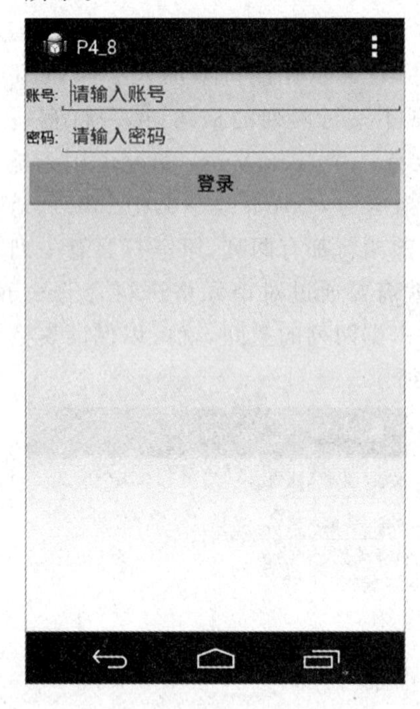

图 4-10　TableLayout 布局中设置 stretchable 属性

这里将 android:stretchColumns 的值指定为 1,表示如果表格不能完全占满屏幕宽度,就将第二列拉伸,1 表示拉伸第二列。

4.1.5　绝对布局

绝对布局使用<AbsoluteLayout>标签来表示,通过指定界面元素的坐标位置,来确定用户界面的整体布局,容器组件不再负责管理其子组件的位置。绝对布局自 Android2.0 版本开始不再推荐使用,因为通过 x 坐标和 y 坐标确定界面元素位置后,Android 系统不能根据不同屏幕对界面元素的位置进行调整,降低了界面布局对不同类型和尺寸的屏幕的适应能力,所以可以直接将其忽略。

4.1.6　技能训练

【训练 4-1】 使用帧布局实现如下效果,图 4-11 所示。

技能要点

(1)创建 activity_main. xml 主界面。

(2)使用 FrameLayout 布局方式。

需求说明

(1)放置五个 Textview。

(2)为五个 TextView 设置不同的背景颜色。

(3)将 TextView 放置到屏幕中央。

(4)为 TextView 设置不同的宽度。

关键点分析

(1)编写 FrameLayout 布局。

(2)设置布局内组建位置。

【训练 4-2】 使用线性布局实现计算器界面,效果如图 4-12 所示。

图 4-11 帧布局

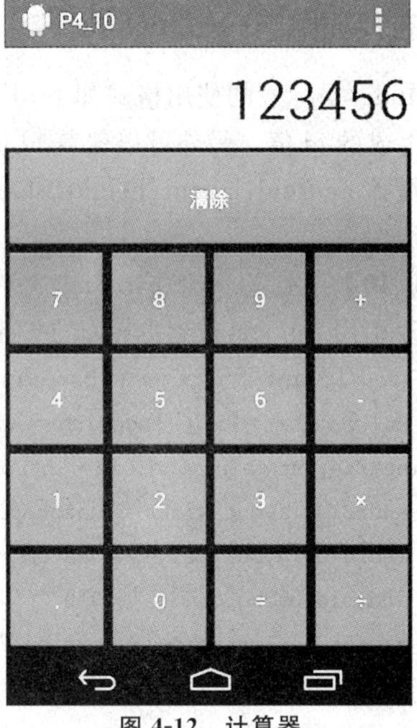

图 4-12 计算器

技能要点

(1)创建 activity_main. xml 主界面。

(2)使用 LinearLayout 布局方式。

需求说明

(1)放置一个 Textview,用于显示用户录入的数据。

(2)放置十七个 Button,用于表示用户操作的按键。

(3)使用多个 LinearLayout 嵌套使用。

(4)设置背景颜色和文字颜色,以及文字大小。

关键点分析

(1)编写 LinearLayout 布局。

(2)使用布局嵌套技术。

(3)为不同的组件和布局设置不同的权重。

4.2 布局优化

在应用程序设计中，为了保持各窗口之间风格的统一，在UI布局文件中，会用到很多相同的布局。如果针对每个XML布局文件，都把相同的布局实现一遍，会造成代码冗余，可读性很差。另外修改起来也会比较繁琐，对后期的维护非常不利。所以开发者希望能实现多个组件布局的复用，这样仅需将相同的布局代码单独作为一个模块，在其他布局中重用布局即可。Android官方给出了优化的三种抽象布局<include/>、<merge/>和<ViewSub/>，这三种布局各有优势。

4.2.1 布局重用——<include />

<include/>标签的使用格式如下，其中布局文件为layout路径下布局文件对应的R.layout中生成的id值。另外可以覆盖id值，即重新定义id值。如果要覆盖布局的尺寸，就必须同时覆盖android:layout_height和android:layout_width的属性。如果只覆盖其中一个，则无效。

【例4.10】 定义一个bar.xml文件用于表示UI界面上导航，然后在主界面使用<include/>引用bar.xml放到主界面的头部和尾部，也就是在主界面两次复用bar.xml。

(1)在res/layout下定义一个bar.xml文件，表示主界面的头部和尾部导航。

```
<?xml version="1.0" encoding="utf-8"?>
<LinearLayout xmlns:android="http://schemas.android.com/apk/res/android"
    android:layout_width="match_parent"
    android:layout_height="match_parent"
    android:background="#0f0"
    android:orientation="vertical"
    >
    <TextView
        android:id="@+id/tv"
        android:layout_width="match_parent"
        android:layout_height="match_parent"
        android:gravity="center"
        android:text="这里是..."/>
</LinearLayout>
```

(2)修改activity_main.xml中的代码，如下所示：

```
<LinearLayout xmlns:android="http://schemas.android.com/apk/res/android"
      xmlns:tools="http://schemas.android.com/tools"
      android:layout_width="match_parent"
      android:layout_height="match_parent"
      android:orientation="vertical">
    <include
         android:layout_width="match_parent"
```

```
            android:layout_height = "0dp"
            layout = "@layout/bar"
            android:layout_weight = "1"
            androild:id = "@ + id/"header"/>
    <LinearLayout
            android:layout_width = "match_parent"
            android:layout_height = "0dp"
            android:layout_weight = "6">
    </LinearLayout>
    <includelayout = "@layout/bar"
            android:layout_width = "match_parent"
            android:layout_height = "0dp"
            android:layout_weight = "1"
            android:id"@ + id/"footer"/>
</LinearLayout>
```

其中 layout 属性表示对 bar. xml 的引用。

(3)为了能够修改主界面的头部和尾部中的文字,开发者需要在 MainActivity. java 中获取<include />所引用的 View,通过 View 的 findViewById()方法获取所引用的布局中的控件。具体代码如下:

```
public class MainActivity extends Activity {
    @Override
    protected void onCreate(Bundle savedInstanceState) {
        super.onCreate(savedInstanceState);
        setContentView(R.layout.activity_main);
        View vHeader = findViewById(R.id.header);
        TextView tvHeader = (TextView) vHeader.findViewById(R.id.tv);
        tvHeader.setText("这里是头部");

        View vFooter = findViewById(R.id.footer);
        TextView tvFooter = (TextView) vFooter.findViewById(R.id.tv);
        tvFooter.setText("这里是尾部");
    }
}
```

运行程序,效果如图 4-13 所示。

4.2.2 减少布局层级——<merge/>

<merge/>标签在 UI 结构优化中起到了非常重要的作用,可以删除多余的层级,优化 UI 界面。<merge/>多用于替换 FrameLayout 或者当一个布局包含另一个布局时,<merge/>标签消除视图层次结构中多余的视图组。例如用户的布局文件是垂直布局,引入了一个垂直布局的 include,这时使用 include 布局使得 LinearLayout 就没有意义了,如果

图 4-13 使用<include/>

这样的使用多了就会降低 UI 的效率,此时就可以使用<merge/>标签优化。

【例 4.11】 定义一个 bar.xml 文件用于表示 UI 界面上导航,然后在主界面使用<merge/>引用这个 bar.xml 放到主界面的头部和尾部,也就是在主界面两次复用 bar.xml。

(1)在 res/layout 下定义一个 bar.xml 文件,表示主界面的头部和尾部导航。

```
<? xml version = "1.0" encoding = "utf-8"? >
<merge xmlns:android = "http://schemas.android.com/apk/res/android">
    <TextView
        android:id = "@ + id/tv"
        android:layout_width = "match_parent"
        android:layout_height = "0dp"
        android:layout_weight = "1"
        android:background = "#0f0"
        android:gravity = "center"
        android:text = "这里是..."/>
</merge>
```

使用<merge/>去除了容器,将原有附加在容器上的属性转移到 TextView 上。这里包括:android:layout_height 和 android:layout_weight。

(2)修改 activity_main.xml 中的代码,如下所示:

```
<LinearLayout xmlns:android = "http://schemas.android.com/apk/res/android"
    xmlns:tools = "http://schemas.android.com/tools"
    android:id = "@ + id/container"
    android:layout_width = "match_parent"
```

```
    android:layout_height = "match_parent"
    android:orientation = "vertical" >
    <include
        android:id = "@ + id/header"
        android:layout_width = "match_parent"
        android:layout_height = "wrap_content"
        layout = "@layout/bar"/>
    <LinearLayout
        android:layout_width = "match_parent"
        android:layout_height = "0dp"
        android:layout_weight = "6" >
    </LinearLayout>
    <include
        android:id = "@ + id/footer"
        android:layout_width = "match_parent"
        android:layout_height = "wrap_content"
        layout = "@layout/bar"/>
</LinearLayout>
```

根据 bar.xml 的修改做相应修改。此处为 LinearLayout 添加 android:id，方便 Java 代码引用此布局。

(3)为了能够修改主界面的头部和尾部中的文字，开发者需要在 MainActivity.java 中获取<include/>所引用的 View，这里通过 LinearLayout 的 getChildAt()方法获取两个不同的控件。具体代码如下：

```
public class MainActivity extends Activity {
    @Override
    protected void onCreate(Bundle savedInstanceState) {
        super.onCreate(savedInstanceState);
        setContentView(R.layout.activity_main);
        LinearLayout container = (LinearLayout) findViewById(R.id.container);
        TextView tvHeader = (TextView) container.getChildAt(0);
        tvHeader.setText("这里是头部");
        TextView tvFooter = (TextView)  container.getChildAt(2);
        tvFooter.setText("这里是尾部");
    }
}
```

运行程序，效果和图 4-13 一样。

4.2.3 需要时才填充——<ViewStub/>

<ViewStub/>标签最大的优点是当用户需要时才会加载，且不会影响 UI 初始化时的性能。各种不常用的布局像进度条、显示错误消息等可以使用<ViewStub/>标签，以减少内存使用量，加快渲染速度。<ViewStub/>是一个不可见的，大小为 0 的 View。

【例 4.12】 定义一个 bar. xml 文件用于表示 UI 界面上导航，然后在主界面使用<ViewStub/>引用这个 bar. xml 放到主界面的头部和尾部，也就是在主界面两次复用 bar. xml。

与<include/>、<merge/>不同的是，<ViewStub/>需要通过 inflate()方法才能加载布局，初次使用时，并不能看到布局的外观。且<ViewStub/>只能 Inflate()一次，之后<ViewStub/>对象会被置空。

(1)在 res/layout 下定义一个 bar. xml 文件，表示主界面的头部和尾部导航。

```
<? xml version = "1.0" encoding = "utf-8"? >
<LinearLayout xmlns:android = "http://schemas.android.com/apk/res/android"
    android:layout_width = "match_parent"
    android:layout_height = "match_parent"
    android:background = "#0f0"
    android:orientation = "vertical"
    >
    <TextView
        android:id = "@ + id/tv"
        android:layout_width = "match_parent"
        android:layout_height = "match_parent"
        android:gravity = "center"
        android:text = "这里是..."/>
</LinearLayout>
```

(2)修改 activity_main. xml 中的代码，如下所示：

```
<LinearLayout xmlns:android = "http://schemas.android.com/apk/res/android"
    xmlns:tools = "http://schemas.android.com/tools"
    android:layout_width = "match_parent"
    android:layout_height = "match_parent"
    android:orientation = "vertical"
    android:id = "@ + id/container">
     <ViewStub
        android:id = "@ + id/header"
        android:layout_width = "match_parent"
        android:layout_height = "0dp"
        android:layout = "@layout/bar"
        android:layout_weight = "1"/>
     <LinearLayout
        android:layout_width = "match_parent"
        android:layout_height = "0dp"
        android:layout_weight = "6"></LinearLayout>
     <ViewStub
        android:layout = "@layout/bar"
        android:id = "@ + id/footer"
```

```
        android:layout_width="match_parent"
        android:layout_height="0dp"
        android:layout_weight="1"/>
</LinearLayout>
```

这里注意之前<include/>、<merge/>的布局引用是使用 layout 属性来引用子布局，<ViewStub/>是使用 android:layout 属性来引用子布局。为了能够在 Java 代码中引用布局根节点，给根节点 LinearLayout 添加 android:id 属性，属性值为 container。

(3)为了能够修改主界面的头部和尾部中的文字，开发者需要在 MainActivity.java 中获取<ViewStub/>所引用的子布局，这里通过 LinearLayout 的 getChildAt()方法获取两个不同的子布局。再在子布局中获取各自的 TextView，从而修改 TextView 的文字。具体代码如下：

```
public class MainActivity extends Activity {
    @Override
    protected void onCreate(Bundle savedInstanceState) {
        super.onCreate(savedInstanceState);
        setContentView(R.layout.activity_main);
        LinearLayout container = (LinearLayout) findViewById(R.id.container);
        ViewStub vHeader = (ViewStub) findViewById(R.id.header);
        //获取 ViewStub
        vHeader.inflate();
        //使用子布局填充，只能填充一次
        LinearLayout llHeader = (LinearLayout) container.getChildAt(0);
        TextView tvHeader = (TextView) llHeader.findViewById(R.id.tv);
        //获取布局中的 TextView
        tvHeader.setText("这里是头部");
        //修改 TextView 的文字
        ViewStub vFooter = (ViewStub) findViewById(R.id.footer);
        //获取 ViewStub
        vFooter.inflate();
        //使用子布局填充，只能填充一次
        LinearLayout llFooter = (LinearLayout) container.getChildAt(2);
        TextView tvFooter = (TextView) llFooter.findViewById(R.id.tv);
        //获取布局中的 TextView
        tvFooter.setText("这里是尾部");
        //修改 TextView 的文字
    }
}
```

运行程序，效果和图 4-13 一样。

以上三种不同的方式都是为了引用子布局，但是各自都有所区别，都可以复用子布局。其中<merge/>可以减少视图层级，而<ViewStub/>只能填充一次子布局，减少内存耗用，提升显示速度。

4.2.4 技能训练

【训练 4-3】 创建一个子布局 MyImage. xml，用来显示一个图片，用户可以使用 ImageView 来实现，在主布局中使用<include/>方法引用该子布局，主布局上有两个按钮表示上一张图片和下一张图片，用户点击按钮可以切换不同的图片，可以事先准备三张图片供代码调用，切换图片可以通过 Java 代码的方式实现。

技能要点

(1)创建子布局。

(2)使用<include/>引用子布局。

(3)使用<ImageView/>。

需求说明

(1)创建子布局 MyImage. xml。

(2)在子布局 MyImage. xml 中放入<ImageView/>。

(3)在主布局中引用 MyImage. xml。

(4)在主布局中添加二个按钮，表示图片浏览的上一张和下一张。

(5)在 Java 代码中引用子布局控件。

(6)为按钮添加单击事件的监听器。

关键点分析

(1)<include/>标签的使用。

(2)使用 Java 代码引用控件。

【训练 4-4】 使用<merge/>标签改造上例。

技能要点

(1)使用<merge/>标签创建子布局。

(2)使用<include/>引用子布局。

(3)使用<ImageView/>。

需求说明

(1)创建子布局 MyImage. xml。

(2)在子布局 MyImage. xml 中放入<ImageView/>。

(3)在主布局中引用 MyImage. xml。

(4)在主布局中添加二个按钮，表示图片浏览的上一张和下一张。

(5)在 Java 代码中引用子布局控件。

(6)为按钮添加单击事件的监听器。

关键点分析

(1)< merge/>标签的使用。

(2)使用 Java 代码引用控件。

【训练 4-5】 使用<ViewStub/>标签改造上例。

技能要点

(1)创建子布局。

(2)使用<ViewStub/>引用子布局。

(3)使用<ImageView/>。

↳需求说明

(1)创建子布局 MyImage.xml。

(2)在子布局 MyImage.xml 中放入<ImageView/>。

(3)在主布局中引用 MyImage.xml。

(4)在主布局中添加二个按钮,表示图片浏览的上一张和下一张。

(5)通过 Java 代码填充子布局。

(6)在 Java 代码中引用子布局控件。

(7)为按钮添加单击事件的监听器。

↳关键点分析

(1)<ViewStub/>标签的使用。

(2)使用 Java 代码引用控件。

4.3　样式和主题

样式和主题资源都是用于对 Android 应用进行"美化"的,只要充分利用 Android 应用的样式和主题资源,开发者就可以开发出各种风格的 Android 应用。

4.3.1　样式资源

如果经常需要对某个类型的组件指定大致相似的格式,比如字体、颜色、背景色等。如果每次都要为 View 组件重复指定这些属性,无疑会有很大的工作量,而且不利于项目后期的维护。

一个样式等于一组格式的集合,如果设置某段文本使用某个样式,那么该样式的所有格式将会整体应用于这段文本。Android 的样式与此类似,也包含一组格式,为一个组件设置使用某个样式时,该样式所包含的全部格式将会应用于该组件。

Android 的样式资源文件也放在 res/values 目录下,样式资源文件的根元素是<resources/>元素,该元素内可包含多个<style/>子元素,每个<style/>元素定义一个样式。<style/>元素指定如下两个属性:

- name:指定样式的名称。
- parent:指定该样式所继承的父样式。当继承某个父样式时,该样式将会获得父样式中定义的全部格式。当然,当前样式也可以覆盖父样式中指定的格式。

<style/>元素内包含多个<item/>子元素,每个<item/>子元素定义一个格式项。

【例 4.13】　定义一个样式文件 my_styles.xml 包含三个样式,分别为 text1、text2 和 text3,在主界面中引用该三个样式。其中 text2 继承了 text1 样式,text3 继承了 text2 样式。

(1)在 res/values 下定义一个 my_styles.xml 文件,具体代码如下:

```
<? xml version = "1.0" encoding = "utf-8"? >
<resources xmlns:android = "http://schemas.android.com/apk/res/android">
    <style name = "text1" >
```

```
        <item name = "android:textSize">20sp</item>
        <item name = "android:textColor">#00d</item>
    </style>
    <style name = "text2" parent = "@style/text1">
        <item name = "android:textSize">25sp</item>
        <item name = "android:background">#ee6</item>
    </style>
    <style name = "text3" parent = "@style/text2">
        <item name = "android:textSize">35sp</item>
        <item name = "android:background">#ccc</item>
        <item name = "android:textColor">#0dd</item>
    </style>
</resources>
```

(2)修改布局文件 activity_main.xml,添加三个 TextView,分别引用三个样式。

```
<LinearLayout xmlns:android = "http://schemas.android.com/apk/res/android"
    xmlns:tools = "http://schemas.android.com/tools"
    android:layout_width = "match_parent"
    android:layout_height = "match_parent"
    android:orientation = "vertical" >
    <TextView android:layout_width = "wrap_content"
    android:layout_height = "wrap_content"
    style = "@style/text1"
    android:text = "@string/hello_world"/>
    <TextView android:layout_width = "wrap_content"
    android:layout_height = "wrap_content"
    style = "@style/text2"
    android:text = "@string/hello_world"/>
    <TextView android:layout_width = "wrap_content"
    android:layout_height = "wrap_content"
    style = "@style/text3"
    android:text = "@string/hello_world"/>
</LinearLayout>
```

三个文本框本身并未指定任何格式,而是分别指定了引用 text1、text2 和 text3,执行程序,运行效果如图 4-14 所示。

4.3.2 主题资源

主题资源(Theme)与样式资源非常相似,主题资源的 XML 文件通常也放在 res/values 目录下,主题资源的 XML 文档同样以<resource/>元素作为根元素,同样使用<style/>元素来定义主题。

主题与样式的区别主要体现在:

图 4-14　使用<style/>

主题不能作用于单个的 View 组件，主题应该对整个应用中的所有 Activity 起作用，或对指定的 Activity 起作用。

主题定义的格式应该是改变窗口外观的格式，例如窗口标题、窗口边框等。

【例 4.14】 使用主题 Theme 给所有窗口添加边框和背景。

(1)样式设计：在 res/values 下定义一个 my_theme. xml 文件，具体代码如下：

```
<? xml version = "1.0" encoding = "utf-8"? >
<resources xmlns:android = "http://schemas.android.com/apk/res/android">
    <style name = "myTheme" >
        <item name = "android:windowNoTitle">true</item>
        <! --窗口没有标题 -->
        <item name = "android:windowFullscreen">true</item>
        <! --满屏显示 -->
        <item name = "android:windowFrame">@drawable/my_border</item>
        <! --引用 drawable 资源设置窗口边框 -->
        <item name = "android:background">#fff</item>
        <! --设置窗口背景颜色 -->
        <item name = "android:padding">10dp</item>
        <! --设置内间距 -->
    </style>
</resources>
```

android:windowNoTitle 表示是否设置窗口的标题，android:windowFullscreen 表示是否满屏显示，android:windowFrame 表示设置什么样的窗口边框。上例引用了 drawable 下的一个资源 my_border，下面将叙说如何建立这个边框。

(2)边框设计：在 res/drawable-hdpi 文件夹下建立 my_border. xml 文件，再该文件夹上点击右键选择“New →Android XML File”，如图 4-15 所示。

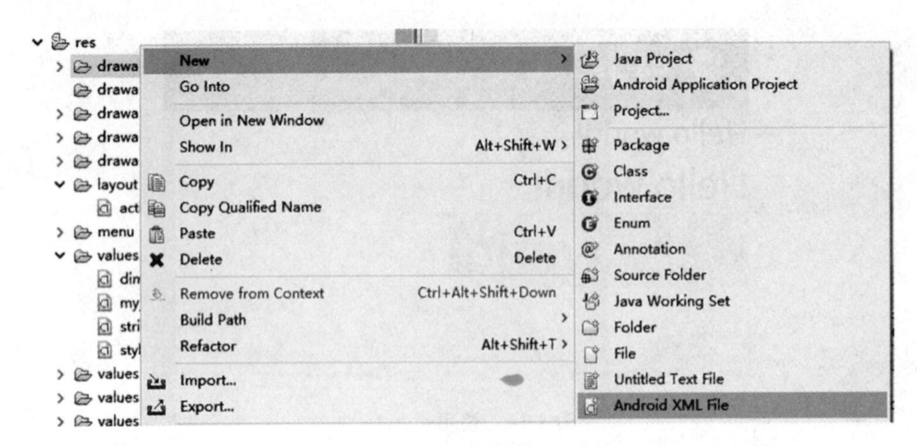

图 4-15　选择创建绘画资源

在弹出的对话框中选中"Root Element"下的"Shape"形状一栏，点击"Finish"按钮，如图4-16 所示。

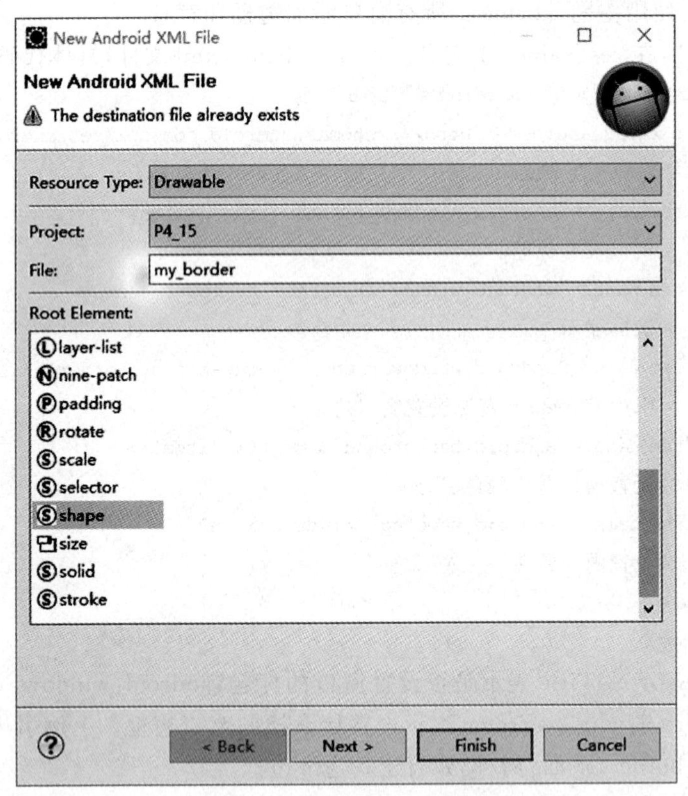

图 4-16　创建 Shape 资源

具体 my_border. xml 资源文件的代码如下：

```
<?xml version = "1.0" encoding = "utf-8"?>
<shape xmlns:android = "http://schemas.android.com/apk/res/android"
    android:shape = "rectangle" >
    <padding android:left = "7dp"
```

```
        android:top = "7dp"
        android:right = "7dp"
        android:bottom = "7dp"/>
    <! --设置内边距 -->
    <stroke android:width = "10dip"
        android:color = "#f000"
        />
    <! --设置边框 -->
    <corners android:radius = "10dp"/>
    <! --设置圆角弧度 -->
</shape>
```

(3)再修改 AndroidManifest. xml 中<Application />的 android:theme 属性,参考代码如下:

```
<application
        android:allowBackup = "true"
        android:icon = "@drawable/ic_launcher"
        android:label = "@string/app_name"
        android:theme = "@style/myTheme" >
    ......
</application>
```

android:theme 的属性值是对 my_theme. xml 的引用。

执行程序,运行的效果如图 4-17 所示。

图 4-17 引用自定义 Theme 后的主界面

4.3.3 技能训练

【训练 4-6】 定义一个样式文件 my_style. xml，设定一个对 ImageView 使用的样式，该样式包括：宽度 200dp、高度 200dp。如果未指定图片就使用默认图片、内间距为 6dp，需要为图片设定一个 1dp 宽的黑色边框、外间距 6dp。下面是使用该样式指定图片和未指定图片时二个 ImageView 的使用效果，如图 4-18 所示。

图 4-18　使用样式的 ImageView

↳技能要点

(1)创建样式文件。

(2)创建样式。

(3)引用样式。

↳需求说明

(1)为 ImageView 设定样式。

(2)为 ImageView 设定边框样式。

(3)为 ImageView 设定图片。

(4)在主布局中添加两个 ImageView。

(5)引用样式。

(6)一个 ImageView 重新指定图片。

(7)一个 ImageView 未指定图片。

↳关键点分析

(1)样式的编写。

(2)边框样式的编写。

本章总结

➤ 在 Android 中提供了五种布局分类，包括线性布局管理器 LinearLayout、表格布局管理器 TableLayout、帧布局管理器 FrameLayout、相对布局管理器 RelativeLayout 和绝对布局管理器 AbsoluteLayout。五种布局方式，可以互相嵌套。

➤ Android 的官方优化布局的三种标签包括<include/>、<merge/>和<ViewSub/>，各自都有所区别，都可以复用子布局。其中<merge/>可以减少视图层级，<ViewStub/>只能填充一次子布局，减少内存耗用，提高显示速度。

➤ 样式和主题资源用于对 Android 应用进行“美化”，充分利用 Android 应用的样式和主题资源，可以开发出各种风格的 Android 应用。

习　题

一、选择题

1. 下列属性是专用于相对布局的是(　　)。

A. android. orientation

B. android:stretchColumns

C. android:layout_alignParentRight

D. android:layout_toRightOf

2. 定义 LinearLayout 垂直方向布局时设置的属性为(　　)。

A. android:layout_height

B. android:gravity

C. android:layout

D. android:orientation = "vertical"

3. 在相对布局中,"是否跟父布局底部对齐"是属性(　　)。

A. android:layout_alignBottom

B. android:layout_alignParentBottom

C. android:layout_alignBaseline

D. android:layout_below

二、操作题

结合所学知识,设计如下界面,如图 4-19 所示。

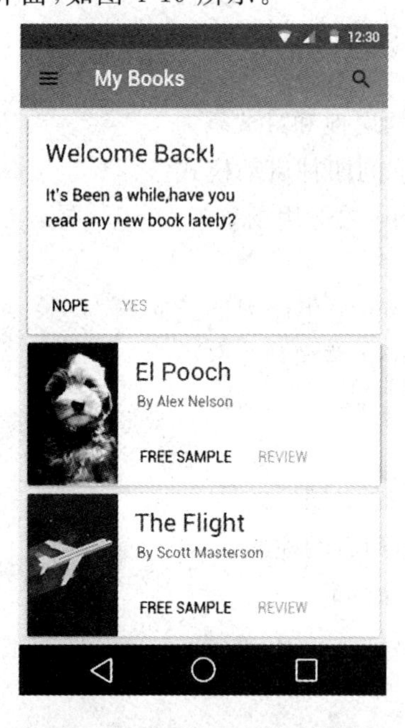

图 4-19　一款 APP 的主界面

第5章
Activity 和 Intent

本章工作任务

- ✓ 学会如何创建 Activity
- ✓ 学会配置 Activity 到 AndroidManifest. xml 文件中
- ✓ 学会使用 Activity 生命周期的回调方法
- ✓ 学会使用 Intent 实现 Activity 的跳转
- ✓ 掌握 Intent 传递数据的方法
- ✓ 掌握 Intent 回传数据的方法
- ✓ 掌握显式 Intent 和隐式 Intent 的用法
- ✓ 学会使用 Fragment

本章知识目标

- ✓ 理解 Activity 的作用
- ✓ 掌握注册 Activity 的配置项
- ✓ 掌握 Activity 的生命周期
- ✓ 掌握 Intent 的属性和过滤器
- ✓ 掌握 Activity 的四种启动模式
- ✓ 理解 Fragment 的适用场景

本章技能目标

- ✓ 学会使用 Activity 生命周期的回调方法
- ✓ 学会使用 Intent 传递数据
- ✓ 学会使用 Fragment

本章重点难点

- ✓ Activity 的生命周期
- ✓ Activity 的四种启动模式
- ✓ 动态使用 Fragment

Activity 中文翻译为活动，是 Android 四大组件之一，也是 Android 中最基本的模块之一。Google 官方网站介绍，几乎所有的 Activity 都是用来与用户交互的，因此 Activity 主要关注视图窗体的创建(也就是通过 setContentView(View)方法来放置 UI)，而且 Activity 对于用户来说通常都表现为全屏的窗体。当然也可能以其他方式呈现，比如浮动窗体。

如果拿网站来对比的话，Activity 就好比一个网页。在 Activity 中，可以添加不同的 View，并且可以对这些 View 做一些事件处理。例如，在 Activity 中添加 Button、CheckBox 等元素。因此，Activity 的概念在某种程度上和网页的概念非常类似。网页对于一个完整的 web 站点来说有多重要，Activity 对 Android 应用程序亦有多重要。

5.1 Activity 简介

对于 Android 手机来说，用户经常会使用手机打电话、发短信、玩游戏等，这就需要与手机界面进行交互。电话的拨号盘、短信的发送界面、游戏画面，每一个都是一个独立的 Activity。

5.1.1 创建 Activity

当开发者初次创建一个项目时，在项目的 res/layout 目录下就有一个默认的 activity_main. xml 布局文件，在 src 目录下就有一个 MainActivity. java 文件，在代码中使用了 setContentView()方法实现了对 activity_main. xml 布局的引用。这就是一个典型的 Activity 的应用。

重新创建一个 Activity，具体步骤如下：

(1)选中项目，右击单击选择菜单“New →Other”，如图 5-1 所示。

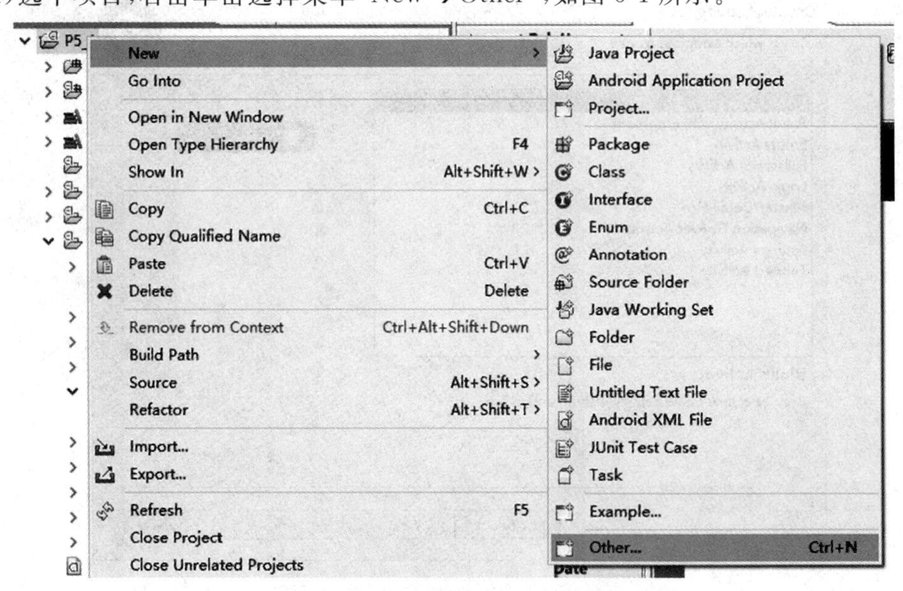

图 5-1 创建 Activity

(2)弹出创建新对象的向导，选择“Android →Android Activity”，如图 5-2 所示。

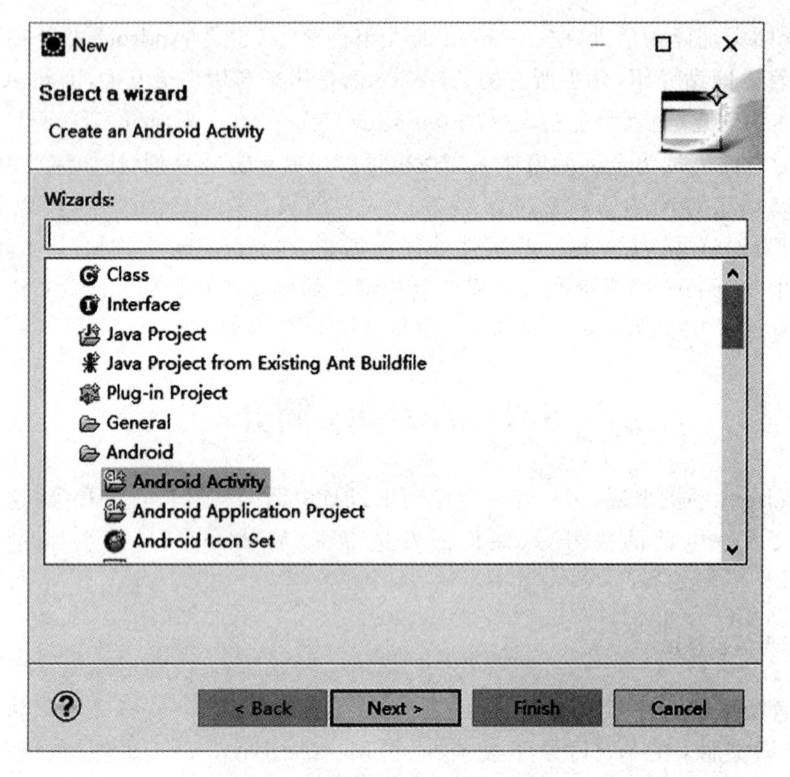

图 5-2 选择创建 Activity 的向导

(3)按照向导的指引,创建 Activity,进入 Activity 风格选择的对话框,如图 5-3 所示。

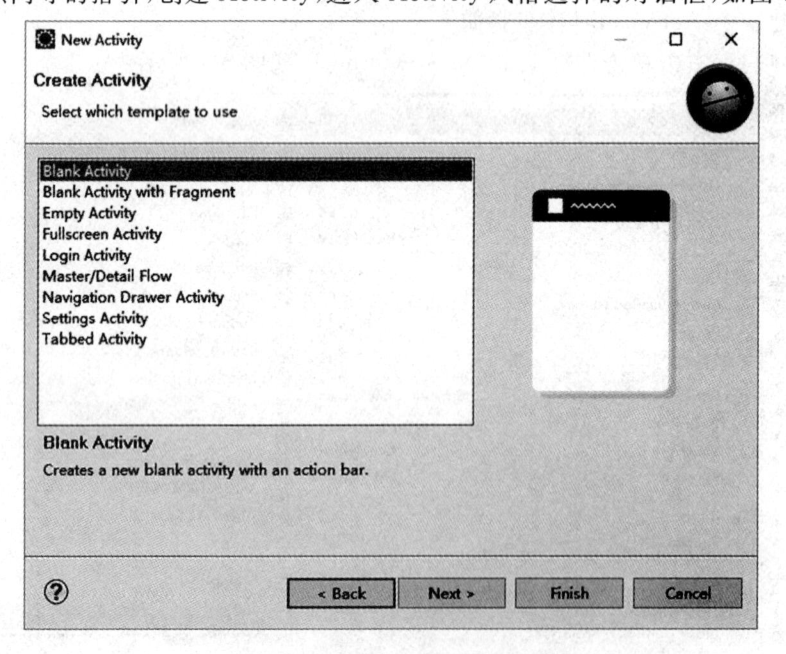

图 5-3 选择 Activity 的风格

(4)为 Activity 创建布局文件,以及 Java 代码文件,如图 5-4 所示。

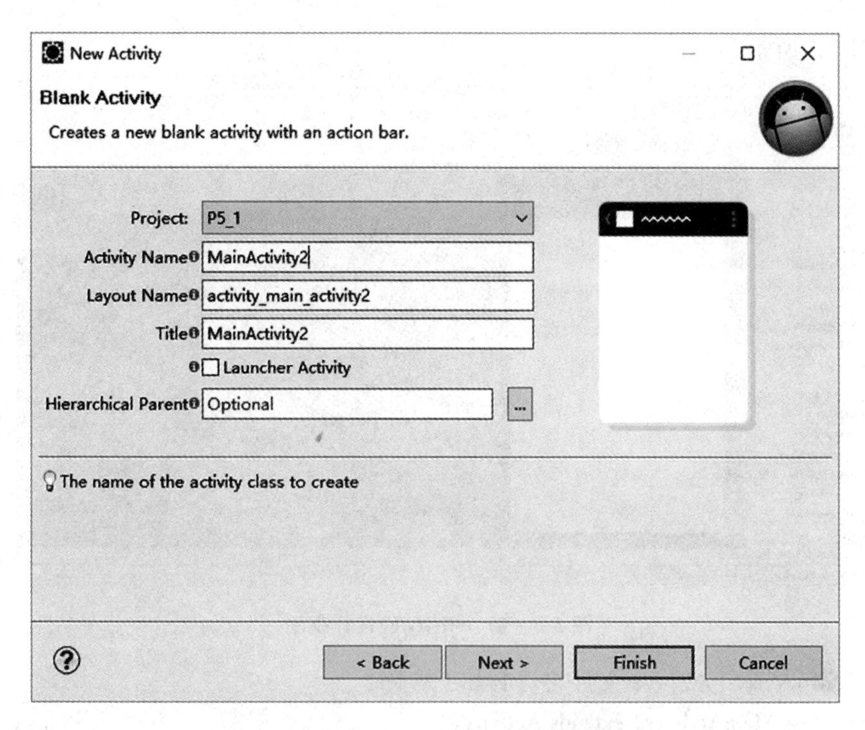

图 5-4 指定 Activity 的布局文件和代码文件

(5) 进入为创建此 Activity 而新建的资源文件列表，如图 5-5 所示。其中 AndroidManifest.xml 表示对新的 Activity 的注册。

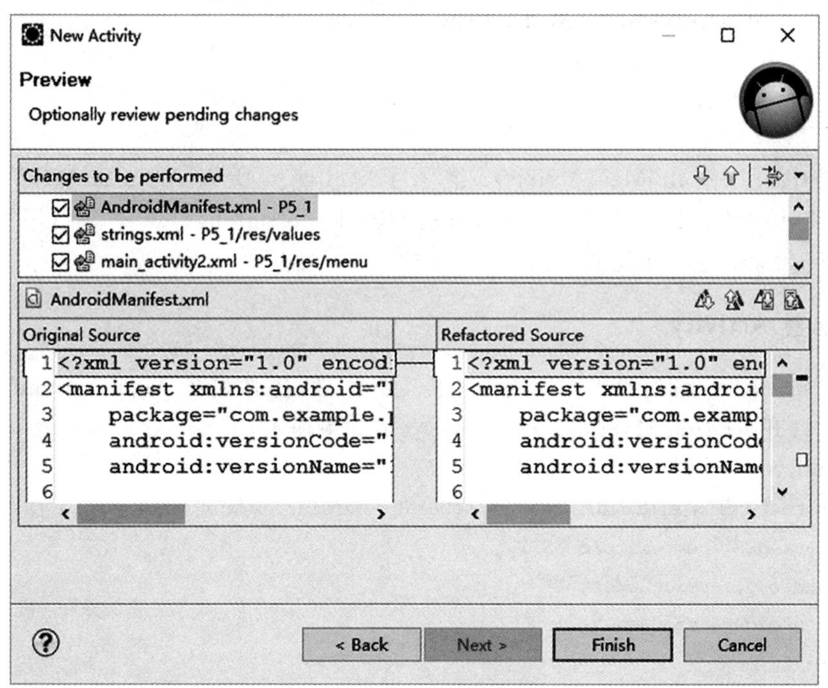

图 5-5 新 Activity 的各项资源文件

(6)最后点击“Finish”完成新 Activity 的创建，在设计界面上将看到新 Activity 的设计视图，如图 5-6 所示。

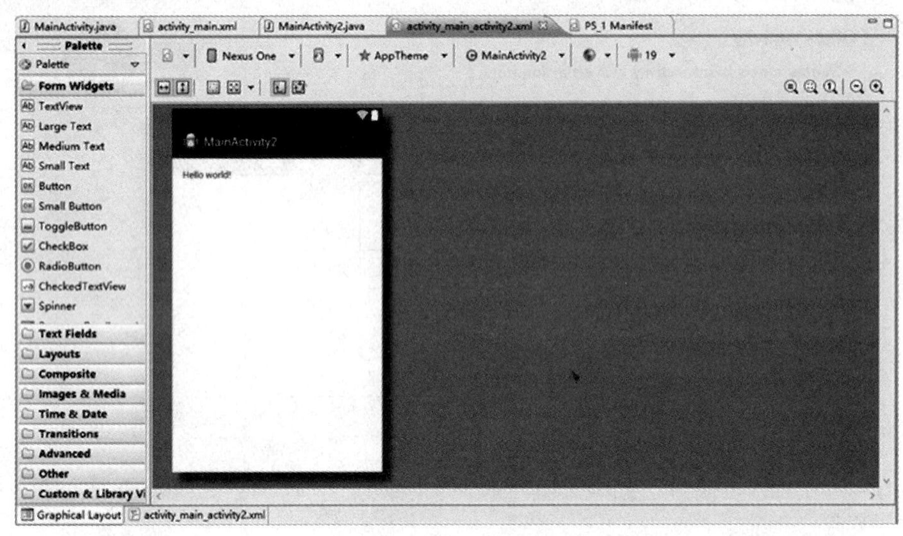

图 5-6　新 Activity 的设计视图

打开 MainActivity2. java 文件将看到如下代码：

```
public class MainActivity2 extends Activity{
    @Override
    protected void onCreate(Bundle savedInstanceState) {
        super.onCreate(savedInstanceState);
        setContentView(R.layout.activity_main_activity2);
    }
……
}
```

从代码中可以看出 MainActivity2 继承了 Activity，所以 MainActivity2 就是一个 Activity。并且代码中重写了 onCreate()方法。通过 setContentView 方法引用了 activity_main_activity2. xml 这个布局文件。

5.1.2　配置 Activity

当建立新 Activity 时，要想被应用程序接受并生效，还必须在 AndroidManifest. xml 文件中注册。打开 AndroidManifest. xml 文件，代码如下所示：

```
<?xml version="1.0" encoding="utf-8"?>
<manifest xmlns:android="http://schemas.android.com/apk/res/android"
    package="com.example.p5_1"
    android:versionCode="1"
    android:versionName="1.0">
  ……
    <application
        android:allowBackup="true"
        android:icon="@drawable/ic_launcher"
```

```
        android:label = "@string/app_name"
        android:theme = "@style/AppTheme" >
        <! -- 注册 Activity 开始 -->
        <activity
            android:name = ".MainActivity"
            android:label = "@string/app_name" >
            <intent-filter>
                <action android:name = "android.intent.action.MAIN" />
                <category android:name = "android.intent.category.LAUNCHER" />
            </intent-filter>
        </activity>
        <activity
            android:name = ".MainActivity2"
            android:label = "@string/title_activity_main_activity2" >
        </activity>
        <! --注册 Activity 结束 -->
    </application>
</manifest>
```

可以看到,Activity 的注册声明要放在<application>标签内,这里是通过<activity>标签来对 Activity 进行注册的。首先要使用 android:name 来指定具体注册哪一个活动,那么这里填入的.MainActivity 不过就是开发者对 com.example.p5_1.MainActivity 的缩写而已。由于最外层的<manifest>标签中已经通过 package 属性指定了程序的包名是 com.example.p5_1,因此在注册 Activity 时这一部分就可以省略了,直接使用.MainActivity 就足够了。然后使用 android:label 指定 Activity 中标题栏的内容,标题栏是显示在 Activity 最顶部的,运行的时候会出现。需要注意的是,给主 Activity 指定的 label 不仅会成为标题栏中的内容,还会成为启动器(Launcher)中应用程序显示的名称。之后在<activity>标签的内部加入了<intent-filter>标签,并在这个标签里添加了<action android:name = "android.intent.action.MAIN"/>表示将当前 Activity 设置为程序最先启动的 Activity,以及<category android:name = "android.intent.category.LAUNCHER"/>表示让当前 Activity 在桌面上创建图标。另外需要注意,如果应用程序中没有声明任何一个 Activity 作为主 Activity,这个程序仍然是可以正常安装的,只是用户无法在启动器中看到或者打开这个程序。这种程序一般都是作为第三方服务供其他的应用在内部进行调用的,如支付宝快捷支付服务。

本例中可以修改主启动为主 Activity2。修改如下:

```
<activity
        android:name = ".MainActivity"
        android:label = "@string/app_name" >
</activity>
<activity
        android:name = ".MainActivity2"
```

```
            android:label = "@string/title_activity_main_activity2" >
            <intent-filter>
                <action android:name = "android.intent.action.MAIN" />
                <category android:name = "android.intent.category.LAUNCHER" />
          </intent-filter>
  </activity>
```

执行程序，效果如图 5-7 所示。

在界面上看标题栏，当前标题栏中已经修改为新 Activity 中设置的标题了，而这一标题的文字内容是创建在 activity_main_activity2.xml 这个文件中。

图 5-7　新 Activity 的设计视图

5.1.3　技能训练

【训练 5-1】　在原有项目中使用向导的方式创建一个新的 Activity，再修改 MainActivity.java 代码实现主界面加载新 Activity 的布局文件。

技能要点

(1)创建新 Activity。

(2)修改 MainActivity.java 代码实现加载新布局文件。

需求说明

(1)使用向导创建新 Activity。

(2)修改新 Activity 的布局文件，在其中添加文字"这是一个新的 Activity"。

(3)使用 setContentView()方法修改加载的布局视图文件。

关键点分析

(1)理解一个 Activity 对应的资源文件。

(2)理解 setContentView()方法的使用方法。

(3)理解 Activity 如何在 AndroidManifest. xml 注册。

5.2 Activity 生命周期

5.2.1 Activity 的生命周期

Activity 的生命周期是指 Activity 从创建到销毁的全过程。

每个 Activity 生命周期就是一个对象在其生命周期中最多可能会有四种状态。

Google 公司在 Android 开发者官网提供了 Activity 生命周期的完整示意图,如图 5-8 所示。具体来说,可以分为如下四种状态

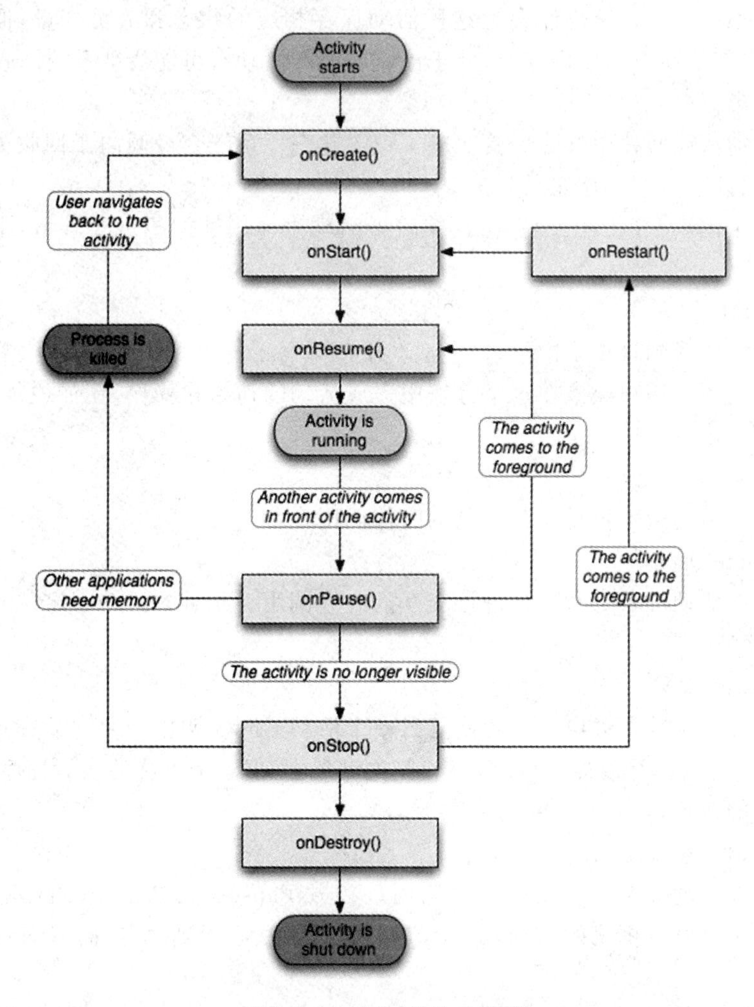

图 5-8 Activity 的生命周期

1. 运行状态

当一个活动位于返回栈的栈顶时，这时活动就处于运行状态。系统最不愿意回收的就是处于运行状态的活动，因为这会带来非常差的用户体验。此时位于屏幕的最前端，是可见的、有焦点的，可以用来处理用户的常见操作，如点击、双击、长按事件等。

2. 暂停状态

当一个活动不再处于栈顶位置，但仍然可见时，这时活动就进入了暂停状态，此时不具有焦点，用户的操作是没有实际意义的。用户可能会觉得既然活动已经不在栈顶了，还怎么会可见呢？这是因为并不是每一个活动都会占满整个屏幕的，比如对话框形式的活动只会占用屏幕中间的部分区域，并很快就会在后面看到这种活动。处于暂停状态的活动仍然是完全存活着的，系统也不愿意去回收这种活动(因为还是可见的，回收可见的东西都会在用户体验方面有不好的影响)，只有在内存极低的情况下，系统才会去考虑回收这种活动。

3. 停止状态

当一个活动不再处于栈顶位置，并且完全不可见的时候，就进入了停止状态，然而对于用户来说已经不可见。系统仍然会为这种活动保存相应的状态和成员变量，但是这并不是完全可靠的，当其他地方需要内存时，处于停止状态的活动有可能会被系统回收。

4. 销毁状态

当一个活动从返回栈中移除后就变成了销毁状态。系统会最倾向于回收处于这种状态的活动，从而保证手机的内存充足。

Activity 类中定义了七个回调方法，覆盖了活动生命周期的每一个环节，下面介绍一下这七个方法。

- onCreate()

这个方法已经看到过很多次了，每个活动中都重写了这个方法，该方法会在活动第一次被创建的时候调用。用户应该在这个方法中完成活动的初始化操作，比如说加载布局、绑定事件等。

- onStart()

这个方法在活动由不可见变为可见的时候调用。

- onResume()

这个方法在活动准备好和用户进行交互的时候调用。此时的活动一定位于返回栈的栈顶，并且处于运行状态。

- onPause()

这个方法在系统准备去启动或者恢复另一个活动的时候调用。通常会在这个方法中将一些消耗 CPU 的资源释放掉，以及保存一些关键数据，但这个方法的执行速度一定要快，不然会影响到新的栈顶活动的使用。

- onStop()

这个方法在活动完全不可见的时候调用。和 onPause()方法的主要区别在于，如果启动的新活动是一个对话框式的活动，那么 onPause()方法会得到执行，而 onStop()方法并不会执行。

- onDestroy()

这个方法在活动被销毁之前调用，之后活动的状态将变为销毁状态。

• onRestart()

这个方法在活动由停止状态变为运行状态之前调用，也就是活动被重新启动了。

以上七个方法中除了 onRestart()方法，其他都是两两相对的，从而又可以将活动分为三种生存期。

(1)完整生存期

活动在 onCreate()方法和 onDestroy()方法之间所经历的，就是完整生存期。一般情况下，一个活动会在 onCreate()方法中完成各种初始化操作，而在 onDestroy()方法中完成释放内存的操作。

(2)可见生存期

活动在 onStart()方法和 onStop()方法之间所经历的，就是可见生存期。在可见生存期内，活动对于用户总是可见的，即便有可能无法和用户进行交互。可以通过这两个方法，合理地管理那些对用户可见的资源。比如在 onStart()方法中对资源进行加载，而在 onStop()方法中对资源进行释放，从而保证处于停止状态的活动不会占用过多内存。

(3)前台生存期

活动在 onResume()方法和 onPause()方法之间所经历的，就是前台生存期。在前台生存期内，活动总是处于运行状态的，此时的活动是可以和用户进行相互的，平时看到和接触最多的也是这个状态下的活动。

5.2.2 观察 Activity 的生命周期

下面结合具体的例子来观察 Activity 的生命周期。

【例 5.1】 在当前项目创建三个 Activity。第一个 Activity 为项目的主启动界面，上面放置 2 个按钮，分别启动另外两个 Activity。第二个 Activity 拥有一个不透明的界面。第三个 Activity 拥有一个半透明的界面，用于观察背后的 Activity 所处的状态。

(1)在 activity_main.xml 主界面中添加一个 TextView，两个 Button。TextView 为了显示当前是 Activity1，第一个按钮点击后跳转到 Activity2，第二个按钮点击后跳转到 Activity3，具体布局代码如下：

```
<LinearLayout xmlns:android = "http://schemas.android.com/apk/res/android"
    xmlns:tools = "http://schemas.android.com/tools"
    android:layout_width = "match_parent"
    android:layout_height = "match_parent"
    android:orientation = "vertical"     >
    <TextView
        android:layout_width = "wrap_content"
        android:layout_height = "wrap_content"
        android:textSize = "30sp"
        android:text = "Activity1" />
    <Button android:id = "@ + id/btnGo1"
        android:layout_width = "wrap_content"
        android:layout_height = "wrap_content"
```

```
        android:textSize = "30sp"
        android:text = "启动 Activity2"/>
    <Button android:id = "@ + id/btnGo2"
        android:layout_width = "wrap_content"
        android:layout_height = "wrap_content"
        android:textSize = "30sp"
        android:text = "启动 Activity3"/>
</LinearLayout>
```

(2)再在 drawable-hdp 文件夹下创建背景资源 my_background.xml,代码如下:

```
<? xml version = "1.0" encoding = "utf-8"? >
<shape xmlns:android = "http://schemas.android.com/apk/res/android" >
    <padding android:left = "30dp"
        android:top = "60dp"
        android:right = "40dp"
        android:bottom = "80dp"/>
    <! --设置内间距 -->
    <stroke android:width = "5dp" android:color = "#000"/>
    <! --设置边框宽度和颜色 -->
    <corners android:radius = "8dp"/>
    <! --设置圆角-->
    <solid android:color = "#80aaaaaa"/>
    <! --设置填充颜色 -->
</shape>
```

(3)再在 values 文件夹下创建主题资源 my_theme.xml,代码如下:

```
<? xml version = "1.0" encoding = "utf-8"? >
<resources xmlns:android = "http://schemas.android.com/apk/res/android">
    <style name = "my_theme">
        <item name = "android:windowBackground">
            @drawable/my_background</item>
        <! --引用背景资源 -->
        <item name = "android:layout_width">wrap_content</item>
        <item name = "android:layout_height">wrap_content</item>
        <! --设置宽和高 -->
        <item name = "android:windowIsTranslucent">true</item>
        <! --设置窗口半透明 -->
        <item name = "android:windowAnimationStyle">
            @ + android:style/Animation.Translucent</item>
        <! --设置窗口动画 -->
    </style>
</resources>
```

这样做的目的是让第三个 Activity 具备一个独立窗口的样式。

(4)使用向导创建两个 Activity,修改各自 TextView 的文字和位置等样式。

activity2. xml 代码如下:

```
<LinearLayout xmlns:android = "http://schemas.android.com/apk/res/android"
    xmlns:tools = "http://schemas.android.com/tools"
    android:layout_width = "match_parent"
    android:layout_height = "match_parent"
    android:orientation = "vertical"
    >
    <TextView
        android:layout_width = "wrap_content"
        android:layout_height = "wrap_content"
        android:textSize = "30sp"
        android:text = "Activity2" />
</LinearLayout>
```

activity3. xml 代码如下:

```
<RelativeLayout xmlns:android = "http://schemas.android.com/apk/res/android"
    xmlns:tools = "http://schemas.android.com/tools"
    android:layout_width = "match_parent"
    android:layout_height = "match_parent"
    >
    <TextView
        android:layout_width = "wrap_content"
        android:layout_height = "wrap_content"
        android:textSize = "30sp"
        android:text = "Activity3"
        android:layout_alignParentBottom = "true"
        />
</RelativeLayout>
```

(5)检查 AndroidManiFest. xml 文件,注册三个 Activity,并修改第三个 Activity 的主题属性,让其引用开发者定义的主题 my_theme。修改后的代码如下:

```
<activity
    android:name = ".MainActivity"
    android:label = "@string/app_name" >
    <intent-filter>
        <action android:name = "android.intent.action.MAIN" />
        <category android:name = "android.intent.category.LAUNCHER" />
    </intent-filter>
</activity>
<activity
    android:name = ".Activity2"
    android:label = "@string/title_activity_activity2" >
```

```
    </activity>
    <activity
        android:name=".Activity3"
        android:label="@string/title_activity_activity3"
        android:theme="@style/my_theme" >
    </activity>
```

(6)下面修改 MainActivity. java,把 Activity 生命周期对应的回调方法加进去,并添加相应的 LogCat 方法,进行日志输出。

在 MainActivity. java 中还需添加两个按钮的点击监听事件,在事件中实现当前 Activity 跳转到第二个 Activity 和第三个 Activity。具体代码如下:

```
public class MainActivity extends Activity {
    Button btnGo1,btnGo2;
    @Override
    protected void onCreate(Bundle savedInstanceState) {
        super.onCreate(savedInstanceState);
        setContentView(R.layout.activity_main);
        Log.i("Activity1","onCreate");
        btnGo1 = (Button) findViewById(R.id.btnGo1);
        btnGo2 = (Button) findViewById(R.id.btnGo2);

        btnGo1.setOnClickListener(new View.OnClickListener() {
            @Override
            public void onClick(View v) {
                // TODO Auto-generated method stub
                Intent intent = new Intent(MainActivity.this,Activity2.class);
                startActivity(intent);
                //使用 Intent 实现 Activity 的跳转
            }
        });

        btnGo2.setOnClickListener(new View.OnClickListener() {
            @Override
            public void onClick(View v) {
                // TODO Auto-generated method stub
                Intent intent = new Intent(MainActivity.this,Activity3.class);
                startActivity(intent);
                //使用 Intent 实现 Activity 的跳转
            }
        });
    }
    @Override
```

```
    protected void onStart() {
        // TODO Auto-generated method stub
        super.onStart();
        Log.i("Activity1","onStart");
    }
    @Override
    protected void onPause() {
        // TODO Auto-generated method stub
        super.onPause();
        Log.i("Activity1","onPause");
    }
    @Override
    protected void onStop() {
        // TODO Auto-generated method stub
        super.onStop();
        Log.i("Activity1","onStop");
    }
    @Override
    protected void onResume() {
        // TODO Auto-generated method stub
        super.onResume();
        Log.i("Activity1","onResume");
    }
    @Override
    protected void onRestart() {
        // TODO Auto-generated method stub
        super.onRestart();
        Log.i("Activity1","onRestart");
    }
    @Override
    protected void onDestroy() {
        // TODO Auto-generated method stub
        super.onDestroy();
        Log.i("Activity1","onDestroy");
    }
}
```

(7)下面修改 Activity2.java，把 Activity 生命周期对应的回调方法加进去，并添加相应的 LogCat 方法，进行日志输出。具体代码如下：

```
public class Activity2 extends Activity {
    @Override
    protected void onCreate(Bundle savedInstanceState) {
```

```
        super.onCreate(savedInstanceState);
        setContentView(R.layout.activity2);
        Log.i("Activity2","onCreate");
    }
    @Override
    protected void onStart() {
        // TODO Auto-generated method stub
        super.onStart();
        Log.i("Activity2","onStart");
    }
    @Override
    protected void onPause() {
        // TODO Auto-generated method stub
        super.onPause();
        Log.i("Activity2","onPause");
    }
    @Override
    protected void onStop() {
        // TODO Auto-generated method stub
        super.onStop();
        Log.i("Activity2","onStop");
    }
    @Override
    protected void onResume() {
        // TODO Auto-generated method stub
        super.onResume();
        Log.i("Activity2","onResume");
    }
    @Override
    protected void onRestart() {
        // TODO Auto-generated method stub
        super.onRestart();
        Log.i("Activity2","onRestart");
    }
    @Override
    protected void onDestroy() {
        // TODO Auto-generated method stub
        super.onDestroy();
        Log.i("Activity2","onDestroy");
    }
}
```

(8)下面修改 Activity3.java,把 Activity 生命周期对应的回调方法加进去,并添加相应的 LogCat 方法，进行日志输出。具体代码如下：

```
public class Activity3 extends Activity {
    @Override
    protected void onCreate(Bundle savedInstanceState) {
        super.onCreate(savedInstanceState);
        setContentView(R.layout.activity3);
        Log.i("Activity3","onCreate");
    }
    @Override
    protected void onStart() {
        // TODO Auto-generated method stub
        super.onStart();
        Log.i("Activity3","onStart");
    }
    @Override
    protected void onPause() {
        // TODO Auto-generated method stub
        super.onPause();
        Log.i("Activity3","onPause");
    }
    @Override
    protected void onStop() {
        // TODO Auto-generated method stub
        super.onStop();
        Log.i("Activity3","onStop");
    }
    @Override
    protected void onResume() {
        // TODO Auto-generated method stub
        super.onResume();
        Log.i("Activity3","onResume");
    }
    @Override
    protected void onRestart() {
        // TODO Auto-generated method stub
        super.onRestart();
        Log.i("Activity3","onRestart");
    }
    @Override
    protected void onDestroy() {
        // TODO Auto-generated method stub
```

```
            super.onDestroy();
            Log.i("Activity3","onDestroy");
        }
    }
```

执行程序,效果如图 5-9 所示。

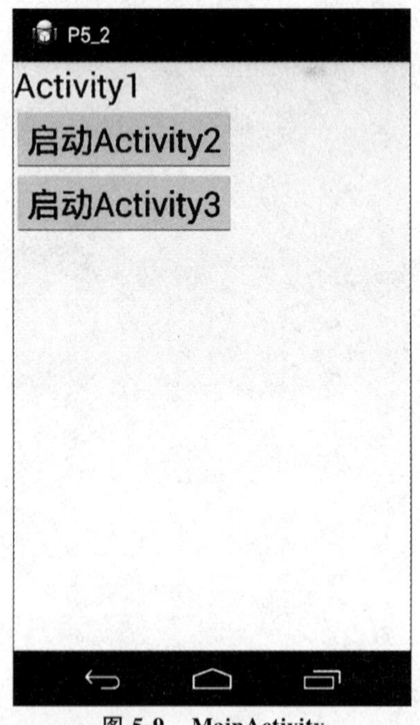

图 5-9　MainActivity

图 5-10　Activity2

下面先做第一个测试:

第一次运行程序,点击启动 Activity2,效果如图 5-10 所示。再点击"返回"按钮返回到 MainActivity,再次点击"返回"按钮退出程序。

为了更好的观察日志信息,建立日志过滤器,在"By Log Tag"部分填写"Activity＊"。观察到如下日志顺序:

```
Activity1 onCreate
Activity1 onStart
Activity1 onResume
Activity1 onPause
Activity2 onCreate
Activity2 onStart
Activity2 onResume
Activity1 onStop
Activity2 onPause
Activity1 onStart
Activity1 onResume
Activity2 onStop
Activity2 onDestroy
```

```
Activity1 onPause
Activity1 onStop
Activity1 onDestory
```

做第二个测试：

再次运行程序，点击启动 Activity3，效果如图 5-11 所示。点击"返回"按钮返回到 MainActivity，再次点击"返回"按钮退出程序。

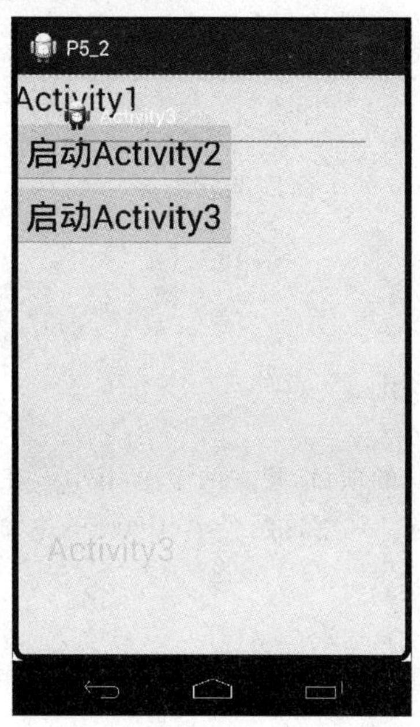

图 5-11 Activity3

界面进入第三个 Activity，该界面变成了一个半透明的窗口，透过当前界面，可以看到第一个 Activity，所以 MainActivity 仍然可见，但是失去了焦点。观察到如下日志顺序：

```
Activity1 onCreate
Activity1 onStart
Activity1 onResume
Activity1 onPause
Activity3 onCreate
Activity3 onStart
Activity3 onResume
Activity3 onPause
Activity1 onResume
Activity3 onStop
Activity3 onDestroy
Activity1 onPause
Activity1 onStop
Activity1 onDestory
```

5.2.3 技能训练

【训练 5-2】 建立一个默认的项目，在 MainActivity 中添加生命周期所有的回调方法，观察生命周期运行状态。

✎技能要点

(1)创建 MainActivity。

(2)添加回调方法。

✎需求说明

(1)观察启动时生命周期状态。

(2)观察按返回键后 Activity 的生命周期状态。

(3)使用 LogCat。

(4)使用日志过滤器。

✎关键点分析

(1)生命周期回调方法的使用。

(2)观察不同的状态。

【训练 5-3】 建立一个默认的项目，建立两个 Activity，在第一个 Activity 中添加按钮，点击按钮跳转到第二个 Activity。观察这两个 Activity 的生命周期运行状态。

✎技能要点

(1)创建 MainActivity。

(2)创建第二个 Activity。

(3)添加回调方法。

✎需求说明

(1)观察两个 Activity 启动时生命周期状态。

(2)观察按返回键后 Activity 的生命周期状态。

(3)使用 LogCat。

(4)使用日志过滤器。

✎关键点分析

(1)生命周期回调方法的使用。

(2)观察不同 Activity 生命周期的不同状态。

5.3 Intent

5.3.1 Intent 简介

Android 中利用 Intent 对象建立连接并实现组件通信的模式，称作意图机制。意图的名称来源于 Android 的 android. content. Intent 类名。Intent 类是 Android 组件连接的核心，一个 Intent 对象是对某个需要处理的操作所进行的封装和抽象的描述。可以用来打开 Activity，在多个 Activity 之间传递数据，以及启动后台服务，与广播组件和后台服务交互等，集中体现了整个组件连接模型的设计思想。表 5-1 表达了 Intent 开启组件的方法。

表 5-1 Intent 开启组件的方法

组件	方法名
Activity	startActivity(Intent intent)
	startActivityForResult(Intent intent)
Service	ComponentName startService(Intent intent)
	boolean bindService(Intent intent)
BroadcastReceiver	sendBroadcast(Intent intent)
	sendBroadcast(Intent intent,String receiverPermission)
	sendOrderedBroadcast(Intent intent,String receivePermission)

5.3.2 Intent 属性与过滤器

一个 Intent 包含六个方面的属性:action、data、category、type、component 和 extras,下面分别说明。

(1)action 属性描述 Intent 对象所要实施的动作,可以调用 Intent. setAction()方法为 Intent 对象来指定,常见的 action 有如下值:

- ACTION_MAIN:表示整个程序的入口。
- ACTION_VIEW:表示用于将一些数据显示给用户。
- ACTION_EDIT:表示允许用户对一些数据进行编辑。
- ACTION_DIAL:表示打电话面板。
- ACTION_CALL:表示直接拨打电话。
- ACTION_SEND:表示发送短信。
- ACTION_SENDTO:表示选择发送短信。
- ACTION_BATTERY_LOW:表示电量低广播。

(2)data 属性描述 Intent 对象中进行操作的数据,例如向用户显示哪些信息,对哪个电话号码进行拨号等。可以通过 Intent. setData()或 Intent. setDataAndType()来进行设置。

(3)category 属性描述 Intent 对象中的 action 属性属于哪个类别,也就是设置 Intent 对象进行某项操作时的约束,可以通过 Intent. addCategory 方法设置类别(约束)。

(4)type 属性用来描述组件能够处理请求类型(即数据的 MIME 类型),可以通过 Intent. setType()或 Intent. setDataAndType()来进行设置。可以通过通配符 * 来表示整个类别的信息,如:"image/ * "表示图片类型的数据,"image/jpg"表示 jpg 类型的数据。

(5)component 属性描述 Intent 对象中所使用的组件类的名字,可以通过 Intent. setComponent()方法利用类名进行设定,也可以通过 Intent. setClass()方法利用类型对象信息进行设置。当调用组件明确指定了 component 信息,组件管理服务就不再需要根据 action、data 等信息去寻找满足其需求的组件,只需要按照 component 信息实例化对应的组件作为功能实现者即可。一旦指定了 component,Intent 对象就变成了单纯的信息载体,只负责传递消息和数据。这种方式,通常用于内部组件的互联互通。

(6)extras 属性以 Bundle 类的形式存储其他额外需要的数据,是以键值对的形式存放,可以通过使用 Intent. setExtra()方法设定。

5.3.3 显示意图和隐式意图

Android 中 Intent 寻找目标组件方式分为两种，一种是显式意图，另一种是隐式意图。

1. 显示意图

显式意图，即在通过 Intent 启动 Activity 时，需要明确指定激活组件的名称。在程序中，如果需要在本应用中启动其他的 Activity 时，可以使用显示意图来启动 Activity，常用代码如下：

```
Intent intent = new Intent(this,Activity2.class);
startActivity(intent);
```

在上述示例中，通过 Intent 的构造方法来创建 Intent 对象。构造方法接收两个参数：第一个参数 Context 要求提供一个启动 Activity 的上下文，第二个参数 Class 则是指定要启动的目标 Activity，通过构造方法就可以构建出 Intent 对象。

除了通过指定类名开启组件外，显示意图还可以根据目标组件的包名、全路径名来指定开启组件，代码如下：

```
intent.setClassName("com.example.xxx"," com.example.xxx.Activity2");
startActivity(intent);
```

通过 setClassName(包名，类全路径名)函数指定要开启组件的包名和全路径名来启动另一个组件。

Activity 类中提供了一个 startActivity(Intent intent)方法，该方法专门用于开启 Activity，接收一个 Intent 参数，这里将构建好的 Intent 传入该方法即可启动目标 Activity。

【例 5.1】 使用显式意图启动第二个 Activity。

(1)创建两个 Activity，其中第一个 Activity 包含一个按钮。

(2)在 AndroidManifest.xml 中进行相关注册。由于第二个 Activity 不是主活动，因此不需要为第二个 Activity 配置<intent-filter>标签里的内容。

(3)在第一个 Activity 中设置 Button 的监听事件，使用 Intent 显式的启动第二个 Activity。参考代码如下：

```
public class MainActivity extends Activity {
    @Override
    protected void onCreate(Bundle savedInstanceState) {
        super.onCreate(savedInstanceState);
        setContentView(R.layout.activity_main);
        Button btn = (Button) findViewById(R.id.btn);
        btn.setOnClickListener(new View.OnClickListener() {
            @Override
            public void onClick(View v) {
                // TODO Auto-generated method stub
                Intent intent = new Intent(MainActivity.this,Activity2.class);
                //实例化 intent,指明启动的目标 Activity
                startActivity(intent);
                //启动意图
```

```
            }
        });
    }
}
```

执行程序,运行结果如图 5-12 和 5-13 所示。

图 5-12 第一个 Activity

图 5-13 第二个 Activity

2. 隐式意图

没有明确指定组件名的 Intent 称为隐式意图。Android 系统会根据隐式意图中设置的动作(action)、类别(category)、数据(Uri 和 type)找到最合适的组件。代码如下:

```
<activity
    android:name = ".MainActivity"
    android:label = "@string/app_name" >
    <intent-filter>
        <action android:name = "com.example.xxx" />
        <category android:name = "android.intent.category.DEFAULT " />
    </intent-filter>
</activity>
```

其中<action>标签指明了当前 Activity 可以响应的动作为"com. example. xxx",而<category>标签则包含了一些类别信息,只有当<action>和<category>中的内容同时匹配时,Activity 才会被开启。

使用隐式意图开启 Activity 代码如下:

```
Intentintent = new Intent();
intent.setAction("com.example.xxx");
startActivity(intent);
```

第一句表示初始化一个 Intent,第二句指定 setAction("com. example. xxx")这个动作,

但是并没有指定 category，这是因为清单文件中配置了“android. intent. category. DEFAULT”是一种默认的 category，在调用 startActivity()方法时，会自动将这个 category 添加到 Intent 中。

【例 5.2】 使用隐式意图启动第二个 Activity。

(1)在 AndroidManifest. xml 中进行相关注册。第二个 Activity 注册信息如下：

```
<activity
      android:name = ".Activity2"
      android:label = "@string/title_activity_activity2" >
      <intent-filter>
        <action   android:name = "com.example.p5_4.Activity2"/>
        <category android:name = "android.intent.category.DEFAULT"/>
      </intent-filter>
</activity>
```

(2)在第一个 Activity 中设置 Button 的监听事件，使用 Intent 隐式的启动第二个 Activity。参考代码如下：

```
public class MainActivity extends Activity {
    @Override
    protected void onCreate(Bundle savedInstanceState) {
        super.onCreate(savedInstanceState);
        setContentView(R.layout.activity_main);
        Button btn = (Button) findViewById(R.id.btn);
        btn.setOnClickListener(new View.OnClickListener() {
            @Override
            public void onClick(View v) {
                // TODO Auto-generated method stub
                Intent intent = new Intent();
                intent.setAction("com.example.p5_4.Activity2");
                startActivity(intent);
            }
        });
    }
}
```

执行程序，结果与上例一致。

3. 其他隐式意图

使用隐式 Intent，不仅可以启动程序内的活动，还可以启动其他程序的活动，这使得 Android 多个应用程序之间的功能共享成为可能。比如应用程序中需要展示一个网页，这时没有必要去实现一个浏览器(事实上也不太可能)，而是只需要调用系统的浏览器来打开这个网页就行了。

【例 5.3】 使用隐式意图打开浏览器。

修改按钮的监听事件代码如下：

```
public class MainActivity extends Activity {
    @Override
    protected void onCreate(Bundle savedInstanceState) {
        super.onCreate(savedInstanceState);
        setContentView(R.layout.activity_main);
        Button btn = (Button) findViewById(R.id.btn);
        btn.setOnClickListener(new View.OnClickListener() {
            @Override
            public void onClick(View v) {
                // TODO Auto-generated method stub
                Intent intent = new Intent(Intent.ACTION_VIEW);
                //表示呈现一些数据给用户
                intent.setData(Uri.parse("http://www.baidu.com"));
                //表示将 Uri 数据传递过去
                startActivity(intent);
            }
        });
    }
}
```

实例化 Intent 时指定 action 的方式为 ACTION_VIEW，表示呈现数据给用户，setData()表示传递数据过去，这里使用 Uri. parse()解析了一个网址。程序执行，点击按钮后，结果如图5-14所示。

图 5-14　使用隐式意图打开浏览器

5.3.4 使用意图传递数据

在 Android 开发中，经常要在 Activity 之间传递数据。通过前面的知识，知道 Intent 可以开启 Activity，同样也可以使用不同 Activity 之间传递数据。

使用 Intent 传递数据只需调用 putExtra()方法将想要存储的数据存在 Intent 中即可。当启动了另一个 Activity 后，再把这些数据从 Intent 中取出来即可。Intent 提供了一些方法：

putExtra("key",data)：表示将数据放入 intent 中，第一个参数为 key，第二个参数表示为 value。key 是为了后期方便取数据，value 就是数据本身。

getXXXExtra("key")：表示获取键名称为 key 的数据，因为数据类型可能有多种，XXX 表示不同的数据类型，这样就对应了不同的方法。

Android 中 Intent 寻找目标组件方式分为两种：一种是显式意图，另一种是隐式意图。

1. 使用 Intent 传递数据到第二个 Activity

【例 5.4】 向第二个 Activity 传递数据，并将传递的数据在第二个界面上显示出来。

(1)为第一个 Activity 按钮添加单击事件，代码如下：

```
public class MainActivity extends Activity {
    @Override
    protected void onCreate(Bundle savedInstanceState) {
        super.onCreate(savedInstanceState);
        setContentView(R.layout.activity_main);
        Button btn = (Button) findViewById(R.id.btn);
        btn.setOnClickListener(new View.OnClickListener() {
            @Override
            public void onClick(View v) {
                // TODO Auto-generated method stub
                String data = "这是来自于第一个 Activity 的数据";
                Intent intent = new Intent(MainActivity.this,Activity2.class);
                intent.putExtra("extra_data",data);
                startActivity(intent);
            }
        });
    }
}
```

当前代码表示使用 intent 传递数据给第二个 Activity。

(2)在第二个 Activity 的 onCreate 方法中获取 intent 数据显示到 TextView 上，代码如下：

```
protected void onCreate(Bundle savedInstanceState) {
    super.onCreate(savedInstanceState);
    setContentView(R.layout.activity2);
```

```
        Intent intent = getIntent();
        //获取当前使用 Intent
        String data = intent.getStringExtra("extra_data");
        //使用 getStringExtra 获取指定 key 为"extra_data"的数据
        TextView tv = (TextView) findViewById(R.id.tv);
        tv.setText(data);
        //显示到界面上
    }
```

程序执行如图 5-15 所示，点击按钮后显示如图 5-16 所示。

图 5-15　第一个 Activity

图 5-16　第二个 Activity

2. 使用 Intent 从第二个 Activity 回传数据

Activity 中还有一个 startActivityForResult()方法也是用于启动 Activity 的，但是这个方法期望在 Activity 销毁时能返回一个数据结果给上一个 Activity。

startActivityForResult()方法接收两个参数，第一个参数还是 Intent，第二个参数是请求码，用于在之后的回调中判断数据的来源。

【例 5.5】 从第一个 Activity 启动第二个 Activity，再第二个 Activity 中回传数据给第一个 Activity，并将回传的数据在第一个界面上显示出来。

(1)在第一个 Activity 上放置一个 Button 以及一个 TextView。Button 是为了启动第二个 Activity。相关的 Java 代码如下：

```
private TextView tv;
@Override
protected void onCreate(Bundle savedInstanceState) {
    super.onCreate(savedInstanceState);
    setContentView(R.layout.activity_main);
    Button btn = (Button) findViewById(R.id.btn);
```

```
        tv = (TextView) findViewById(R.id.tv);
        btn.setOnClickListener(new View.OnClickListener() {
            @Override
            public void onClick(View v) {
                // TODO Auto-generated method stub
                Intent intent = new Intent(MainActivity.this,Activity2.class);
                startActivityForResult(intent,1);
                //启动意图,设置标识码为 1
            }
        });
    }
```

startActivityForResult()方法是为了启动 SecondActivity,请求码只要是一个唯一值就可以。

(2)第二个 Activity 中包含一个 Button,点击 Button 返回数据到第一个 Activity 中。相关代码如下:

```
    protected void onCreate(Bundle savedInstanceState) {
        super.onCreate(savedInstanceState);
        setContentView(R.layout.activity2);
        Button btn = (Button) findViewById(R.id.btn);
        btn.setOnClickListener(new View.OnClickListener() {
            @Override
            public void onClick(View v) {
                // TODO Auto-generated method stub
                Intent intent = new Intent();
                intent.putExtra("data_return",
                    "这是来自于第二个 Activity 的数据");
                //存入数据到 Intent
                setResult(RESULT_OK,intent);
                //用于将数据返回给上一个 Activity,且设定标识码
                finish();//销毁当前 Activity
            }
        });
    }
```

把要传递的数据存放在 Intent 中,然后调用 setResult()方法。这个方法非常重要,是专门用于向上一个 Activity 返回数据的。setResult()方法接收两个参数,第一个参数用于向上一个 Activity 返回处理结果,一般只使用 RESULT_OK 或 RESULT_CANCELED 这两个值,第二个参数则是把带有数据的 Intent 传递回去,然后调用了 finish()方法来销毁当前 Activity。

(3)为了保证第一个 Activity 能显示第二个 Activity 传递过来的数据,在第一个 Activity 对应的 Java 代码中添加如下代码:

```
    protected void onActivityResult(int requestCode,int resultCode,Intent data) {
```

```
        // TODO Auto-generated method stub
        switch (requestCode) {
        case 1:
            if(resultCode == RESULT_OK){
                String returnData = data.getStringExtra("data_return");
                //获取 key 为 data_return 的数据
                tv.setText(returnData);
            }
            break;
        default:
            break;
        }
    }
```

onActivityResult()方法带有三个参数，第一个参数 requestCode，即在启动 Activity 时传入的请求码。第二个参数 resultCode，即在返回数据时传入的处理结果。第三个参数 data，即携带着返回数据的 Intent。由于在一个 Activity 中有可能调用 startActivityForResult()方法去启动很多不同的 Activity，每一个 Activity 返回的数据都会回调到 onActivityResult()这个方法中，因此首先要做的就是通过检查 requestCode 的值来判断数据来源。确定数据是从第二个 Activity 返回的之后，再通过 resultCode 的值来判断处理结果是否成功。最后从 data 中取值并打印出来，这样就完成了向上一个活动返回数据的工作。

执行程序运行的结果如图 5-17、5-18 和 5-19 所示。

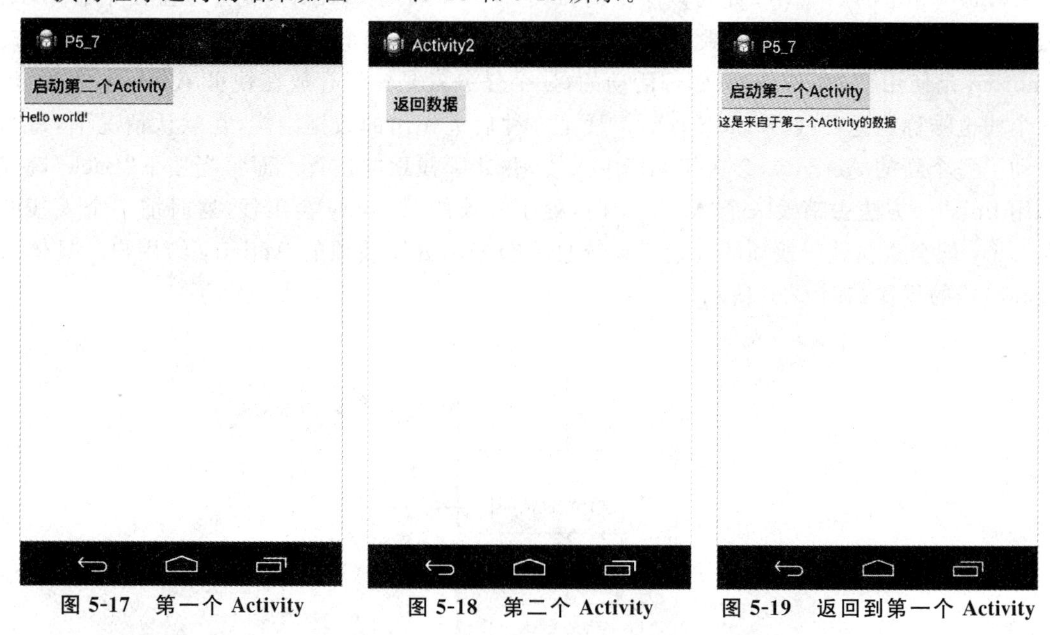

图 5-17 第一个 Activity　　图 5-18 第二个 Activity　　图 5-19 返回到第一个 Activity

5.3.5 技能训练

【训练 5-4】 建立一个注册用户的 app，第一个 Activity 中需要用户填写账号名称、密码、邮箱等信息,点击注册按钮后,将用户填写的信息使用 Intent 传递到第二个 Activity 并显示出来。

技能要点

(1)使用 TextView。

(2)使用 EditText。

(3)使用 Button。

需求说明

(1)界面上放置账号、密码、邮箱等文本输入框。

(2)点击按钮触发事件。

(3)传递数据到第二个 Activity。

(4)显示数据到 Activity。

关键点分析

(1)Intent 的使用方法。

(2)传递数据。

(3)获取数据。

5.4 Activity 的启动模式

5.4.1 Activity 的任务栈

Android 中的 Activity 是可以层叠的,每启动一个新的 Activity,就会覆盖在原 Activity 之上,然后点击"Back"键会销毁最上面的 Activity,下面的一个 Activity 就会重新显示出来。Android 是使用任务(Task)来管理活动的,一个任务就是一组存放在栈里 Activity 的集合,这个栈也被称为返回栈(Back Stack)。栈是一种后进先出的数据结构,在默认情况下,每当启动了一个新的 Activity,会在任务栈中入栈,并处于栈顶的位置。而每当按下"Back"键或调用 finish()方法去销毁一个 Activity 时,处于栈顶的 Activity 会出栈,这时前一个入栈的 Activity 就会重新处于栈顶的位置。系统总是会显示处于栈顶的 Activity 给用户。具体入栈和出栈的规律如图 5-20 所示。

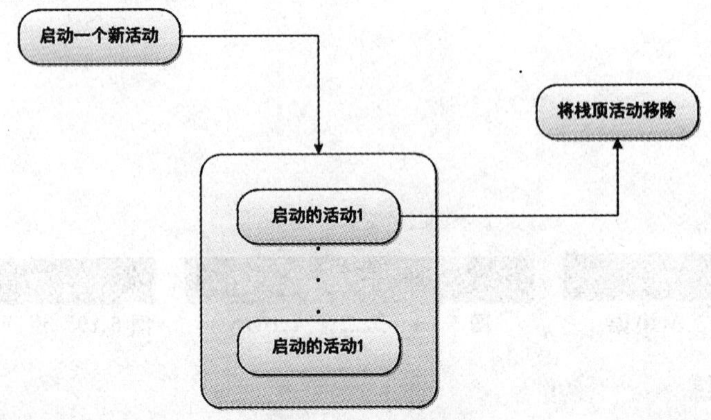

图 5-20 任务栈

5.4.2 Activity 的四种启动模式

Activity 的启动模式一共有四种，分别是 standard、singleTop、singleTask 和 singleInstance，可以在 AndroidManifest. xml 中通过给＜activity＞标签指定 android：launchMode 属性来选择启动模式。

1. standard

standard 是 Activity 默认的启动模式，在不进行显式指定的情况下，所有 Activity 都会自动使用这种启动模式。因此，到目前为止所有 Activity 都是使用的 standard 模式。经过前面的学习，已经知道 Android 是使用任务栈来管理 Activity 的，在 standard 模式（即默认情况）下，每当启动一个新的 Activity，就会在任务栈中入栈，并处于栈顶的位置。对于使用 standard 模式的 Activity，系统不会在乎这个 Activity 是否已经在任务栈中存在，每次启动都会创建该 Activity 的一个新的实例。

【例 5.6】 观察采用 standard 模式的 Activity 运行情况。

（1）修改 activity_main. xml，添加一个按钮，可以点击按钮可以反复打开当前 Activity。

（2）修改 MainActivity. java 代码，给按钮添加监听事件。为了能够观察在任务栈中 Activity 是否为新的 Activity，使用 LogCat 输出 Activity 的基本信息。

```
protected void onCreate(Bundle savedInstanceState) {
    super. onCreate(savedInstanceState);
    setContentView(R. layout. activity_main);
    Log. i("MainActivity", this. toString());
    Button btn = (Button) findViewById(R. id. btn);
    btn. setOnClickListener(new View. OnClickListener() {
        @Override
        public void onClick(View v) {
            // TODO Auto-generated method stub
            Intent intent = new Intent(MainActivity. this, MainActivity. class);
            startActivity(intent);
        }
    });
}
```

当前代码从逻辑上看没什么实际意义，为了研究 standard 模式启动 Activity，在 onCreate 中添加一行日志输出信息，用于打印当前 Activity 的实例信息。

执行程序，点击按钮两次，查看 LogCat 窗口，如图 5-21 所示。

Tag	Text
MainActivity	com.example.p5_8.MainActivity@b1dc9138
MainActivity	com.example.p5_8.MainActivity@b1e4c618
MainActivity	com.example.p5_8.MainActivity@b1e5c408

图 5-21 LogCat 窗口

从输出的信息可以看出，每点击一次按钮就会创建一个新的 MainActivity 实例。当前任务栈中一共有三个 MainActivity 实例,因为必须按三次"Back"键才能退出程序。

使用 standard 模式的原理示意图,如图 5-22 所示。

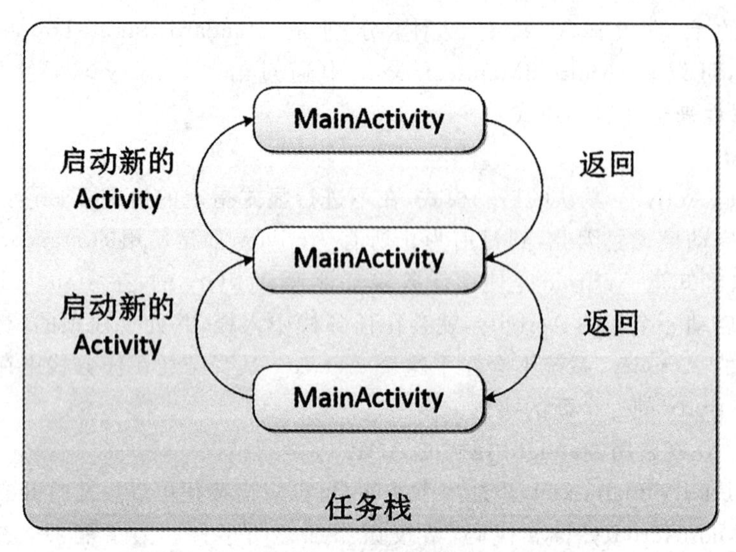

图 5-22 standard 模式

2. singleTop

可能在有些情况下,standard 模式给人感觉不太合理。Activity 明明已经在栈顶了,为什么再次启动的时候还要创建一个新的 Activity 实例呢?因为这只是系统默认的一种启动模式而已,完全可以根据自己的需要进行修改,比如使用 singleTop 模式。当 Activity 的启动模式指定为 singleTop,在启动 Activity 时如果发现任务栈的栈顶已经是该 Activity,则认为可以直接使用,不会再创建新的 Activity 实例。

【例 5.7】 观察采用 singleTop 模式的 Activity 运行情况。

(1)修改 AndroidManifest.xml 中 MainActivity 的启动模式为 singleTop。代码如下所示:

```
<activity
        android:name = ".MainActivity"
        android:label = "@string/app_name"
        android:launchMode = "singleTop">
        <intent-filter>
            <action android:name = "android.intent.action.MAIN" />
            <category android:name = "android.intent.category.LAUNCHER" />
        </intent-filter>
    </activity>
```

(2)MainActivity.java 代码按【例 5.6】

执行程序,点击按钮两次,查看 LogCat 窗口,如图 5-23 所示。

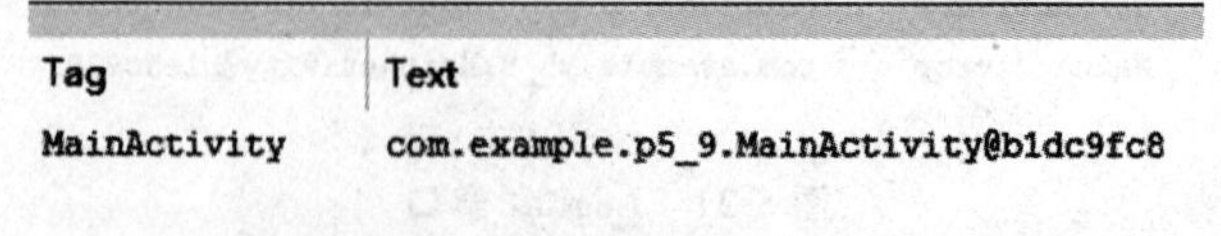

Tag	Text
MainActivity	com.example.p5_9.MainActivity@b1dc9fc8

图 5-23 singleTop 模式

不管点击多少次按钮都不会再有新的打印信息出现，因为目前 FirstActivity 已经处于返回栈的栈顶。每当再启动一个 FirstActivity 时都会直接使用栈顶的活动，因此 FirstActivity 也只会有一个实例，仅按一次“Back”键就可以退出程序。

但是如果 MainActivity 不处于栈顶位置时，再次启动 MainActivity，还是会创建新的实例。

【例 5.8】 观察采用 singleTop 模式的 Activity 运行情况。建立两个 Activity，一个是 MainActivity，一个是 Activity2，在两个布局文件中都添加按钮，在 MainActivity 中点击按钮启动 Activity2，在 Activity2 中点击按钮启动 MainActivity。设定 MainActivity 为 singleTop 启动模式。

(1)修改 activity_main. xml 代码如下：

```
<LinearLayout xmlns:android = "http://schemas.android.com/apk/res/android"
    xmlns:tools = "http://schemas.android.com/tools"
    android:layout_width = "match_parent"
    android:layout_height = "match_parent"
    android:orientation = "vertical" >
    <Button android:id = "@ + id/btn"
        android:layout_width = "wrap_content"
        android:layout_height = "wrap_content"
        android:text = "启动第二个 Activity" />
</LinearLayout>
```

(2)修改 Activity 2 的布局文件代码如下：

```
<LinearLayout xmlns:android = "http://schemas.android.com/apk/res/android"
    xmlns:tools = "http://schemas.android.com/tools"
    android:layout_width = "match_parent"
    android:layout_height = "match_parent" >
    <Button android:id = "@ + id/btn2"
        android:layout_width = "wrap_content"
        android:layout_height = "wrap_content"
        android:text = "启动第一个 Activity" />
</LinearLayout>
```

(3)修改 MainActivity. java 代码如下：

```
protected void onCreate(Bundle savedInstanceState) {
    super.onCreate(savedInstanceState);
    setContentView(R.layout.activity_main);
    Log.i("MainActivity",this.toString());
    Button btn = (Button) findViewById(R.id.btn);
    btn.setOnClickListener(new View.OnClickListener() {
        @Override
        public void onClick(View v) {
            // TODO Auto-generated method stub
            Intent intent = new Intent(MainActivity.this,Activity2.class);
            startActivity(intent);
```

```
            }
        });
    }
```

(4)修改 Activity2. java 代码如下：

```
protected void onCreate(Bundle savedInstanceState) {
    super.onCreate(savedInstanceState);
    setContentView(R.layout.activity2);
    Log.i("Activity2",this.toString());
    Button btn = (Button) findViewById(R.id.btn2);
    btn.setOnClickListener(new View.OnClickListener() {
        @Override
        public void onClick(View v) {
            // TODO Auto-generated method stub
            Intent intent = new Intent(Activity2.this,MainActivity.class);
            startActivity(intent);
        }
    });
}
```

(5)当前 AndroidManifest. xml 中 MainActivity 的启动模式为 singleTop。

执行程序，点击第一个按钮进入 Activity2，再点击第二个 Activity2 的按钮进入第一个 Activity，查看 LogCat 窗口，如图 5-24 所示。

Tag	Text
MainActivity	com.example.p5_10.MainActivity@b1dc8308
Activity2	com.example.p5_10.Activity2@b1db72d8
MainActivity	com.example.p5_10.MainActivity@b1e5d3a0

图 5-24 singleTop 模式

日志中可以看到两个不同的 MainActivity 实例，这是因为在 Activity2 中再次启动 MainActivity 时，栈顶 Activity 已经变成了 Activity2，因为会重新创建一个新的 MainActivity 实例。现在按下"Back"键返回到 Activity2，再次按下"Back"键又回到 MainActivity，再按一次"Back"键才会退出程序。

使用 singleTop 模式的原理示意图，如图 5-25 所示。

3. singleTask

使用 singTop 模式可以很好的解决重复创建栈顶 Activity 的问题，但是如果该 Activity 没有处于栈顶位置，还是可能会创建多个 Activity 实例的。有没有什么办法可以让某个 Activity 在整个应用程序的上下文中只存在一个实例呢？这就需要借助 singleTask 模式来实现。当 Activity 的启动模式指定为 singleTask 时，每次启动该 Activity 时系统首先会在任务栈中检查是否存在该 Activity 的实例，如果发现已经存在则直接使用该实例，并把在这个 Activity 之上的所有 Activity 统统出栈，如果没有发现就会创建一个新的 Activity 实例。

【例 5.9】 观察采用 singleTask 模式的 Activity 运行情况。逻辑上同【例 5.8】，只是将

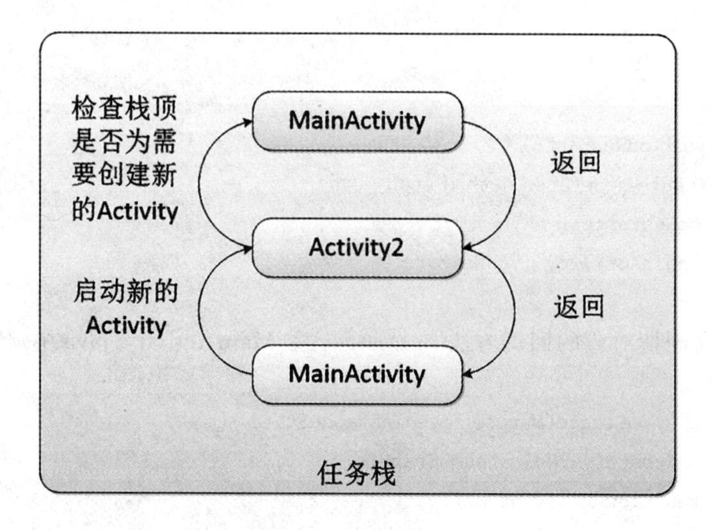

图 5-25 singleTop 模式

MainActivity 的启动模式改为 singleTask。

(1)修改 AndroidManifest.xml 代码如下：

```
<activity
    android:name = ".MainActivity"
    android:label = "@string/app_name"
    android:launchMode = "singleTask" >
    <intent-filter>
        <action android:name = "android.intent.action.MAIN" />
        <category android:name = "android.intent.category.LAUNCHER" />
    </intent-filter>
</activity>
```

(2)为了能够看出每个 Activity 的生命周期情况，添加生命周期对应的回调方法 onRestart 在 MainActivity.java 中，代码如下：

```
@Override
protected void onCreate(Bundle savedInstanceState) {
    super.onCreate(savedInstanceState);
    setContentView(R.layout.activity_main);
    Log.i("MainActivity",this.toString());
    Button btn = (Button) findViewById(R.id.btn);

    btn.setOnClickListener(new View.OnClickListener() {
        @Override
        public void onClick(View v) {
            // TODO Auto-generated method stub
            Intent intent = new Intent(MainActivity.this,Activity2.class);
            startActivity(intent);
        }
```

```
        });
    }
    @Override
    protected void onRestart() {
        // TODO Auto-generated method stub
        super.onRestart();
        Log.i("MainActivity","onRestart");
    }
```

(3)添加生命周期对应的回调方法 onDestroy 在 MainActivity.java 中，代码如下：

```
    @Override
    protected void onCreate(Bundle savedInstanceState) {
        super.onCreate(savedInstanceState);
        setContentView(R.layout.activity2);
        Log.i("Activity2",this.toString());
        Button btn = (Button) findViewById(R.id.btn2);
        btn.setOnClickListener(new View.OnClickListener() {
            @Override
            public void onClick(View v) {
                // TODO Auto-generated method stub
                Intent intent = new Intent(Activity2.this,MainActivity.class);
                startActivity(intent);
            }
        });
    }
    @Override
    protected void onDestroy() {
        // TODO Auto-generated method stub
        super.onDestroy();
        Log.i("Activity2","onDestroy");
    }
```

执行程序，点击第一个按钮进入 Activity2，再点击第二个 Activity2 的按钮进入第一个 Activity，查看 LogCat 窗口，如图 5-26 所示。

Tag	Text
MainActivity	com.example.p5_11.MainActivity@b1dc36a8
Activity2	com.example.p5_11.Activity2@b1db8208
MainActivity	onRestart
Activity2	onDestroy

图 5-26　singleTask 模式

输出的日志信息可以看到，在 Activity2 中启动 MainActivity 时，会发现任务栈中已经存在一个 MainActivity 的实例，并且在 Activity2 的下面，于是 Activity2 会从任务栈中出栈，而 MainActivity 重新成为栈顶 Activity，因此 MainActivity 的 onRestart 方法和

Activity2 的 onDestroy 方法会执行。此时任务栈中只剩下一个 MainActivity 的实例，按一下“Back”键就退出程序了。

使用 singleTask 模式的原理示意图，如图 5-27 所示。

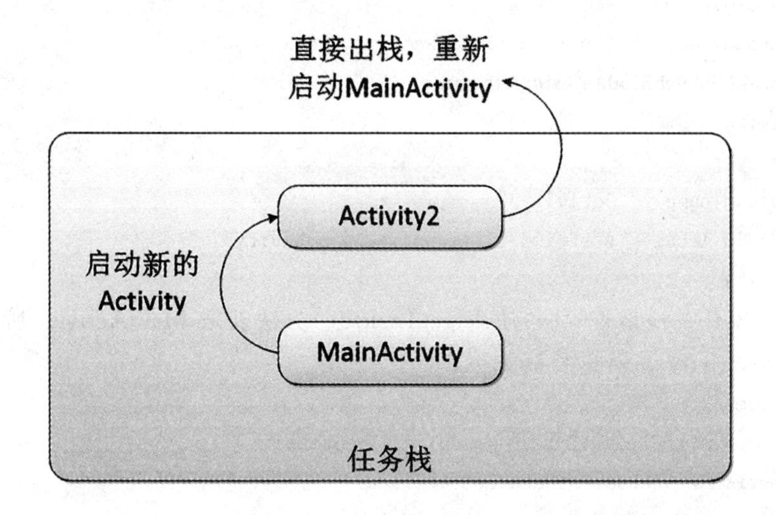

图 5-27 singleTsak 模式

4. singleInstance

singleInstance 模式应该算是四种启动模式中最复杂的一个了，不同于以上三种启动模式，指定为 singleInstance 模式的 Activity 会启用一个新的返回栈来管理这个 Activity。假设已知程序中有一个 Activity 是允许其他程序调用的，如果想实现其他程序和已知的程序可以共享这个 Activity 的实例，应该如何实现呢？使用前面三种启动模式肯定是做不到的，因为每个应用程序都会有自己的任务栈，同一个 Activity 在不同的任务栈中入栈时必然是创建了新的实例。而使用 singleInstance 模式就可以解决这个问题，在这种模式下会有一个单独的任务栈来管理这个 Activity，不管是哪个应用程序来访问这个 Activity，都共用同一个任务栈，这也就解决了共享活动实例的问题。

【例 5.10】观察采用 singleInstance 模式的 Activity 运行情况。建立三个 Activity，第一个 Activity 为 MainActivity，在其中添加一个按钮，用于跳转到第二个 Activity，在第二个 Activity 添加一个按钮，用于跳转到第三个 Activity。其中将第二个 Activity 设置启动模式为 singleInstance。

(1)修改 AndroidManifest.xml，其中第二个 Activity 启动模式为 singleInstance。三个 Activity 的注册代码如下：

```
<activity
    android:name = ".MainActivity"
    android:label = "@string/app_name"
  >
    <intent-filter>
        <action android:name = "android.intent.action.MAIN" />
        <category android:name = "android.intent.category.LAUNCHER" />
```

```
    </intent-filter>
</activity>
<activity
    android:name = ".Activity2"
    android:label = "@string/title_activity_activity2"
    android:launchMode = "singleInstance" >
</activity>
<activity
    android:name = ".Activity3"
    android:label = "@string/title_activity_activity3" >
</activity>
```

(2)为了观察任务栈是否不同,使用 getTaskId()方法获取 MainActivity 所存在的任务栈编号。MainActivity.java 的代码如下:

```
@Override
protected void onCreate(Bundle savedInstanceState) {
    super.onCreate(savedInstanceState);
    setContentView(R.layout.activity_main);
    Log.i("MainActivity","当前任务栈的 id 是" + getTaskId());
    Button btn = (Button) findViewById(R.id.btn);
    btn.setOnClickListener(new View.OnClickListener() {
        @Override
        public void onClick(View v) {
            // TODO Auto-generated method stub
            Intent intent = new Intent(MainActivity.this,Activity2.class);
            startActivity(intent);
        }
    });
}
```

(3)使用 getTaskId()方法获取 Activity2 所存在的任务栈编号。Activity2.java 的代码如下:

```
@Override
protected void onCreate(Bundle savedInstanceState) {
    super.onCreate(savedInstanceState);
    setContentView(R.layout.activity2);
    Log.i("Activity2","当前任务栈的 id 是" + getTaskId());
    Button btn = (Button) findViewById(R.id.btn2);
    btn.setOnClickListener(new View.OnClickListener() {
        @Override
        public void onClick(View v) {
            // TODO Auto-generated method stub
            Intent intent = new Intent(Activity2.this,Activity3.class);
```

```
                startActivity(intent);
            }
        });
    }
```

(4)使用 getTaskId()方法获取 Activity3 所存在的任务栈编号。Activity3.java 的代码如下：

```
@Override
protected void onCreate(Bundle savedInstanceState) {
    super.onCreate(savedInstanceState);
    setContentView(R.layout.activity3);
    Log.i("Activity3","当前任务栈的 id 是" + getTaskId());
}
```

执行程序，点击第一个按钮进入 Activity2，再点击第二个 Activity2 的按钮进入第三个 Activity，查看 LogCat 窗口，如图 5-28 所示。

Tag	Text
MainActivity	当前任务栈的id是15
Activity2	当前任务栈的id是16
Activity3	当前任务栈的id是15

图 5-28　singleInstance 模式

从日志中，可以看到 Activity2 的任务栈 id 不同于 MainActivity 和 Activity3 的任务栈 id，这就说明 Activity2 确实是存放在一个单独的任务栈中，而且这个任务栈只有 Activity2 这个 Activity。然后按下“Back”键进行返回，会发现 Activity3 直接返回到了 MainActivity，接着按下“Back”键又会返回到 Activity2，再按下“Back”键才会退出程序。由于 MainActivity 和 Activity3 是存放在同一个任务栈里的，当在 Activity3 的界面按下“Back”键，Activity3 会从任务栈中出栈，那么 MainActivity 就成为了栈顶 Activity 显示在界面上，因此也就出现了从 Activity3 直接返回到 MainActivity 的情况。然后在 MainActivity 界面再次按下“Back”键，这时当前的任务栈已经空了，于是就显示了另一个任务栈的栈顶活动，即 Activity2。最后按下“Back”键，这时所有任务栈都已经空了，也就退出了程序。

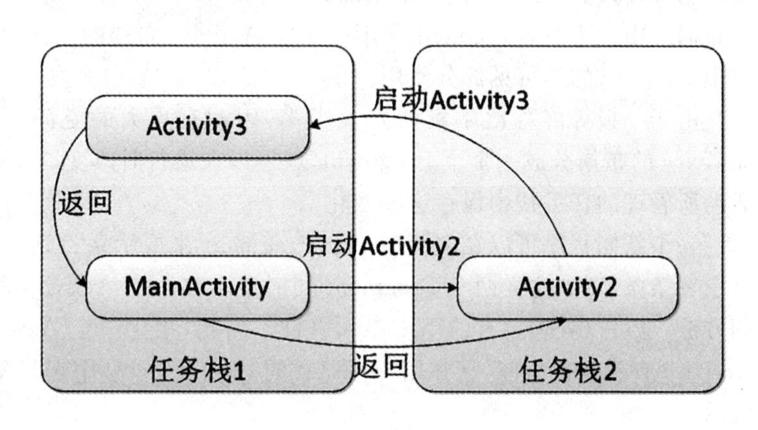

图 5-29　singleInstance 模式

使用 singleInstance 模式的原理示意图，如图 5-29 所示。

5.5 Fragment

5.5.1 Fragment 简介

自从 Android3.0 中引入 Fragment 的概念，Fragment 被翻译成碎片或者片段。一个片段代表了一个 Activity 的一种行为或者其用户界面的一个区域，可以在一个单独的 Activity 中组合多个分片来组建一个多面板界面，并在不同的 Activity 中多次利用同一个分片，可以把片段理解为一个活动的一个模块化部分，有其自己的生命周期，接收其自己的输入事件，并且可以在 Activity 运行过程中添加或移除一个片段。

一个 Fragment 必须被嵌在一个 Activity 中，它的生命周期与该 Activity 有紧密的联系。例如当 Activity 被暂停(pause)，该 Activity 中所有的 Fragment 也会被暂停，当 Activity 被销毁(destroy)，其中所有的碎片也会被销毁。不过，当 Activity 在运行时(处于 resumed 生命周期状态)，可以单独改变每一个碎片，如添加或删除。当进行这样的碎片处理时，还能将碎片加入一个由该 Activity 管理的任务栈——每个 Activity 中的任务栈条目是一段发生过的碎片处理记录。任务栈允许用户通过按下"Back"键撤销一个碎片事务。

在添加一个 Fragment 作为 Activity 布局的一部分时，将存在于活动的视图层级的 ViewGroup 中，并定义其自有的视图布局。可以通过在 Activity 布局文件中以<fragment>元素声明碎片，或是在程序代码中添加到已有的 ViewGroup 来将一个 Fragment 插入 Activity 的布局之中。不过，Fragment 并不一定是 Activity 布局的一部分，还可以将 Fragment 作为一个 Activity 的不可见部分使用。

由于平板等屏幕比手机的要大很多，因此有更大的空间来交互多个 UI 组件。通过 Activity 的布局分成一个个 Fragment，就可以在运行时改变 Activity 的外观并在该 Activity 活动所管理的任务栈中保存这些变化。

一个新闻程序可以在左侧用一个 Fragment 来展示条目列表，在另一边的 Fragment 中显示一条条新闻，这样两个 Fragment 同时显示在一个 Activity 的两边，且都有生命周期回调方法，也可以处理自有的用户输入事件。因此，相比一个 Activity 选择一个新闻，另一个 Activity 查看具体新闻，现在用户可以在同一个 Activity 中选择新闻并查看新闻，如图 5-30 所示。

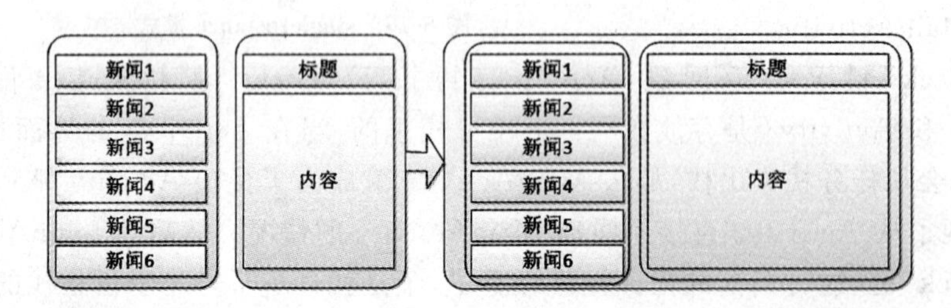

图 5-30 两个 Activity 通过两个 Fragment 合并到一个 Activity 中

Fragment 的生命周期包括如下几个方法：

· onCreate：系统在创建 Fragment 时将调用这个方法。在其实现时，应当初始化那些希望在该 Fragment 暂停或停止时被保留的必要组件以供之后继续使用。

• conCreateView：系统在 Fragment 第一次绘制其用户界面时将调用这个方法。要绘制 Fragment 的 UI，就必须从这个方法返回一个 Fragment 布局的根 View。如果 Fragment 不提供 UI，可以只返回一个 null。

• onPause：系统将调用该方法作为用户将要离开该 Fragment 的第一个标志。通常应当在这里保存当前用户进行的操作。

大部分的程序应该为每一个 Fragment 至少实现三个以上的方法，不过还有一些其他的回调方法可以用来处理 Fragment 生命周期的不同阶段。

5.5.2 使用 Fragment

一个 Fragment 通常被用于一个 Activity 的用户界面，其自有的布局将成为该 Activity 的一部分。为了给一个 Fragment 提供布局，就必须实现 onCreateView( ) 回调方法，Android 系统将在该片段绘制其布局时调用。该方法的实现必须返回一个 Fragment 布局的根 View。

【例 5.11】 创建一个 Activity，其中包含两个 Fragment，左边一个 Fragment 包含一个按钮，该 Fragment 对应布局文件叫 left_fragment. xml，右边一个 Fragment 就是背景为蓝色的界面，对应 Fragment 对应的布局文件叫 right_fragment. xml。

(1)left_fragment. xml 代码如下：

```
<? xml version = "1.0" encoding = "utf-8"? >
<LinearLayout xmlns:android = "http://schemas.android.com/apk/res/android"
    android:layout_width = "match_parent"
    android:layout_height = "match_parent"
    android:orientation = "vertical" >
    <Button
        android:id = "@ + id/btn"
        android:layout_width = "wrap_content"
        android:layout_height = "wrap_content"
        android:text = "点击"/>
</LinearLayout>
```

(2)right_fragment. xml 代码如下：

```
<? xml version = "1.0" encoding = "utf-8"? >
<LinearLayout xmlns:android = "http://schemas.android.com/apk/res/android"
    android:layout_width = "match_parent"
    android:layout_height = "match_parent"
    android:orientation = "vertical"
    android:background = "#00f" >
    <TextView android:layout_width = "wrap_content"
        android:layout_height = "wrap_content"
        android:textSize = "20sp"
        android:text = "这是一个 Fragment"
```

```
        android:textColor = "#fff"/>
</LinearLayout>
```

(3)创建 LeftFragment 类继承 Fragment，代码如下：

```
public class LeftFragment extends Fragment {
    @Override
    public View onCreateView(LayoutInflater inflater,ViewGroup container,
            Bundle savedInstanceState) {
        // TODO Auto-generated method stub
        View view = inflater.inflate(R.layout.left_fragment,container,false);
        return view;
    }
}
```

(4)创建 RightFragment 类继承 Fragment，代码如下：

```
public class RightFragment extends Fragment {
    @Override
    public View onCreateView(LayoutInflater inflater,ViewGroup container,
            Bundle savedInstanceState) {
        // TODO Auto-generated method stub
        View view = inflater.inflate(R.layout.right_fragment,container,false);
        return view;
    }
}
```

(5)在 activity_main.xml 中引用这两个 Fragment，布局代码如下：

```
<LinearLayout xmlns:android = "http://schemas.android.com/apk/res/android"
    xmlns:tools = "http://schemas.android.com/tools"
    android:layout_width = "match_parent"
    android:layout_height = "match_parent"
    android:orientation = "horizontal" >
    <fragment
        android:id = "@+id/leftFragment"
        android:name = "com.example.p5_13.fragment.LeftFragment"
        android:layout_width = "0dp"
        android:layout_height = "match_parent"
        android:layout_weight = "1"
        />
    <fragment
        android:id = "@+id/rightFragment"
        android:name = "com.example.p5_13.fragment.RightFragment"
        android:layout_width = "0dp"
        android:layout_height = "match_parent"
        android:layout_weight = "1"
```

```
    />
</LinearLayout>
```

执行程序，为了显示平板电脑的效果如图 5-31 所示。

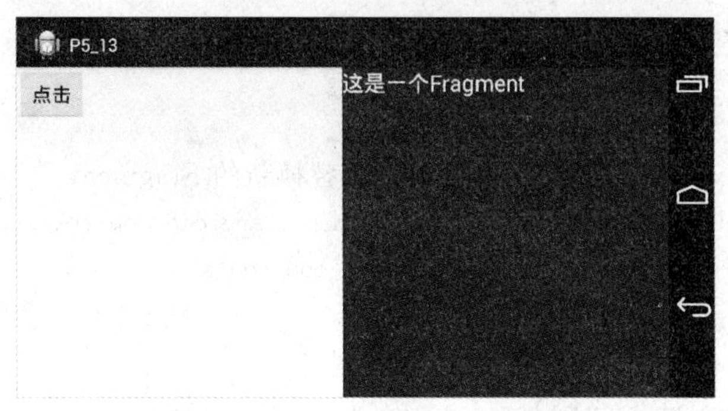

图 5-31 使用两个 Fragment 的 Activity

5.5.3 动态添加 Fragment

为了灵活使用 Fragment，开发者也可以通过 Java 代码动态管理 Fragment，这里就需要用到 FragmentManager。通过在 Activity 中调用 getFragmentManager( ) 来获取。在 Activity 中使用 Fragment 通常主要操作就是对 Fragment 的添加、移除、替换或者执行其他操作。对 Activity 进行的每一组改变都被称为一次事务（transaction），可以通过 FragmentTransaction 提供的 API 执行事务，还可以把每一个事务保存到 Activity 所管理的任务栈中，使得用户可以撤销 Fragment 的改变，类似于返回上一个 Activity。

【例 5.12】 修改【例 5.11】中 Activity，为左侧按钮添加点击事件，点击后将右侧的 Fragment 替换成另一个 Fragment。

(1)创建一个新的 Fragment，文件名称叫 right_fragment2. xml。代码如下：

```
<? xml version = "1.0" encoding = "utf-8"? >
<LinearLayout xmlns:android = "http://schemas.android.com/apk/res/android"
    android:layout_width = "match_parent"
    android:layout_height = "match_parent"
    android:orientation = "vertical"
    android:background = "#0ff" >
    <TextView android:layout_width = "wrap_content"
        android:layout_height = "wrap_content"
        android:textSize = "20sp"
        android:text = "这是另一个新的 Fragment"
        android:textColor = "#000"/>
</LinearLayout>
```

(2)添加该 Fragment 对应的 Java 文件，RightFragment. java 代码如下：

```
public class RightFragment2 extends Fragment {
    @Override
    public View onCreateView(LayoutInflater inflater,ViewGroup container,
```

```
            Bundle savedInstanceState) {
        // TODO Auto-generated method stub
        View view = inflater.inflate(R.layout.right_fragment2,container,false);
        return view;
    }
}
```

(3)修改 activity_main.xml 文件,便于后面替换新的 Fragment。

```
<LinearLayout xmlns:android = "http://schemas.android.com/apk/res/android"
    xmlns:tools = "http://schemas.android.com/tools"
    android:layout_width = "match_parent"
    android:layout_height = "match_parent"
    android:orientation = "horizontal" >
    <fragment
        android:id = "@+id/leftFragment"
        android:name = "com.example.p5_13.fragment.LeftFragment"
        android:layout_width = "0dp"
        android:layout_height = "match_parent"
        android:layout_weight = "1"
        />
    <FrameLayout
        android:id = "@+id/fl"
        android:layout_width = "0dp"
        android:layout_height = "match_parent"
        android:layout_weight = "1">
        <fragment
        android:id = "@+id/rightFragment"
        android:name = "com.example.p5_13.fragment.RightFragment"
        android:layout_width = "match_parent"
        android:layout_height = "match_parent"
        android:layout_weight = "1"/>
    </FrameLayout>
</LinearLayout>
```

(4)修改 MainActivity.java,为按钮添加单击事件。

```
@Override
protected void onCreate(Bundle savedInstanceState) {
    super.onCreate(savedInstanceState);
    setContentView(R.layout.activity_main);
    Button btn = (Button) findViewById(R.id.btn);
    btn.setOnClickListener(new OnClickListener() {
        @Override
        public void onClick(View v) {
```

```
                // TODO Auto-generated method stub
                RightFragment2 fragment = new RightFragment2();
                FragmentManager fragmentManager = getFragmentManager();
                //获得 Fragment 管理器
                FragmentTransaction transaction = fragmentManager.beginTransaction();
                //开启 Fragment 操作的事务
                transaction.replace(R.id.fl,fragment);
                //用 RightFragment2 替换当前 fragment
                transaction.commit();
                //提交事务
            }
        });
    }
```

代码中首先获取 FragmentManager，再开启 Fragment 操作的事务，再使用事务的 replace 方法替换原有的 Fragment，最后提交事务。

现在运行程序，点击按钮，显示效果如图 5-32 所示。

图 5-32 动态使用 Fragment

5.5.4 Fragment 与 Activity 通信

虽然 Fragment 都是嵌入在 Activty 中显示的，可是实际上的关系并没有那么紧密。Fragment 和 Activty 都是各自存在于一个独立的类当中的，两者之间并没有那么明显的方式来直接进行通信。如果想要在 Activty 中调用 Fragment 里的方法，或者在 Fragment 中调用 Activty 里的方法，应该如何实现呢？

为了方便 Fragment 和 Activty 之间进行通信，FragmentManager 提供了一个类似于 findViewById()的方法，专门用于从布局文件中获取 Fragment 的实例，代码如下所示：

```
XXXFragment xxxFragment = (XXXFragment) getFragmentManager()
                    .findFragmentById(R.id.right_fragment);
```

调用 FragmentManager 的 findFragmentById()方法，可以在 Activty 中得到相应碎片的实例，然后就能方便地调用 Fragment 里的方法了。

同样在 Fragment 中也可以获取 Activity 实例对象，其实也很简单，在每个 Fragment 中都可以通过调用 getActivity()方法来得到和当前 Fragment 相关联的 Activity 实例，代码如下所示：

```
MainActivity activity = (MainActivity) getActivity();
```

有了 Activity 实例之后，在 Fragment 中调用 Activity 里的方法就变得非常方便。另外当 Fragment 中需要使用 Context 对象时，也可以使用 getActivity()方法，因为获取到的 Activity 本身就是一个 Context 对象。

5.5.5 技能训练

【训练 5-5】 界面左侧放置两个按钮，点击第一个按钮“我的账号”要求右侧切换成一个 Fragment，该 Fragment 显示为用户基本信息，点击第二个按钮“我的订单”要求右侧切换成另一个 Fragment，该 Fragment 显示为用订单列表(可以模拟一些布局元素)。

技能要点

(1)使用 Button。

(2)定义 Fragment。

(3)引用 Fragment。

需求说明

(1)布局主界面，添加三个 Fragment，左边一个 Fragment 用于放置两个 Button，右边准备两个 Fragment 进行切换。

(2)点击按钮触发事件。

(3)静态添加第一个右侧的 Fragment。

(4)通过按钮实现动态切换右侧的 Fragment。

关键点分析

(1)Fragment 的定义。

(2)FragmentManager 的使用。

(3)FragmentTransaction 的使用。

本章总结

➢ Activity 中文翻译为活动，是 Android 四大组件之一，也是 Android 中最基本的模块之一。

➢ 建立新的 Activity，要想新的 Activity 被应用程序接受并生效，必须在 AndroidManifest.xml 文件中注册。

➢ Activity 在其生命周期中最多可能会有四种状态：运行状态、暂停状态、停止状态和销毁状态。

➢ Activity 类中定义了七个回调方法，覆盖了活动生命周期的每一个环节：onCreate、onStart、onResume、onPause、onStop、onDestroy 和 onRestart。

➢ Intent 类是 Android 组件连接的核心，一个 Intent 对象是对某个需要处理的操作所进行的封装和抽象的描述。可以用来打开 Activity，在多个 Activity 之间传递数据，以及启动后台服务，与广播组件和后台服务交互等，集中体现了整个组件连接模型的设计思想。

➤ Activity 的启动模式一共有四种，分别是 standard、singleTop、singleTask 和 singleInstance，可以在 AndroidManifest. xml 中通过给<activity>标签指定 android：launchMode 属性来选择启动模式。

➤ 一个 Fragment 代表了一个 Activity 的一种行为或者其用户界面的一个区域，可以在一个单独的 Activity 中组合多个 Fragment 来组建一个多面板界面。

习 题

一、选择题

1. 下列选项是 Activity 启动的方法有（　　）。

A. startActivity　　B. goToActivity

C. startActivityForResult　　D. startActivityFromChild

2. 关于 Activity 的描述，下面错误的是（　　）。

A. 一个 Android 程序中只能拥有一个 Activity 类

B. Activity 类都必须在 AndroidManiefest. xml 中进行声明

C. 系统完全控制 Activity 的整个生命周期

D. Activity 类必须重载 onCreate 方法

3. 下列不是 Activity 的生命周期方法之一的是（　　）。

A. onCreate　　B. startActivity

C. onStart　　D. onResume

4. 关于 Fragment 说法正确的是（　　）。

A. 使用 Fragment 必须在布局文件中加入<fragment>控件

B. Fragment 有自己的界面和生命周期，可以完全替代 Activity

C. Fragment 的状态跟随其所关联的 Activity 的状态改变而改变

D. 当 Fragment 停止时，与其关联的 Activity 也会停止

二、操作题

1. 当用户在录入城市信息时，一般会点击录入区域，进入一个新 Activity，在新 Activity 中提供了多个城市供用户选择，点击确定选定后的城市名称显示到第一个 Activity 录入区域。

2. 使用隐式意图打开系统照相机。

3. 创建一个项目：包含三个页面，要求各个页面可以进行切换，每个页面使用 Fragment 进行编写。

第 6 章
ListView、GridView 和 RecyclerView

本章工作任务

- ✓ 学会如何使用数据适配器
- ✓ 学会自定义数据适配器
- ✓ 学会使用 ListView
- ✓ 学会使用 SimpleAdapter
- ✓ 掌握 BaseAdapter 中回调方法的作用
- ✓ 学会使用 GridView
- ✓ 学会使用 RecyclerView

本章知识目标

- ✓ 理解什么是数据适配器
- ✓ 掌握数据适配器的使用方法
- ✓ 掌握 ListView 的使用方法
- ✓ 掌握 GridView 的基本属性
- ✓ 掌握 GridView 的使用方法
- ✓ 理解 RecyclerView 与 ListView 相比的优点

本章技能目标

- ✓ 学会使用 ListView 创建列表界面
- ✓ 学会使用 GridView 创建二维列表界面
- ✓ 学会使用 RecyclerView

本章重点难点

- ✓ 数据适配器的使用
- ✓ 自定义数据适配器
- ✓ 优化数据适配器的性能
- ✓ 定义 RecyclerView 的数据适配器

在大量的 APP 中，用户经常会接触到新闻客户端、购物客户端等应用程序，这些应用程序通常都会有一个界面展示多条信息，这些信息的布局都是差不多的，形成了一个信息列表。通常要实现这种功能都会通过 Android 系统中提供的 ListView 控件和 GridView 控件。ListView 用来呈现一个纵向的信息列表，GridView 用来呈现一个网格数据列表。

6.1 ListView 简介

当屏幕空间有限，能够一次性在屏幕上显示的内容就比较有限，使用 ListView 允许用户通过手指上下滑动的方式将屏幕外的数据滚动到屏幕内，同时屏幕原有的数据会被滚动出屏幕外。手机里的设置列表都是使用 ListView 设计的。

6.1.1 数据适配器

所有 ListView 中的数据都是由 Android 系统提供一系列的适配器(Adapter)进行数据适配的。通过数据适配器，可以将数据绑定到 ListView 界面上。创建的数据适配器有如下几种：

1. BaseAdapter

BaseAdapter 是一种基本的适配器。实际上就是一个抽象类，该类拥有四个抽象方法。在 Android 开发中，就是根据这几个抽象方法来对 ListView 进行数据适配的。表 6-1 说明了抽象方法的基本含义。

表 6-1 BaseAdapter 的抽象方法

属性名称	描述
public int getCount()	得到 Item 的总数
public Object getItem(int position)	根据 position 得到某个 Item 的对象
public long getItemId(int position)	根据 position 得到某个 Item 的 id
public View getView(int position, View convertView, ViewGroup parent)	得到相应 position 对应的 Item 视图，position 当前的位置，convertView 复用的 View 对象

开发者在使用数据适配器适配数据到 ListView 时，需要创建一个类继承 BaseAdapter 并重写这四个方法即可。

2. SimpleAdapter

SimpleAdapter 继承自 BaseAdapter，实现了 BaseAdapter 的四个抽象方法，分别是 getCount()、getItem()、getItemId()和 getView()方法。所以开发者在使用 SimpleAdapter 时，只需在构造函数中传入相应的参数即可。SimpleAdapter 的构造函数如下：

```
public SimpleAdapter(Context context, List＜? extends Map＜String,?＞＞ data, int resource,String[] from,int[] to)
```

构造函数具体含义如下：

Context context:Context 对象，getView()方法中需要用到 Context 将布局转换成 View 对象。

List＜? extends Map＜String,?＞＞ data:数据集合，SimpleAdapter 已经在 getCount()方

法中实现数据集合大小返回。

int resource:Item 布局的资源 id。

String[] from:Map 集合里面的 key。

int[] to:Item 布局对应的控件 id。

另外 to 中引用的控件,只能是 Checkable、TextView、ImageView,其中 Checkable 是一个接口,CheckBox 就是实现了该接口。TextView 用于显示文本的组件,ImageView 是用来显示图片的组件。如果 int[] to 所代表的组件不是这三种类型就会报 IllegalStateException 异常。

3. ArrayAdapter

ArrayAdapter 也是 BaseAdapter 的子类,与 SimpleAdapter 相同,ArrayAdapter 也不是抽象类,并且用法与 SimpleAdaptet 类似,开发者只需要在构造函数里传入相同参数即可适配数据。ArrayAdapter 通常用于适配 TextView 控件,例如 Android 系统中的 Setting 设置菜单。ArrayAdapter 的构造方法如下所示:

```
public ArrayAdapter(Context context,int resource,int textViewResourceId,T[] objects);
```

构造函数中参数含义如下:

Context context:Context 对象。

int resource:Item 布局的资源 id。

int textViewResourceId:Item 布局相应的控件 TextView 的 id。

T[] objects:需要适配的数据数组。

6.1.2 使用 ListView

【例 6.1】 创建一个联系人列表。

(1)修改 activity_main.xml,代码如下:

```
<LinearLayout xmlns:android = "http://schemas.android.com/apk/res/android"
    xmlns:tools = "http://schemas.android.com/tools"
    android:layout_width = "match_parent"
    android:layout_height = "match_parent"
    android:orientation = "vertical" >
<ListView
        android:id = "@ + id/lv"
        android:layout_width = "match_parent"
        android:layout_height = "wrap_content"
        />
</LinearLayout>
```

为了能够在代码中引用 ListView 需要设置一下 id,同时为了满屏显示将宽度和高度都设置为 match_parent,这样 ListView 将占据整个布局空间。

(2)修改 MainActivity.java,设置数据绑定到 ListView 上。

```
public class MainActivity extends Activity {
    private String[] data = {"容中尔甲","胡小宝",
            "徐松子","梁雁翎","袁晓超",
            "张善为","杨思琦","萝玛拉·嘉瑞"};
```

```
        @Override
    protected void onCreate(Bundle savedInstanceState) {
    super.onCreate(savedInstanceState);
        setContentView(R.layout.activity_main);

        ArrayAdapter<String> adapter =
            new ArrayAdapter<String>(
                MainActivity.this,
                android.R.layout.simple_list_item_1,
                    data);
            ListView lv = (ListView) findViewById(R.id.lv);
            lv.setAdapter(adapter);
        }
    }
```

为了方便使用数据，这里开发者使用 ArrayAdapter 数据适配器，只需按照参数准备数据和布局资源就可以了。data 是一个人名字为内容的字符串数组，android. R. layout. simple_list_item_1 是系统提供的一种布局资源，里面只有一个 TextView，用于简单地显示一段文本。最后将数据适配器设置到 ListView 上，ListView 就会按照指定布局样式显示条目数据。

执行程序，运行结果如图 6-1 所示。可以通过滚动的方式查看后续数据。

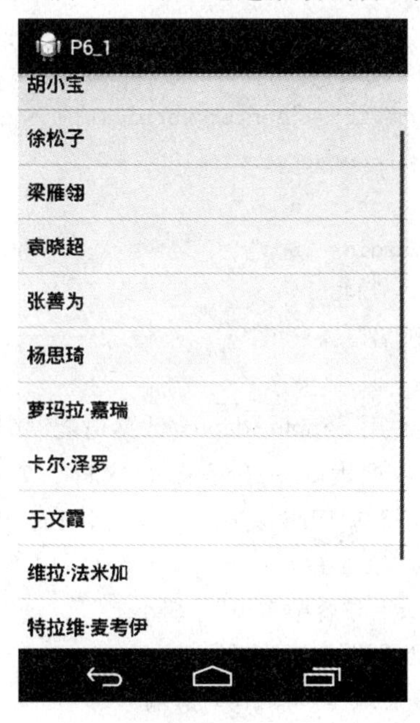

图 6-1　最简单的 ListView

如果开发者要给每个条目添加想要的布局，就需要使用自定义布局的方式来适配 ListView。

6.1.3 使用 SimpleAdapter

【例 6.2】 创建一个联系人列表,为每个人的名字设置一个图标。

(1)activity_main.xml 文件内容与上例一样。

(2)为了让每个条目里能够同时容纳一个图片和一个文本信息,开发者需要重新定义每个条目的布局 item.xml 在 layout 文件夹下。

```
<?xml version="1.0" encoding="utf-8"?>
<LinearLayout xmlns:android="http://schemas.android.com/apk/res/android"
    android:layout_width="match_parent"
    android:layout_height="match_parent"
    android:orientation="horizontal" >
    <ImageView  android:id="@+id/iv"
        android:layout_width="0dp"
        android:layout_height="50dp"
        android:layout_gravity="center_vertical"
        android:layout_weight="1"
        android:layout_margin="5dp"
        android:src="@drawable/face1"
        />
    <TextView android:id="@+id/tv"
        android:layout_width="0dp"
        android:layout_height="50dp"
        android:layout_gravity="center_vertical"
        android:gravity="center_vertical"
        android:layout_weight="3"
        android:layout_margin="5dp"
        android:textSize="24sp"
        android:text="陈名"/>
</LinearLayout>
```

(3)修改 MainActivity.java,使用 SimpleAdapter 数据适配器绑定数据到 ListView。首先定义 Map 类型数据,相当于表示二维数据表的一条记录,每次将一个头像和一个姓名数据放入一个 Map 类数据中,当构建好一条记录数据后将该记录放入一个 List 集合中。具体代码如下:

```
public class MainActivity extends Activity {
    private String[] names = {"容中尔甲","胡小宝",
            "徐松子","梁雁翎","袁晓超",
            "张善为","杨思琦","萝玛拉·嘉瑞",
            "卡尔·泽罗","于文霞","维拉·法米加",
            "特拉维·麦考伊","梅林·邓盖","泰·辛普金斯",};
    private Integer[] faces = {R.drawable.face1,R.drawable.face2,
            R.drawable.face3,R.drawable.face4,R.drawable.face1,
            R.drawable.face2,R.drawable.face3,R.drawable.face4,
```

```
            R.drawable.face1,R.drawable.face2,R.drawable.face3,
            R.drawable.face4,R.drawable.face1,R.drawable.face2};
    @Override
    protected void onCreate(Bundle savedInstanceState) {
        super.onCreate(savedInstanceState);
        setContentView(R.layout.activity_main);
        List<Map<String,Object>> data = new ArrayList<Map<String,Object>>();
        for (int i = 0;i<14;i++) {
        Map<String,Object> map = new HashMap<String,Object>();
        map.put("name",names[i]);
        map.put("face",faces[i]);
        data.add(map);
      }
      SimpleAdapter adapter =
              new SimpleAdapter(MainActivity.this,data,R.layout.item,
                  new String[]{"face","name"},new int[]{R.id.iv,R.id.tv});
      ListView lv = (ListView) findViewById(R.id.lv);
      lv.setAdapter(adapter);
    }
}
```

SimpleAdapter 的构造函数共有四个参数。使用 MainActivity 表示上下文，使用 R.lyaout.item表示填充的布局，使用 new String[]{"face","name"}表示数据源中列名称，使用 new int[]{R.id.iv,R.id.tv}表示控件与数据源的对应关系。

执行程序，运行结果如图 6-2 所示。

图 6-2　自定义布局的 ListView

6.1.4 使用自定义 Adapter

【例 6.3】 使用自定义 Adapter 实现【例 6.2】。

(1)activity_main.xml 代码和 item.xml 保持不变。

(2)创建一个自定义的 Adapter,该 Adapter 继承 BaseAdapter。

```
public class MyAdapter extends BaseAdapter {
    private Context context;
    //便于传入上下文
    private List<Map<String,Object>> list;
    //便于传入数据
    public MyAdapter(){
        //无参构造函数
    }
    public MyAdapter(Context context,List<Map<String,Object>> list){
        this.context = context;
        this.list = list;
        //实例化 context 和 list
    }
    @Override
    public int getCount() {
        // TODO Auto-generated method stub
        return list.size();
        //获取数据总条数
    }
    @Override
    public Object getItem(int position) {
        // TODO Auto-generated method stub
        return list.get(position);
        //获取对应 position 索引的数据条目
    }
    @Override
    public long getItemId(int position) {
        // TODO Auto-generated method stub
        return position;
        //返回条目索引
    }
    @Override
    public View getView(int position,View convertView,ViewGroup parent) {
        // TODO Auto-generated method stub
        View view;
        if(convertView == null){
```

```
            view = LayoutInflater.from(context).inflate(R.layout.item,null);
            //当条目布局为空时,使用布局填充器将 item 布局填充进来
        }
        else{
            view = convertView;
            //如果已经初始化条目视图,直接传出
        }
        Map<String,Object> map = list.get(position);
        ImageView iv = (ImageView) view.findViewById(R.id.iv);
        iv.setImageResource(Integer.parseInt(map.get("face").toString()));
        //设置图片到 ImageView
        TextView tv = (TextView) view.findViewById(R.id.tv);
        tv.setText(map.get("name").toString());
        //设置文本到 TextView
        return view;
    }
}
```

在 getView()方法中判断 convertView 是否为空,如果为空则使用 LayoutInflater 去加载布局,如果不为空则直接对 convertView 进行重用。执行后,结果效果如图 6-2 所示,但是性能有所提升,尤其是在数据较多时,性能更为明显。

6.1.5 进一步提升 ListView 的性能

【例 6.4】 使用 ViewHolder 进一步提升【例 6.3】的性能。

ViewHolder 实际上是定义在 MyAdapter 中的内部类,目的就是为了缓存条目布局中的两个控件,这样能够进一步提升性能:

(1)修改【例 6.3】中 MyAdapter.java 文件,在其内部增加一个内部类:

```
class ViewHolder{
    ImageView iv;
    TextView tv;
}
```

(2)修改 getView()方法,在其中使用 ViewHolder 缓存条目布局中的 ImageView 和 TextView,并且使用 View.setTag()方法把 ViewHolder 实例保存到 View 中。在条目布局初始化时,缓存 ViewHolder,对缓存过的 ViewHolder 获取出来,最终反复利用 ViewHolder 实例,提供性能。

```
public View getView(int position,View convertView,ViewGroup parent) {
    // TODO Auto-generated method stub
    View view;
    ViewHolder viewHolder;
    if(convertView == null){
        view = LayoutInflater.from(context).inflate(R.layout.item,null);
```

```
            viewHolder = new ViewHolder();
            viewHolder.iv = (ImageView) view.findViewById(R.id.iv);
            viewHolder.tv = (TextView) view.findViewById(R.id.tv);
            view.setTag(viewHolder);//缓存 viewHolder
        }
        else{
            view = convertView;
            viewHolder = (ViewHolder) view.getTag();
            //获取 viewHolder 缓存的实例
        }
        Map<String,Object> map = list.get(position);
        viewHolder.iv.setImageResource(Integer.parseInt(map.get("face").toString()));
        //设置图片到 ImageView
        viewHolder.tv.setText(map.get("name").toString());
        //设置文本到 TextView
        return view;
    }
```

执行程序,结果与图 6-2 一样,但是性能大大提升。

6.1.6 ListView 的点击事件

ListView 的 setOnItemClickListener()方法可用于监听 Item 的点击事件,在使用该方法时需要传入一个 OnItemClickListener 的实现类对象,并且需要实现 onItemClick 方法。当点击 ListView 的 Item 时就会触发 Item 的点击事件然后回调 onItemClick()方法。

public void onItemClick(AdapterView<? > parent, View view, int position, long id)方法的参数含义如下:

AdapterView<? > parent:表示 listView。

View view:表示点击的 Item 条目,可以获取该条目内所有空间。

int position:表示点击的 Item 条目在所有 Item 中的索引号。

long id:表示点击的 Item 条目在 ListView 中处于第几行,大多数情况下 position 和 id 值时一样的。

【例 6.5】 继续修改之前的案例,为每个条目增加点击事件。点击后以消息的方式显示该联系人姓名。

(1)在 MainActivity.java 中添加内部类,该类将实现 OnItemClickListener 接口,并在其中编写 onItemClick 回调方法。

```
private class MyOnItemClickListener implements OnItemClickListener{
    @Override
    public void onItemClick(AdapterView<? > parent,View view,int position,
            long id) {
        // TODO Auto-generated method stub
        Map<String,Object> map = data.get(position);
        //获取当前点击的数据条目
```

```
        Toast.makeText(MainActivity.this,
            map.get("name").toString(),Toast.LENGTH_SHORT).show();
    }
}
```

回调方法 onItemClick 中实现了点击弹出当前数据项中姓名信息。

(2)设置监听事件实例到 ListView 上。

```
lv.setOnItemClickListener(new MyOnItemClickListener());
```

执行程序,运行效果如图 6-3 所示。

图 6-3 ListView 的点击事件

6.1.7 技能训练

【训练 6-1】 Android 应用市场布局通常为一个 ListView,如图 6-4 所示。

图 6-4 Android 应用市场

♨技能要点

(1)创建 Activity,放置一个 ListView。

(2)创建条目布局 item.xml。

(3)使用数据适配器。

♨需求说明

(1)下载相关素材。

(2)创建类似上图的布局和控件。

(3)注意控件键需要有外间距。

♨关键点分析

(1)定义数据适配器。

(2)设定条目布局。

6.2 GridView 简介

GridView 用于在界面上按行、列分布的方式来显示多个组件。GridView 和 ListView 有共同的父类 AbsListView,因此 GridView 和 ListView 具有很高的相似性,两者都是列表项。GridView 和 ListView 的唯一区别在于:ListView 只显示一列;而 GridView 可以显示多列。从这个角度来看,ListView 相当于一种特殊的 GridView,如果让 GridView 只显示一列,那么 GridView 就变成了 ListView。

6.2.1 GridView 的常用属性

GridView 为了更好地控制样式和外观提供如表 6-2 的 XML 属性

表 6-2 GridView 常用属性

属性名称	方法	描述
android:columnWidth	setColumnWidth(int)	设置列的宽度
android:gravity	setGravity(int)	设置对齐方式
android:horizontalSpacing	setHorizontalSpacing(int)	设置各元素之间的水平间距
android:numColumns	setNumColumn(int)	设置列数
android:strechMode	setStrechMode(int)	设置拉伸模式
android:verticalSpacing	setVerticalSpacing(int)	设置各元素之间的垂直间距

其中 android:strechMode 属性支持如下属性值:

- NO_STRETCH:不拉伸。
- STRETCH_SPACING:仅拉升元素之间的间距。
- STRETCH_SPACING_UNIFORM:表格元素本身、元素之间的间距一起拉伸。
- STRETCH_COLUMN_WIDTH:仅拉伸元素表格元素本身。

6.2.2 使用 GridView

【例 6.6】 使用之前的数据填充 GridView。

(1)修改 activity_main.xml,在布局中放入一个 GridView,并设置相关属性。

```
<LinearLayout xmlns:android = "http://schemas.android.com/apk/res/android"
    xmlns:tools = "http://schemas.android.com/tools"
    android:layout_width = "match_parent"
    android:layout_height = "match_parent"
    android:orientation = "vertical" >
  <GridView
      android:id = "@ + id/gv"
      android:layout_width = "match_parent"
      android:layout_height = "wrap_content"
      android:horizontalSpacing = "1dp"
      android:verticalSpacing = "1dp"
      android:numColumns = "4"
      android:gravity = "center"
      />
</LinearLayout>
```

设置了一个 GridView,该 GridView 水平间距为 1dp,垂直间距也是 1dp,且每行显示四列,所有条目都居中显示。

(2)修改 item.xml 布局,方便 GridView 去显示。

```
<? xml version = "1.0" encoding = "utf-8"? >
<LinearLayout xmlns:android = "http://schemas.android.com/apk/res/android"
    android:layout_width = "match_parent"
    android:layout_height = "match_parent"
    android:orientation = "vertical" >
    <ImageView  android:id = "@ + id/iv"
        android:layout_width = "50dp"
        android:layout_height = "50dp"
        android:layout_gravity = "center_horizontal"
        android:layout_margin = "5dp"
        android:src = "@drawable/face1"
        />
    <TextView android:id = "@ + id/tv"
        android:layout_width = "50dp"
        android:layout_height = "20dp"
        android:layout_gravity = "center_horizontal"
        android:gravity = "center_horizontal"
        android:layout_margin = "5dp"
        android:textSize = "15sp"
        android:text = "陈名"/>
</LinearLayout>
```

(3)修改 MainActivity.java,从布局上获取 GridView,并使用数据适配器填充数据,这里依然使用上例中的数据适配器。

```
public class MainActivity extends Activity {
    private String[] names = {"容中尔甲","胡小宝",
            "徐松子","梁雁翎","袁晓超",
            "张善为","杨思琦","萝玛拉·嘉瑞",
            "卡尔·泽罗","于文霞","维拉·法米加",
            "特拉维·麦考伊","梅林·邓盖","泰·辛普金斯",};
    private Integer[] faces = {R.drawable.face1,R.drawable.face2,
        R.drawable.face3,R.drawable.face4,R.drawable.face1,
        R.drawable.face2,R.drawable.face3,R.drawable.face4,
        R.drawable.face1,R.drawable.face2,R.drawable.face3,
        R.drawable.face4,R.drawable.face1,R.drawable.face2};
    List<Map<String,Object>> data;
    @Override
    protected void onCreate(Bundle savedInstanceState) {
        super.onCreate(savedInstanceState);
        setContentView(R.layout.activity_main);
        data = new ArrayList<Map<String,Object>>();
        for (int i = 0; i < 14; i ++ ) {
            Map<String,Object> map = new HashMap<String,Object>();
            map.put("name",names[i]);
            map.put("face",faces[i]);
            data.add(map);
        }
        MyAdapter adapter =
                new MyAdapter(MainActivity.this,data);
        GridView gv = (GridView) findViewById(R.id.gv);
        gv.setAdapter(adapter);
    }
}
```

执行程序,运行效果如图 6-5 所示。

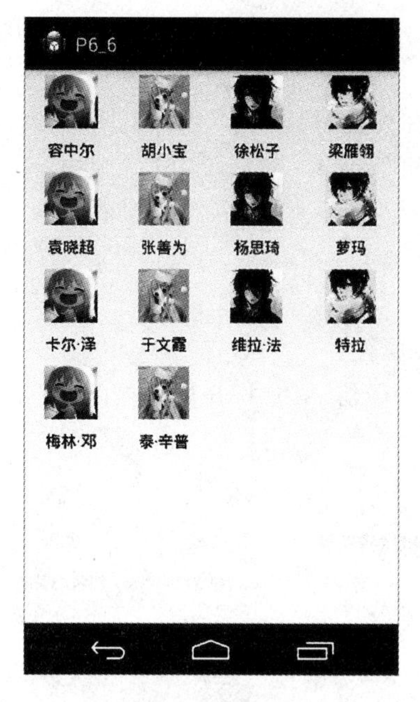

图 6-5 GridView

6.2.3 技能训练

【训练 6-2】 图 6-6 是一个支付宝 APP 打开后的界面。

图 6-6 支付宝 APP 界面

技能要点

(1)创建 Activity,放置一个 GridView。

(2)创建条目布局 item. xml。

(3)使用数据适配器。

↳需求说明

(1)下载相关素材。

(2)创建类似上图的布局和控件。

(3)注意控件键需要有外间距。

↳关键点分析

(1)定义数据适配器。

(2)设定条目布局。

(3)设定 GridView 的相关属性。

【训练 6-3】 图 6-7 是一个微信 APP 打开后的界面。

图 6-7　微信 APP 界面

↳技能要点

(1)创建 Activity,放置一个 GridView。

(2)创建条目布局 item. xml。

(3)使用数据适配器。

↳需求说明

(1)下载相关素材。

(2)创建类似上图的布局和控件。

(3)注意控件键需要有外间距。

↳关键点分析

(1)定义数据适配器。

(2)设定条目布局。

(3)设定 GridView 的相关属性。

6.3　RecyclerView 简介

自 Android 5.0 之后,Google 公司推出了 RecylerView 控件。RecylerView 是 supportv7 包中的新组件,是一个强大的滑动组件,与经典的 ListView 相比,同样拥有 item 回收复用的功能。Android 默认提供的 RecyclerView 就能支持线性布局 LinearLayoutManager、网格布局 GridLayoutManager、瀑布流布局 StaggeredGridLayoutManager 三种布局。

6.3.1 RecyclerView 的基本用法

Google 官方网站介绍 RecyclerView 是 ListView 的升级版,那么 RecyclerView 包含了 ListView 拥有的优点,除此之外还包含了一些其他的优点。

RecyclerView 封装了 ViewHolder(之前章节已经介绍)的回收和复用,在 RecyclerView 中标准化了 ViewHolder 的用法,在编写 Adapter 时直接是面向 ViewHolder 定义的,而不是之前的 View 了,这样做使 item 的 View 填充起来更加简单。

同时使用布局管理器,将数据和布局之间的关系进一步解耦,切换布局方式更加容易灵活,达到了一种插拔式的体验。RecyclerView 针对 item 的显示定义了专门的类,使其扩展性非常强。如果想控制横向或者纵向滑动列表效果,直接可以通过 RecyclerView 的 setLayoutManager()方法设置不同的布局管理类就可以了。所以使用 RecyclerView 可以模拟出 ListView 和 GridView 的效果,甚至其他更复杂的效果。

对于 item 操作的动画也可以更加灵活的设置,这里是通过 ItemAnimator 这个类来实现的。所以具备了以上这些特点,发现 RecyclerView 是极具扩展性的组件。

为了兼顾 Android 早期的版本,需要使用 Android Support v7 这个包里的 RecyclerView。那么这个 android-support-v7-recyclerview. jar 是存在于 Android SDK 文件夹下 extras\Android\support\v7\recyclerview\libs\下。为了保证项目能够顺利的使用 RecyclerView 组件,请将该 jar 文件复制到项目 libs 下,保证项目正常引用。

一般来说,使用 RecyclerView 的基本步骤如下:

(1)定义与 RecyclerView 的 Adapter,这里自定义的 Adapter 必须继承 RecyclerView. Adapter 类。在继承该类时,要重写内部重要的三个方法:

onCreateViewHolder():这个方法主要是为每个 item 填充出一个 View,并使用该 View 实例化一个 ViewHolder。而后面使用 item 布局中的元素就直接从该 ViewHolder 中获取了,不再像之前使用 convertView. setTag(holder)和 convert. getTag()。这样简便很多。

onBindViewHolder():该方法用于渲染数据到 item 的 View 上。在方法中将直接使用 viewHolder,而不是 ListView 的 Adapter 中的 convertView。

getItemCount():该方法是为了获取数据的数量,也就是 item 的数量。

(2)将 RecyclerView. Adapter 实例绑定到 RecyclerView 上。这里使用 RecyclerView 的 setAdapter()方法。

(3)设置 item 显示的布局方式,这里使用 setLayoutManager()方法。

6.3.2 RecyclerView 举例

【例 6.7】 使用之前的数据填充 RecyclerView,这里采用 LinearLayoutManager 方式布局。

(1)复制 android-support-v7-recyclerview. jar 到项目 libs 下,引用该 jar 包。

(2)修改 activity_main. xml,在布局中放入一个 RecyclerView,并设置相关属性。

```
<LinearLayout xmlns:android = "http://schemas.android.com/apk/res/android"
```

```
    xmlns:tools = "http://schemas.android.com/tools"
    android:layout_width = "match_parent"
    android:layout_height = "match_parent">
    <android.support.v7.widget.RecyclerView
        android:id = "@ + id/rv"
        android:layout_width = "match_parent"
        android:layout_height = "match_parent"
        android:text = "@string/hello_world" />
</LinearLayout>
```

(3)为了显示一个人的基本信息,在包 com.example.p6_7.model 下定义一个 Person 类。

```
public class Person {
    private int face;
    private String name;
    public int getFace() {
        return face;
    }
    public void setFace(int face) {
        this.face = face;
    }
    public String getName() {
        return name;
    }
    public void setName(String name) {
        this.name = name;
    }
    @Override
    public String toString() {
        return "Person [face = " + face + ",name = " + name + "]";
    }
}
```

(4)定义一个显示一条信息的布局文件 item.xml。

```
<? xml version = "1.0" encoding = "utf-8"? >
<RelativeLayout xmlns:android = "http://schemas.android.com/apk/res/android"
    android:layout_width = "match_parent"
    android:layout_height = "match_parent"
    >
    <LinearLayout
        android:layout_width = "match_parent"
        android:layout_height = "match_parent"
        android:orientation = "horizontal" >
        <ImageView   android:id = "@ + id/iv"
```

```
            android:layout_width = "0dp"
            android:layout_height = "50dp"
            android:layout_gravity = "center_vertical"
            android:layout_weight = "1"
            android:layout_margin = "5dp"
            android:src = "@drawable/face1"
            />
        <TextView android:id = "@ + id/tv"
            android:layout_width = "0dp"
            android:layout_height = "50dp"
            android:layout_gravity = "center_vertical"
            android:gravity = "center_vertical"
            android:layout_weight = "3"
            android:layout_margin = "5dp"
            android:textSize = "24sp"
            android:text = "陈名"/>
    </LinearLayout>
    <TextView android:layout_width = "match_parent"
        android:layout_height = "1dp"
        android:background = " #ccc"
        android:layout_alignParentBottom = "true"/>
</RelativeLayout>
```

这里最后一个 TextView 为了显示分割线的效果而添加的。

(5)在包 com.example.p6_7.adapter 下自定义 MyAdapter 类继承 RecyclerView.Adapter。

```
public class MyAdapter extends RecyclerView.Adapter<MyViewHolder>{
    private List<Person> persons;
    //表示要填充的数据
    private OnRecyclerViewItemClickListener listener;
    //用于外界传入事件,供点击每个条目时响应
    public void setListener(
            OnRecyclerViewItemClickListener listener) {
      this.listener = listener;
    }
    //构造函数,传入数据
    public MyAdapter(List<Person> persons){
      this.persons = persons;
    }
    //获取数据条数
    @Override
    public int getItemCount() {
        return persons.size();
```

```
    }
    //绑定每条数据到每个条目的布局上
    @Override
    public void onBindViewHolder(
            final MyViewHolder viewHolder,final int position) {
        Person person = persons.get(position);
        viewHolder.iv.setImageResource(person.getFace());
        viewHolder.tv.setText(person.getName());
        viewHolder.itemView.setOnClickListener(new OnClickListener() {
            @Override
            public void onClick(View v) {
                if(listener! = null){
                    listener.onClick(viewHolder.itemView,position);
                }
            }
        });
    }
    //创建条目布局,并放入自定义的 ViewHolder
    @Override
    public MyViewHolder onCreateViewHolder(
            ViewGroup viewGroup,int position) {
        View view = LayoutInflater.from(viewGroup.getContext())
            .inflate(R.layout.item,viewGroup,false);
        return new MyViewHolder(view);
    }
    //定义事件接口
    public interface OnRecyclerViewItemClickListener{
        void onClick(View view,int position);
    };
    //根据条目的布局文件,自定义 ViewHolder
    public final static class MyViewHolder extends RecyclerView.ViewHolder{
        ImageView iv;
        TextView tv;
        public MyViewHolder(View v) {
            super(v);
            iv = (ImageView) v.findViewById(R.id.iv);
            tv = (TextView) v.findViewById(R.id.tv);
        }
    }
}
```

其中构造函数是为了方便将外界所有人的信息传入到数据适配器中,定义了一个

List<Person>参数。onCreateViewHolder()方法的作用是为了将 Item 的布局获取并封装到 ViewHolder 中。onBindViewHolder()方法的作用有两个,一个是填充每一条数据到 item 对应的 View 视图中,一个是为每一个条目添加点击事件,这里的事件依靠外界传递进来,于是在当前类中定义了一个接口,便于外界传递事件进来。getItemCount()是为了获取总条目的数量。

(6)修改 MainActivity.java 中代码如下:

```
public class MainActivity extends Activity {
    private String[] names = {"容中尔甲","胡小宝",
            "徐松子","梁雁翎","袁晓超",
            "张善为","杨思琦","萝玛拉·嘉瑞",
            "卡尔·泽罗","于文霞","维拉·法米加",
            "特拉维·麦考伊","梅林·邓盖","泰·辛普金斯",};
    private Integer[] faces = {R.drawable.face1,R.drawable.face2,
            R.drawable.face3,R.drawable.face4,R.drawable.face1,
            R.drawable.face2,R.drawable.face3,R.drawable.face4,
            R.drawable.face1,R.drawable.face2,R.drawable.face3,
            R.drawable.face4,R.drawable.face1,R.drawable.face2};
    List<Person> persons;
    RecyclerView rv;
    @Override
    protected void onCreate(Bundle savedInstanceState) {
        super.onCreate(savedInstanceState);
        setContentView(R.layout.activity_main);
        persons = new ArrayList<Person>();
        for (int i = 0; i < 14; i++) {
            Person p = new Person();
            p.setFace(faces[i]);
            p.setName(names[i]);
            persons.add(p);
        }

        rv = (RecyclerView) findViewById(R.id.rv);
        MyAdapter adapter = new MyAdapter(persons);
        //使用数据实例化 RecyclerView 的适配器
        adapter.setListener(new OnRecyclerViewItemClickListener() {
            @Override
            public void onClick(View view,int position) {
                Toast.makeText(
                    getApplicationContext(),
                    persons.get(position).getName(),
                    Toast.LENGTH_SHORT).show();
            }
```

```
        });
        //设置条目点击的响应事件,传入适配器
        rv.setAdapter(adapter);
        //将数据适配器绑定到 RecyclerView 上
        rv.setLayoutManager(
            new LinearLayoutManager(this,
                    LinearLayoutManager.VERTICAL,
                    false));
        //设置布局方式
        rv.setHasFixedSize(true);
        //设置固定大小
    }
}
```

这里主要初始化 persons 数据,然后将 persons 集合传给 MyAdapter 实例,并且将该数据适配器实例设置给 RecyclerView 对象,最后设定显示的布局方式,这里采用 new LinearLayoutManager()构造函数,第一个参数表示当前上下文,第二个参数表示线性布局的方式,第三个参数表示是否逆向布局,这里设置为 false。

执行程序,运行结果如图 6-8 所示。

图 6-8 RecyclerView 线性布局——垂直

(7)如果修改 MainActivity.java 中,rv.setLayoutManager()方法,改为如下所示:

```
rv.setLayoutManager(
    new LinearLayoutManager(this,
            LinearLayoutManager.HORIZONTAL,
            false));
```

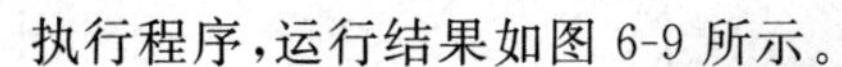

执行程序,运行结果如图 6-9 所示。

图 6-9 RecyclerView 线性布局——水平

【例 6.8】 使用之前的数据填充 RecyclerView,这里采用 GridLayoutManager 方式布局。

重复上例 1-3 步骤。

(1)修改 item.xml 如下:

```
<LinearLayout xmlns:android = "http://schemas.android.com/apk/res/android"
    android:layout_width = "match_parent"
    android:layout_height = "match_parent"
    android:orientation = "vertical" >
    <ImageView   android:id = "@ + id/iv"
        android:layout_width = "50dp"
        android:layout_height = "50dp"
        android:layout_gravity = "center_horizontal"
        android:layout_margin = "5dp"
        android:src = "@drawable/face1"
        />
    <TextView android:id = "@ + id/tv"
        android:layout_width = "50dp"
        android:layout_height = "20dp"
        android:layout_gravity = "center_horizontal"
        android:gravity = "center_horizontal"
        android:layout_margin = "5dp"
        android:textSize = "15sp"
```

```
        android:text = "陈名"/>
    </LinearLayout>
```

(2)重复上例的数据适配器定义。

(3)修改 MainActivity.java,主要修改布局设置这段,代码如下:

```
rv.setLayoutManager(new GridLayoutManager(this,4));
```

该 new GridLayoutManager()构造方法包含两个参数,第一个参数表示上下文对象,第二个参数表示一行显示多少列。

执行程序,效果如图 6-10 所示。

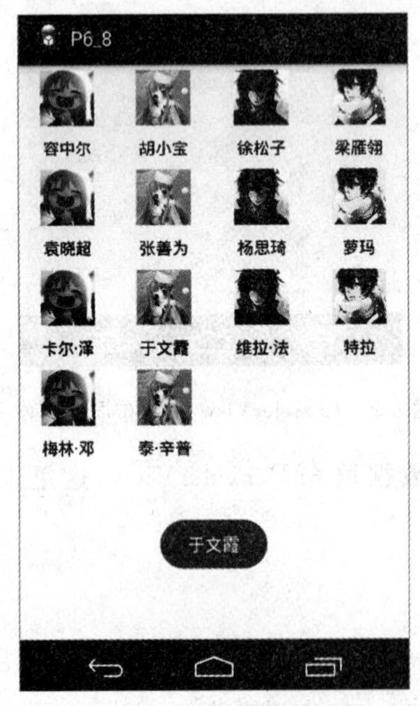

图 6-10　RecyclerView 网格布局——四列

【例 6.9】 使用之前的数据填充 RecyclerView,这里采用 StaggeredGridLayoutManager 方式布局。

重复上例步骤。

(1)为了显示瀑布效果,将之前的图片故意修改为 size 不同的图片。

(2)修改 activity_main.xml 如下:

```
<LinearLayout xmlns:android = "http://schemas.android.com/apk/res/android"
    xmlns:tools = "http://schemas.android.com/tools"
    android:layout_width = "match_parent"
    android:layout_height = "match_parent"
    android:background = "#ccc">
    <android.support.v7.widget.RecyclerView
        android:id = "@+id/rv"
        android:layout_width = "match_parent"
        android:layout_height = "match_parent"
        android:text = "@string/hello_world" />
```

```
</LinearLayout>
```

为了让瀑布流布局显示效果更好，把主界面容器背景颜色设置为#ccc。

(3)修改 item.xml 布局代码如下：

```
<LinearLayout xmlns:android = "http://schemas.android.com/apk/res/android"
    android:layout_width = "match_parent"
    android:layout_height = "match_parent"
    android:background = "#fff"
    android:layout_margin = "5dp"
    android:orientation = "vertical" >
    <ImageView  android:id = "@+id/iv"
        android:layout_width = "match_parent"
        android:layout_height = "match_parent"
        android:layout_gravity = "center_horizontal"
        android:layout_margin = "5dp"
        android:src = "@drawable/face1"
        />
    <TextView android:id = "@+id/tv"
        android:layout_width = "50dp"
        android:layout_height = "20dp"
        android:layout_gravity = "center_horizontal"
        android:gravity = "center_horizontal"
        android:layout_margin = "5dp"
        android:textSize = "15sp"
        android:text = "陈名"/>
</LinearLayout>
```

修改图片的宽度和高度为填充父容器。

(4)修改 MainActivity.java，主要修改布局设置这段，修改为如下代码：

```
rv.setLayoutManager(
            new StaggeredGridLayoutManager(2,
                StaggeredGridLayoutManager.VERTICAL));
```

该 new StaggeredGridLayoutManager ()构造方法包含两个参数，第一个参数表示每行显示多个条目，第二个参数表示整体显示的方向。

执行程序，效果如图 6-11 所示。

6.4.3 技能训练

【训练 6-4】 使用 RecyclerView 重构【训练 6-1】、【训练 6-2】和【训练 6-3】。

技能要点

(1)创建 Activity，放置一个 RecylcerView 组件。

(2)创建条目布局 item.xml。

(3)使用数据适配器。

图 6-11　RecyclerView 瀑布流布局——两列

需求说明

(1)下载相关素材。

(2)创建类似上图的布局和控件。

(3)注意控件键需要有外间距。

关键点分析

(1)定义数据适配器。

(2)设定条目布局。

(3)设定 RecyclerView 布局方式。

本章总结

➢ 所有 ListView 中的数据都是由 Android 系统提供一系列的适配器(Adapter)进行数据适配的。通过数据适配器,可以将数据绑定到 ListView 界面上。

➢ 数据适配器一共有三种:BaseAdapter、SimpleAdapter 和 ArrayAdapter。

➢ 使用自定义 Adapter 提升 ListView 和 GridView 的性能。

➢ Android 默认提供的 RecyclerView 就能支持线性布局 LinearLayoutManager、网格布局 GridLayoutManager 和瀑布流布局 StaggeredGridLayoutManager 三种布局。

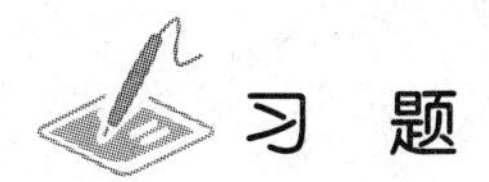

习 题

一、选择题

1. 在下列关于 ListView 使用的描述中，不正确的是(　　)。

A. 要使用 ListView，必须为该 ListView 使用 Adapter 方式传递数据

B. 要使用 ListView，该布局文件对应的 Activity 必须继承 ListActivity

C. ListView 中每一项的视图布局既可以使用内置的布局，也可以使用自定义的布局方式

D. ListView 中每一项被选中时，将会触发 ListView 对象的 ItemClick 事件

2. 关于 GridView 的描述，下面错误的是(　　)。

A. 可以通过 android:columnWidth 设置显示的列数

B. 通过 setGravity()方法可以设置对齐方式

C. setNumColumn()方法也可以设置显示的列数

D. android:stretchMode 可以设置拉伸模式

二、操作题

1. 使用三种数据适配器实现 ListView 显示 20 条数据。

2. 使用三种数据适配器实现 GridView 显示 20 条数据。

3. 使用 RecyclerView 显示 20 条数据，模拟前两种布局方式。

第 7 章

阶段项目——新闻客户端(一)

本章工作任务

- ✓ 学会结合实际项目使用不同的布局
- ✓ 学会自定义控件
- ✓ 学会 item 视图的设计
- ✓ 学会 ListView 的创建和使用
- ✓ 学会为 ListView 填充多个 item 视图模板
- ✓ 学会自定义数据适配器
- ✓ 学会自定义接口

本章知识目标

- ✓ 理解数据适配器在项目中的作用
- ✓ 理解线程的使用场景
- ✓ 理解接口的使用场景

本章技能目标

- ✓ 学会自定义 ListView
- ✓ 学会自定义数据适配器
- ✓ 学会自定义接口

本章重点难点

- ✓ 自定义组件
- ✓ 接口方法的回调
- ✓ 触摸事件

通过之前章节的学习，对于 Android 开发环境的搭建、建立 Android 应用程序的方法以及对如何使用常用控件都有了基本的了解和掌握。同时，也学会了如何使用布局技术来实现一个完整的界面，通过样式的定义使界面更加美化。当数据项很多时，还可以使用 ListView、GridView 或者 RecyclerView 来显示条目列表一样的数据。

本章将利用前面学习过的知识，来实现新闻客户端的首页。新闻客户端的首页不仅布局内容丰富，而且包含的信息量也非常大，一个移动客户端是否能瞬间吸引人，首页就变得非常重要。下面开始设计新闻客户端首页吧。

7.1 项目分析

7.1.1 项目需求

时下有非常多的新闻 APP，如“网易新闻”“搜狐新闻”“今日头条”“一点资讯”等等。打开每个新闻客户端用户都将看到非常漂亮美观的首屏界面，如图 7-1 和 7-2 所示。

图 7-1 网易新闻 APP　　　　图 7-2 搜狐新闻 APP

7.1.2 开发环境

开发环境：JDK 1.6 或者 1.7

开发工具：Eclipse 且安装 ADT

开发包：Android SDK

测试设备：emulator 或者第三方模拟器，或者 Android 真机

命令行程序：ADB

7.1.3 涉及的技能点

LinearLayout 和 RelativeLayout 布局技术
常用组件
Android 资源文件的使用
Activity 的创建和注册
自定义控件
item 视图设计
ListView 的创建和使用
数据适配器的创建和使用
多 item 视图的使用
数据模板的创建和使用
AndroidManifest. xml 文件的使用
线程的创建和使用
自定义接口
事件的初始化和回调方法的使用

7.1.4 需求分析

1. 数据分析

首页主要是加载新闻信息,并且以列表的形式出现。一条新闻信息主要包括新闻的编号、新闻的标题、新闻的类别、新闻的配图、新闻发布的日期。为区别不同的新闻信息,这里使用不同的标题编号来表示。具体数据模板如表 7-1 所示。

表 7-1 新闻信息表

属性名称	描述
int id	新闻编号,逐个增大
String title	新闻标题,一般长度不能超过界面中两行
int imgResourceId	新闻配图,事先存入图片文件夹
String description	新闻描述,可以是新闻具体内容
Date date	新闻发布日期
String typeName	新闻类别,如"国内""体育"等

2. 布局分析

一个新闻 APP 首页一般包括焦点图和新闻列表。焦点图新闻往往是以大图形式展示,突出焦点图片的展示,在美化首屏界面上也起到一定的作用。在焦点图的下方是多条新闻的列表,如图 7-3 所示。

根据以往经验,开发者可能会想到在一个大的容器中放入两个组件,一个组件表达焦点图,一个组件表达多条新闻。大的容器选择 LinearLayout,因为这里是一个从上到下的布局方式,所以选择线性布局,且是垂直方向布局。用一个 ImageView 表达焦点图,用一个

ListView 表达多条新闻。

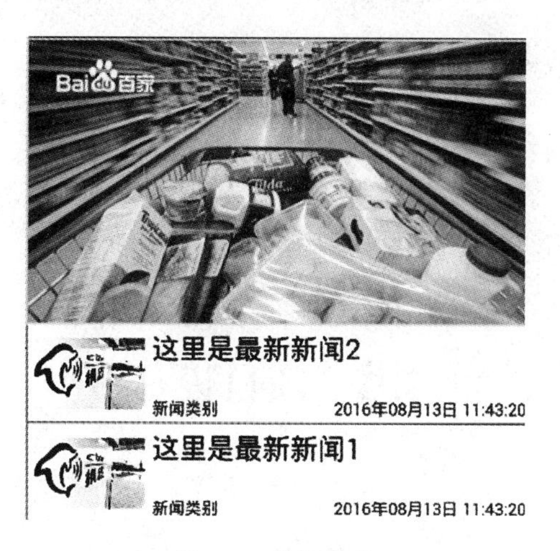

图 7-3 布局外观

但是，考虑到新闻列表需要更新，而时下最流行的方式就是下拉更新，于是就出现了下面效果，如图 7-4 所示。

图 7-4 下拉更新

实现以上布局方式就需要把焦点图和多个新闻列表包装成一个组件，当用户下拉时，两部分整体移动，在控件的最上面又包括了下拉更新的效果。

3. 功能分析

初次打开界面，自动加载若干条新闻信息，构成焦点图新闻和新闻列表，并且列表按照指定的布局方式展示。当用户下拉整个控件时，界面上将自动加载新的新闻，每次加载两条新的新闻。

4. 下拉效果分析

当用户从组件顶端初次下拉组件时，整个组件就像跟随手指一样，从屏幕上慢慢滑动下来，且滑动距离越来越大。这里随着具体逐步增大分为四种状态：第一种状态，刚刚离开顶端，界面文字提示“下拉刷新”；第二种状态，离开一定距离，界面文字继续提示“下拉刷新”，且开始播放动画，让下拉的箭头转为上拉；第三种状态，离开距离继续增大，文字提示“松开加载”，且动画变为下拉箭头；第四种状态，用户松手，文字提示“正在加载”，且出现加载的进度条。

7.2 项目设计

7.2.1 项目整体结构

整个项目的包名为“com. example. p7_1”，项目下文件夹包括 src、libs、res、gen 等。这里重点介绍 src 文件夹和 res 文件夹。

src 文件夹下分为四个包：“com. example. p7_1”用于存放 Activity，这里包含了 MainActivity. java，也就是新闻客户端首屏。“com. example. p7_1. adapter”用于存放数据适配器，这里定义了 MyAdapter，主要用于对 ListView 的 item 进行数据填充。“com. example. p7_1. model”用于存放数据模板类，这里定义了 Info. java，也就是表达每一条新闻信息。“com. example. p7_1. view”用于存放视图也就是界面元素，这里定义了自定义控件，也就是同时包括焦点图和多条新闻列表的自定义控件。图 7-5 是 src 文件夹下文件的结构。

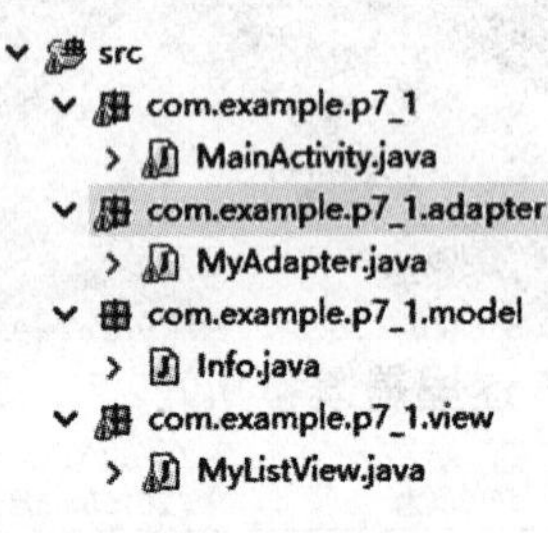

图 7-5 src 文件夹结构

res 文件夹主要存放新闻 APP 的各个资源，如图片资源和布局资源。图 7-6 表达了布局资源的文件结构。

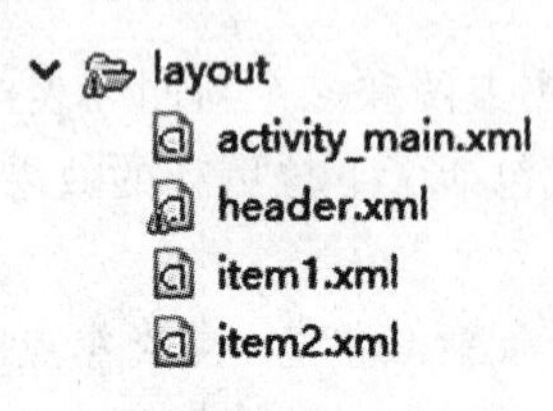

图 7-6 layout 文件夹结构

其中 activity_main. xml 表示了首屏的布局代码，header. xml 表示的是下拉加载的布局效果，item1. xml 表示的是焦点图的布局，item2. xml 表示的是新闻列表每一项的布局。

drawable-XXX 文件夹是界面所用图片所在的文件夹。图 7-7 表达了图片文件的使用情况。news_focus. png 表示焦点图，newslist_small_image. jpg 表示新闻列表所配小图，pull_to_refresh_arrow. png 表示下拉时的效果图片。

```
drawable-hdpi
    ic_launcher.png
    news_focus.jpg
    newslist_small_image.jpg
    pull_to_refresh_arrow.png
```

图 7-7　图片资源

7.2.2　界面设计

1. activity_main. xml

修改原有文件代码后，如下所示：

```
<LinearLayout xmlns:android = "http://schemas.android.com/apk/res/android"
    xmlns:tools = "http://schemas.android.com/tools"
    android:layout_width = "match_parent"
    android:layout_height = "match_parent"
    tools:context = ".MainActivity"
  >
    <com.example.p7_1.view.MyListView android:id = "@ + id/lv"
        android:layout_width = "match_parent"
        android:layout_height = "match_parent" />
</LinearLayout>
```

其中“com. example. p7_1. view. MyListView”为带有全路径包名和类名的自定义控件，这就是包含焦点图和多条新闻列表的 ListView 组件。这里对应 src 文件夹下“com. example. p7_1. view”的 MyListView。当运行时，界面如图 7-8 所示。

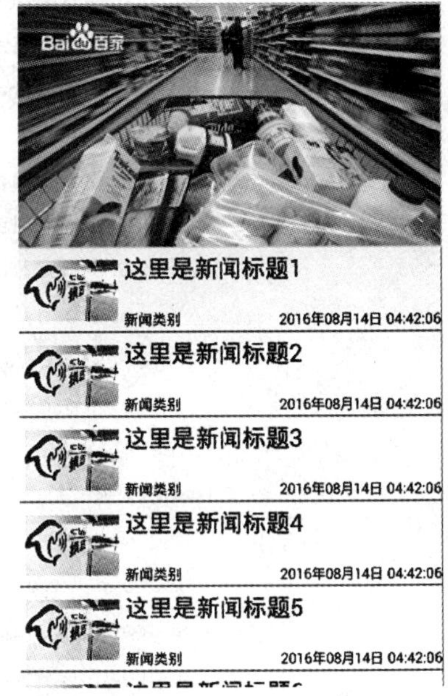

图 7-8　activity_main 界面效果

2. header. xml

在设计 header. xml 布局时，要充分考虑之前的四种状态。这里需要表达适当的文字提示，还要表达最后一次刷新的时间。当下拉距离不大时，显示一个下拉箭头；当离开距离增大时，用动画反转箭头方向；当加载时，出现加载的进度条。

布局效果如图 7-9 所示。

图 7-9　下拉界面效果

具体代码如下：

```
<? xml version = "1.0" encoding = "utf-8"? >
<LinearLayout xmlns:android = "http://schemas.android.com/apk/res/android"
    android:layout_width = "match_parent"
    android:layout_height = "match_parent"
    android:paddingBottom = "20dp"
    android:paddingTop = "20dp" >
    <RelativeLayout
        android:layout_width = "match_parent"
        android:layout_height = "wrap_content" >
        <LinearLayout
            android:id = "@ + id/ll"
            android:layout_width = "wrap_content"
            android:layout_height = "wrap_content"
            android:layout_centerInParent = "true"
            android:orientation = "vertical" >
            <TextView
                android:id = "@ + id/tv_pullTitle"
                android:layout_width = "wrap_content"
                android:layout_height = "wrap_content"
                android:text = "下拉刷新" />
            <TextView
                android:id = "@ + id/tv_updateTime"
                android:layout_width = "wrap_content"
                android:layout_height = "wrap_content"
                android:layout_marginTop = "5dp"
                android:text = "2016-8-13 12:44:44 更新"
                android:textSize = "12sp" />
        </LinearLayout>
        <ImageView
            android:id = "@ + id/iv_pull"
            android:layout_width = "wrap_content"
            android:layout_height = "wrap_content"
            android:layout_marginRight = "10dp"
            android:layout_toLeftOf = "@id/ll"
            android:src = "@drawable/pull_to_refresh_arrow" />
        <ProgressBar
```

```
            android:id = "@ + id/pb_loading"
            style = "? android:attr/progressBarStyle"
            android:layout_width = "wrap_content"
            android:layout_height = "wrap_content"
            android:layout_marginRight = "10dp"
            android:layout_toLeftOf = "@id/ll"
            android:visibility = "invisible" />
    </RelativeLayout>
</LinearLayout>
```

这里使用相对布局，因为所有元素都是以中间的文字组件为参照物，将两行文字定位在整个容器的中央，下拉箭头在其左侧，ProgressBar 也在其左侧。因为这两个组件宽度不一致，如果以设置文字的参照物为 ImageView 或者 ProgressBar 在实现下拉效果时有抖动问题，所以这里采用相对布局，参照物为文字组件。

3. item1. xml

item1. xml 比较简单，这里只是简单的模仿焦点图效果，如果观察网易 APP，会发现可能更复杂。

布局效果如图 7-10 所示。

图 7-10　焦点图界面效果

具体代码如下：

```
<? xml version = "1.0" encoding = "utf-8"? >
<LinearLayout xmlns:android = "http://schemas.android.com/apk/res/android"
    android:layout_width = "match_parent"
    android:layout_height = "match_parent"
    android:orientation = "vertical" >
    <ImageView
        android:id = "@ + id/iv_slider"
        android:layout_width = "match_parent"
        android:layout_height = "200dp"
        android:src = "@drawable/news_focus"/>
</LinearLayout>
```

4. item2. xml

多条新闻，每一条的布局都包含新闻标题、新闻类别、新闻发布日期、新闻配图，所以这里的布局至少包含这四个元素。

布局效果如图 7-11 所示。

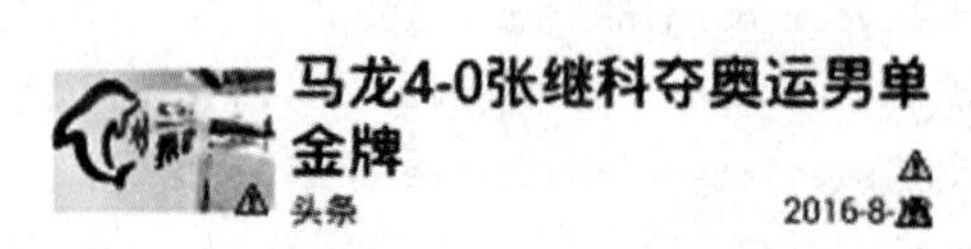

图 7-11　item 界面效果

具体代码如下：

```
<? xml version = "1.0" encoding = "utf-8"? >
<RelativeLayout xmlns:android = "http://schemas.android.com/apk/res/android"
    android:layout_width = "match_parent"
    android:layout_height = "match_parent" >
    <ImageView
        android:id = "@ + id/item_iv"
        android:layout_width = "80dp"
        android:layout_height = "55dp"
        android:src = "@drawable/newslist_small_image"
        android:layout_alignParentLeft = "true"
        android:layout_centerVertical = "true"
        android:layout_marginLeft = "5dp"/>
    <RelativeLayout android:layout_toRightOf = "@id/item_iv"
        android:layout_width = "match_parent"
        android:layout_height = "64dp"
        android:layout_marginLeft = "5dp"
        android:layout_marginBottom = "5dp"
        android:layout_centerVertical = "true">
        <TextView
            android:id = "@ + id/item_tv_title"
            android:layout_width = "match_parent"
            android:layout_height = "wrap_content"
            android:text = "马龙 4-0 张继科夺奥运男单金牌"
            android:textSize = "20sp"
            android:layout_alignParentTop = "true"
            />
        <TextView
            android:id = "@ + id/item_tv_typename"
            android:layout_width = "match_parent"
            android:layout_height = "wrap_content"
            android:text = "头条"
```

```
            android:textSize = "12sp"
            android:textColor = "#666"
            android:layout_alignParentLeft = "true"
            android:layout_alignParentBottom = "true"
            />
        <TextView
            android:id = "@+id/item_tv_date"
            android:layout_width = "wrap_content"
            android:layout_height = "wrap_content"
            android:text = "2016-8-12"
            android:textSize = "12sp"
            android:textColor = "#666"
            android:layout_alignParentBottom = "true"
            android:layout_alignParentRight = "true"
            />
    </RelativeLayout>
    <TextView android:layout_width = "match_parent"
        android:layout_height = "1dp"
        android:background = "#999"
        android:layout_alignParentBottom = "true"/>
    </RelativeLayout>
```

因为每个元素要么在整体容器中寻找位置，要么以某一个元素为参照确定位置，所以这里选择 RelativeLayout 布局。将新闻配图放置在容器的左边，将新闻类别放置在右侧部分的最左边，将新闻发布日期放置在容器的最右下角。

7.2.3　数据模板

为了表达每条新闻的具体信息，这里定义 Info 类表达每一条新闻。具体代码如下：

```
public class Info {
    private int id;
    private String title;
    private int imgResourceId;
    private String description;
    private Date date;
    private String typeName;
……
}
```

这里参照之前的表 7-1 建立数据模板类即可。后面在使用数据适配器时填充每个 item 时使用。

7.2.4　自定义数据适配器 MyAdapter

Android 提供了 SimpleAdapter 和 ArrayAdapter，使用起来非常方便，但是由于需要切换不同的 item 模板，就必须继承 BaseAdapter。这样开发者就可以扩展出新的功能，譬如直接通过构造函数传入数据集合，使用 ViewHolder 技术优化 ListView 的性能等等。

继承 BaseAdapter 类，自定义类，必须重写几个方法：getCount（）、getItem（int position）、getItemId(int position)和 getView(int position，View convertView，ViewGroup parent)。尤其是 getView()方法，在其中需要填充数据到固定的 item 布局元素上。

为了保证焦点图布局和列表布局都能填充成功，这里需要用到两个新的方法：

```
public int getItemViewType(int position) {
    ……
}
```

表示通过 item 所在的 position 返回 Item 的视图类别编号。这里可以如此定义，例如奇数一种模板，偶数一种模板。或者大于多少以后用另一种模板，在本案例中选择大于 0，也就是除了第一个，就用另一个模板。

```
public int getViewTypeCount() {
    ……
}
```

表示当前数据适配器用到 item 视图模板的种类数量。在本案例中，使用了两个，那只需返回两个即可。

具体 MyAdapter. java 文件代码如下：

```
public class MyAdapter extends BaseAdapter {
    List<Info> infos;
    Context context;
    public MyAdapter(Context context,List<Info> infos) {
        // 构造函数，传入上下文对象，传入数据集合 infos
        this.context = context;
        this.infos = infos;
    }
    @Override
    public int getCount() {
        // 返回数据总数
        return infos.size();
    }
    @Override
    public Object getItem(int position) {
        // 返回对应哪条数据
        return infos.get(position);
    }
    @Override
    public long getItemId(int position) {
        // 返回条目序号
        return position;
    }
    @Override
```

```
public View getView(int position,View convertView,ViewGroup parent) {
    // 返回条目对应的视图
    View view = null;
    if (getItemViewType(position) == 0) {
        // 由 position 返回出对应的视图代号
        ViewHolder viewHolder;
        // 使用 ViewHolder 缓存视图中组件
        Info info = infos.get(position);
        if (convertView == null) {
            view = LayoutInflater.from(context).inflate(R.layout.item2,
                    null);
            viewHolder = new ViewHolder();
            viewHolder.item_iv = (ImageView) view
                    .findViewById(R.id.item_iv);
            viewHolder.item_tv_title = (TextView) view
                    .findViewById(R.id.item_tv_title);
            viewHolder.item_tv_typename = (TextView) view
                    .findViewById(R.id.item_tv_typename);
            viewHolder.item_tv_date = (TextView) view
                    .findViewById(R.id.item_tv_date);
            view.setTag(viewHolder);
            // 缓存组件
        } else {
            view = convertView;
            viewHolder = (ViewHolder) view.getTag();
            // 获取缓存的组件
        }
        viewHolder.item_iv.setImageResource(info.getImgResourceId());
        viewHolder.item_tv_title.setText(info.getTitle());
        viewHolder.item_tv_typename.setText(info.getTypeName());
        SimpleDateFormat format = new SimpleDateFormat(
            "yyyy 年 MM 月 dd 日 hh:mm:ss");
        viewHolder.item_tv_date.setText(format.format(info.getDate()));
        // 将数据加载到界面上
    } else {
        if (getItemViewType(position) == 1) {
            // 由 position 返回出对应的视图代号
            ViewImageHolder viewImageHolder;
            // 使用 ViewImageHolder 缓存视图中组件,
            // ViewImageHolder 为另一个视图对应的 ViewHolder
            if (convertView == null) {
```

```
                view = LayoutInflater.from(context).inflate(R.layout.item1,
                        null);
                viewImageHolder = new ViewImageHolder();
                viewImageHolder.iv_slider = (ImageView) view
                        .findViewById(R.id.iv_slider);
                view.setTag(viewImageHolder);
                // 缓存组件
            } else {
                view = convertView;
                viewImageHolder = (ViewImageHolder) view.getTag();
                // 获取缓存的组件
            }
            viewImageHolder.iv_slider
                    .setImageResource(R.drawable.news_focus);
            // 将数据加载到界面上
        }
    }
    return view;
}
@Override
public int getItemViewType(int position) {
    // 根据 position 返回 View 的种类代号
    return position > 0? 0 : 1;
}
@Override
public int getViewTypeCount() {
    // 视图种类数量
    return 2;
}
public void OnDateChanged(List<Info> infos) {
    // 当数据集合发生变化时,
    // 调用数据适配器数据改变事件
    this.infos = infos;
    this.notifyDataSetChanged();
}
//定义两个 ViewHolder 用于缓存组件使用
class ViewHolder {
    ImageView item_iv;
    TextView item_tv_title;
    TextView item_tv_typename;
    TextView item_tv_date;
```

```
    }
    class ViewImageHolder {
        ImageView iv_slider;
    }
}
```

构造函数 public MyAdapter(Context context,List<Info> infos)是为了便于使用数据适配器时,方便传入集合数据和当前上下文。由于使用了两个 item 视图模板,在 getView()中要根据当前需要什么数据模板来填充数据,这里通过 getItemViewType(position)获取模板类型编号。再定义两个 ViewHolder,为每个不同 item 视图各定义一个 ViewHolder,这样能够优化数据适配器使用的性能。

另外定义了一个 public void OnDateChanged(List<Info> infos)方法便于刷新 ListView 的数据源,当数据源发生更新时,及时更新界面。

7.2.5 自定义数据列表 ListView

Android 自身提供了 ListView,但是不能实现下拉更新功能,只能自定义组件 MyListView,这里需要继承 ListView,在原有 ListView 基础上扩展 ListView 的功能。

为了能够在 xml 视图中成功引用和设置自定义组件的属性,在自定义组件时需要写三个版本的构造函数。具体如下:

```
public MyListView(Context context) {
    ......
}
public MyListView(Context context,AttributeSet attrs) {
    ......
}
public MyListView(Context context,AttributeSet attrs,int defStyle) {
    ......
}
```

AttributeSet 表示属性集合。用于在编写 xml 视图文件时,可以传入属性和属性值构造组件实例。

为了能够把下拉的视图添加到 ListView 的顶端,这里需要使用 ListView 的 addHeaderView(View v)方法,意思是把视图 v 添加到 ListView 的顶端。但是直接添加会显示在顶部,而这里要实现的是用户下拉才慢慢出现,初始界面时顶部视图是隐藏的。这就需要通过给视图的上内间距设置为负值,达到隐藏的目的。

为了能够实现随用户手指移动一起下拉的效果,这里需要用到 onTouchEvent 事件,判断用户下拉的距离,再计算出顶端视图隐藏的多少,那么在视觉上就实现了跟随手指移动下拉的效果。

这里是根据用户下拉的具体操作的动作,来实现下拉时四种状态。当移动距离在 350 像素范围内,假定 state 为 1;当移动距离在 350 和 360 之间时,假定 state 为 2;当移动距离超过 360 时,假定 state 为 3;当用户释放手指时,假定 state 为 4;当加载完毕后,state 又回到 1。

state 为 1 时,需要提示“下拉刷新”和显示下拉的箭头。

state 为 2 时，需要提示“下拉刷新”，并将箭头附加动画进行反转。

state 为 3 时，需要提示“松开加载”，并将箭头附加动画再反转回来。

state 为 4 时，需要提示“正在加载”，显示进度条，并更新刷新时间。

具体代码如下：

```
public class MyListView extends ListView implements OnScrollListener {
    private View header;
    private int startY;
    private int headerHeight;
    private int state;
    private IMyListViewListener listener;
    //设置回调方法
    public void setListener(IMyListViewListener listener) {
        this.listener = listener;
    }
    //三个不同版本的构造函数,便于布局文件能成功引用该自定义组件
    public MyListView(Context context) {
        super(context);
        addHeader(context);
    }
    public MyListView(Context context,AttributeSet attrs) {
        super(context,attrs);
        // TODO Auto-generated constructor stub
        addHeader(context);
    }
    public MyListView(Context context,AttributeSet attrs,int defStyle) {
        super(context,attrs,defStyle);
        // TODO Auto-generated constructor stub
        addHeader(context);
    }
    //在 ListView 最顶部添加下拉视图 header.xml
    private void addHeader(Context context) {
        header = LayoutInflater.from(context).inflate(R.layout.header,null);
        //使用视图填充器填充 header.xml 视图
        measureView(header);
        //测量视图的宽和高
        //那么后续代码就可以获得该视图的高度
        headerHeight = header.getMeasuredHeight();
        //获取视图高度
        setHeadPadding(-headerHeight);
        //设置内间距的上部为整个视图的高度的负值
        //相当于隐藏头部视图
```

```
    this.addHeaderView(header);
    //添加头部视图
}
private void setHeadPadding(int top) {
    header.setPadding(header.getPaddingLeft(),top,
        header.getPaddingRight(),header.getPaddingBottom());
    //设置 header 的内间距
    header.invalidate();
    //重绘 View 树
}
//使用 public 供外界调用,隐藏 header 视图
public void setHeadPaddingTop() {
    setHeadPadding(-headerHeight);
}
//测量视图宽度和高度
private void measureView(View v) {
    ViewGroup.LayoutParams params = v.getLayoutParams();
    if (params == null) {
        params = new ViewGroup.LayoutParams(
            ViewGroup.LayoutParams.MATCH_PARENT,
            ViewGroup.LayoutParams.WRAP_CONTENT);
    }
    int width = ViewGroup.getChildMeasureSpec(0,0,params.width);
    int height;
    int tempHeight = params.height;
    if (tempHeight >0) {
        height = MeasureSpec.makeMeasureSpec(tempHeight,
                MeasureSpec.EXACTLY);
    } else {
        height = MeasureSpec.makeMeasureSpec(0,MeasureSpec.UNSPECIFIED);
    }
    v.measure(width,height);
}
//重写滚动方法
@Override
public void onScroll(AbsListView view,int firstVisibleItem,
        int visibleItemCount,int totalItemCount) {
}
//重写滚动状态改变的方法
@Override
public void onScrollStateChanged(AbsListView view,int scrollState) {
```

```
}
//触摸事件
@Override
public boolean onTouchEvent(MotionEvent ev) {
    switch (ev.getAction()) {
    case MotionEvent.ACTION_DOWN:
        //按下
        startY = (int) ev.getY();
        //获取按下的 Y 轴的位置
        state = 1;
        //state 表示下拉过程的状态
        Log.i("xxx","down-state:" + state + "");
        break;
    case MotionEvent.ACTION_MOVE:
        //移动
        int currentY = (int) ev.getY();
        int distance = currentY - startY;
        //获取移动的距离
        Log.i("xxx","move-distance:" + distance + "");
        setHeadPadding(-headerHeight + distance);
        //随着拉动距离增大,让 header 显示出来
        if (distance < 350) {
            //当距离小于 350 时,设置状态为 1
            state = 1;
            //表示提示"下拉刷新"
        } else if (distance < 360) {
            //当距离在 350-360 之间,设置状态为 2
            state = 2;
            //表示提示"下拉刷新",增加箭头动画效果
        } else {
            state = 3;
            //表示提示"松开加载",增加箭头动画效果
        }
        Log.i("xxx","move-state:" + state + "");
        refreshViewByState(state);
        break;
        case MotionEvent.ACTION_UP:
        //松开
        if (state == 3) {
            //只有在 state 为 3 时,才能切换 state 为 4
            state = 4;
```

```
            //表示提示“正在加载”,显示进度条
            refreshViewByState(state);
            // 执行接口方法
            if (listener! = null)
              listener.OnPullRefresh();

            } else {
                //否则隐藏头部视图
                setHeadPadding(-headerHeight);
            }
            Log.i("xxx","up-state:" + state + "");
            break;
        default:
            break;
        }
        return super.onTouchEvent(ev);
    }
    //根据状态值,刷新界面
    private void refreshViewByState(int state) {
        try {
            ImageView iv_pull = (ImageView) header.findViewById(R.id.iv_pull);
            TextView tv_pullTitle = (TextView) header
                    .findViewById(R.id.tv_pullTitle);
            ProgressBar pb_loading = (ProgressBar) header
                    .findViewById(R.id.pb_loading);
            RotateAnimation rotateAnimation = new RotateAnimation(0,180,
                    RotateAnimation.RELATIVE_TO_SELF,0.5f,
                    RotateAnimation.RELATIVE_TO_SELF,0.5f);
            rotateAnimation.setDuration(500);
            rotateAnimation.setFillAfter(true);
            //添加动画
            RotateAnimation rotateAnimation2 = new RotateAnimation(180,0,
                    RotateAnimation.RELATIVE_TO_SELF,0.5f,
                    RotateAnimation.RELATIVE_TO_SELF,0.5f);
            rotateAnimation2.setDuration(500);
            rotateAnimation2.setFillAfter(true);
            switch (state) {
            case 1:
                iv_pull.setVisibility(View.VISIBLE);
                iv_pull.clearAnimation();
                tv_pullTitle.setText("下拉刷新");
```

```
                pb_loading.setVisibility(View.GONE);
                break;
            case 2:
                iv_pull.setVisibility(View.VISIBLE);
                iv_pull.clearAnimation();
                iv_pull.setAnimation(rotateAnimation2);
                tv_pullTitle.setText("下拉刷新");
                pb_loading.setVisibility(View.GONE);
                break;
            case 3:
                iv_pull.setVisibility(View.VISIBLE);
                iv_pull.clearAnimation();
                iv_pull.setAnimation(rotateAnimation);
                tv_pullTitle.setText("松开加载");
                pb_loading.setVisibility(View.GONE);
                break;
            case 4:
                iv_pull.setVisibility(View.INVISIBLE);
                iv_pull.clearAnimation();
                pb_loading.setVisibility(View.VISIBLE);
                tv_pullTitle.setText("正在加载");
                break;
            default:
                break;
            }

        } catch (Exception e) {
            // TODO: handle exception
            e.printStackTrace();
        }
    }
    //数据加载完毕重新刷新头部视图
    public void loadedData() {
        state = 1;
        refreshViewByState(state);
        TextView tv_updateTime = (TextView) header
                .findViewById(R.id.tv_updateTime);
        SimpleDateFormat format = new SimpleDateFormat("yyyy-MM-dd hh:mm:ss");
        Date date = new Date(System.currentTimeMillis());
        tv_updateTime.setText(format.format(date) + "刷新");
    }
```

```
        //定义接口,可以提供给外界重写,实现回调
        public interface IMyListViewListener {
        public void OnPullRefresh();
    }
}
```

measureView()方法是用于测量 header 视图显示时的真实大小,只有知道了 header 的高度,才可以增加该高度设置上内间距,隐藏该 header。

setHeadPadding()方法是设置元素的内间距。这里只设置 topPadding。

触摸事件是根据用户手指的按下、移动、释放来实现下拉集中状态的切换。

refreshViewByState()方法是根据当前下拉的状态来更新 header 视图里的元素属性。

在代码的最后部分是定义了一个接口,在其中定义了一个接口方法,提供给外界来重写该方法,便于下拉刷新触发该方法。

7.2.6 MainActivity

最后看看 MainActivity.java。这部分需要先构造大量的新闻数据,这里使用泛型集合的方式初始化新闻数据。再给 MyListView 添加下拉接口回调方法,在回调方法里编写数据更新的代码。

具体代码如下:

```
public class MainActivity extends Activity {
    private List<Info> infos = null;
    //新闻集合
    private MyListView lv;
    //自定义组件 ListView 的引用
    private MyAdapter adapter;
    //数据适配器
    @Override
    protected void onCreate(Bundle savedInstanceState) {
        super.onCreate(savedInstanceState);
        requestWindowFeature(Window.FEATURE_NO_TITLE);
        //全屏显示
        setContentView(R.layout.activity_main);
        infos = new ArrayList<>();
        lv = (MyListView) findViewById(R.id.lv);
        initData();
        initView();
    }
    //初始化 ListView 中用到的数据
    private void initData(){
        for (int i = 0; i < 30; i ++ ) {
            Info info = new Info();
```

```
            info.setId(i + 1);
            info.setTitle("这里是新闻标题" + (i + 1));
            info.setImgResourceId(R.drawable.newslist_small_image);
            info.setDate(new Date());
            info.setDescription("这里是新闻的详细内容!");
            info.setTypeName("新闻类别");
            infos.add(info);
        }//初始化 30 条数据
        addFocus();
    }
    //在最前面增加一条数据对应焦点图
    private void addFocus(){
        infos.add(0,new Info());
    }
    //移除集合最前面一条数据
    private void removeFocus(){
        infos.remove(0);
    }
    //下拉加载最新数据,产生最新数据
    private void initNewData(){
        removeFocus();//先移除最前面数据
        for (int i = 0; i < 2; i ++ ) {
            Info info = new Info();
            info.setId(i + 1);
            info.setTitle("这里是最新新闻" + (i + 1));
            info.setImgResourceId(R.drawable.newslist_small_image);
            info.setDate(new Date());
            info.setDescription("这里是新闻的详细内容!");
            info.setTypeName("新闻类别");
            infos.add(0,info);
        }
        addFocus();//再追加最前面数据
    }
    //初始化 MyListView,并添加下拉加载数据的回调方法
    private void initView(){
        adapter = new MyAdapter(MainActivity.this,infos);
        lv.setListener(new IMyListViewListener() {
            @Override
            public void OnPullRefresh() {
                // TODO Auto-generated method stub
                Handler handler = new Handler();
```

```
                handler.postDelayed(new Runnable() {
                    @Override
                    public void run() {
                        initNewData();
                        //增加新数据
                        adapter.OnDateChanged(infos);
                        //调用数据适配器的数据改变事件
                        lv.loadedData();
                        //刷新下拉视图的组件信息
                        lv.setHeadPaddingTop();
                        //隐藏下拉视图
                    }
                },2000);//为了模拟网络效果,这里假定2秒延迟
            }
        });
    lv.setAdapter(adapter);//设置数据适配器到listview
    }
}
```

由于焦点图需要填充一条新闻数据，且这条新闻数据必须放置在MyListView的第一条的位置。所以在构造新闻泛型集合后，在整个数据集合第一个位置添加一条数据。这里给MyListView添加定义接口的回调方法，在该方法中先实现添加刷新的数据，再刷新MyListView的数据源，隐藏header视图，完成数据刷新。

为了模拟网络请求的效果，这里使用Handler的postDelayed()方法，在2秒后启动一个线程执行以上操作，从而实现进度加载的效果。

当APP启动时效果，如图7-11所示。下拉时的效果如图7-12所示。松开加载的效果如图7-13所示。数据加载完成如图7-14所示。

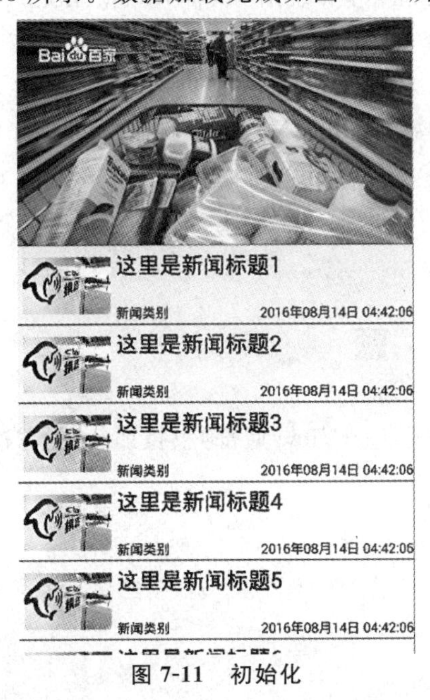

图7-11 初始化

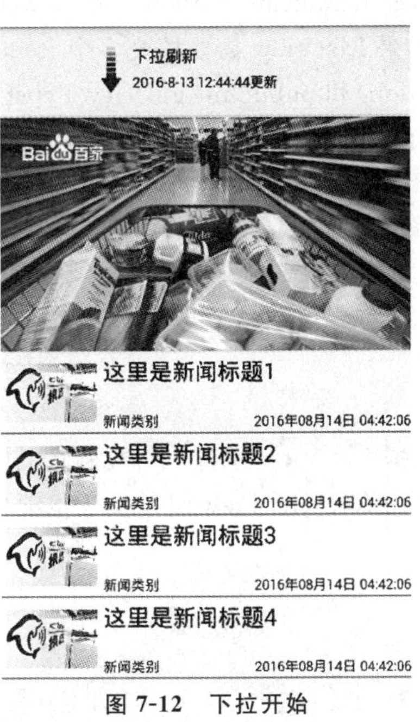

图7-12 下拉开始

图 7-13　正在加载

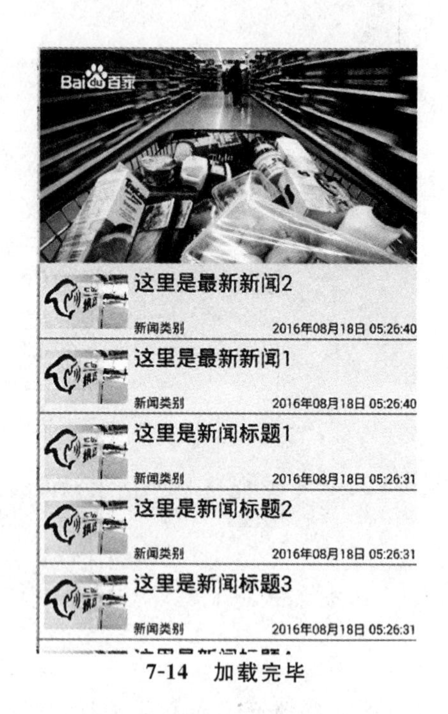

7-14　加载完毕

本章总结

➢ RelativeLayout 布局中每个元素要么在整体容器中寻找位置，要么以某一个元素为参照确定自己的位置。

➢ 继承 BaseAdapter 类，自定义数据适配器类，必须重写几个方法：getCount()、getItem(int position)、getItemId(int position)、getView(int position，View convertView，ViewGroup parent)。

➢ 如果 ListView 需要填充多个 item 视图模板，则需重写 public int getItemViewType(int position)和 public int getViewTypeCount()方法。

➢ 自定义组件需要写三个版本的构造函数：public XXX(Context context)、public MyListView(Context context，AttributeSet attrs)和 public MyListView(Context context，AttributeSet attrs，int defStyle)。

习　题

1. 根据 ListView 顶部“下拉刷新”的方法，编写 ListView 底部“上拉加载”的方法。
2. 使用 RecyclerView 组件实现本项目功能。

第 8 章 数据存储

本章工作任务

- ✓ 学会如何进行文件的读取和写入
- ✓ 学会从 SD 卡读写数据
- ✓ 学会使用 SharedPreferences
- ✓ 学会创建数据库
- ✓ 学会写入数据记录
- ✓ 学会更新数据记录
- ✓ 学会删除数据记录
- ✓ 学会查询数据记录

本章知识目标

- ✓ 熟悉 openFileOutput()方法和 openFileInput()方法的使用
- ✓ 熟悉 SharedPreferences 和 Editor 的使用
- ✓ 掌握 SQLiteOpenHelper 的 onCreate 和 onUpgrade 方法
- ✓ 掌握数据库的增删改查

本章技能目标

- ✓ 学会使用文件的方式持久化数据
- ✓ 学会使用 SharedPreferences 的方式持久化数据
- ✓ 学会使用 SQLite 持久化数据

本章重点难点

- ✓ SD 卡的读写
- ✓ SQLite 数据库的访问

使用 QQ 软件、看新闻和刷微博，所有这些应用程序都必然涉及数据的输入、输出，Android 应用也不例外，应用程序的参数设置、程序运行状态数据这些都需要保存到外部存储器上，这样系统关机之后数据依然存在。Android 应用开发是使用 Java 语言来开发的，因此开发在 Java IO 中的编程经验大部分都可“移植”到 Android 应用开发商，但是 Android 系统还提供了一些专门的 IO API，通过 API 可以更有效地进行输入、输出。

使用普通文件可以对应用程序少量数据进行保存，但是如果应用程序有大量数据需要存储、访问，就需要借助于数据库，Android 系统提供了 SQLite 数据库，SQLite 数据库是一个轻量级的数据库，没有后台进程，整个数据库就对应一个文件，这样可以非常方便地在不同设备之间进行移植。Android 操作系统提供了 SQLite 数据库访问的 API，开发者可以非常便捷的使用 API 访问 SQLite 数据库。

8.1 文件存储

数据持久化是指将那些内存中运行的瞬时数据保存到存储设备中，即使手机或电脑关闭断电后，这些数据依然不会丢失。保存在内存中的数据是处于瞬时状态的，而保存在存储设备中的数据是处于持久状态的，持久化技术提供了一种机制可以让数据在瞬时状态和持久状态之间进行转换。

8.1.1 将数据保存到文件中

Android 系统的 Context 类提供了一个 openFileOutput()方法，该方法将返回一个 FileOutputStream 类的实例，该实例的操作方法与 Java 中的 API 完全一致。openFileOutput()方法是用于打开应用程序的数据文件夹下指定文件，返回对应的输出流。下面是方法的定义：

FileOutputStream openFileOutput(String name,int mode) throws FileNoFoundExcepition

该方法包含两个参数，即文件名和文件操作方式，返回文件输出流。文件的操作方式有如下四种模式：

- MODE_PRIVTE：该文件只能被当前程序读写。
- MODE_APPEND：以追加方式打开该文件，应用程序可以向该文件中追加内容。
- MODE_WORLD_READABLE：该文件的内容可以被其他程序读取。
- MODE_WORLD_WRITEABLE：该文件的内容可由其他程序读、写。

在程序获取到 FileOutputStream 对象后就与 Java 数据流操作方式一样了。

【例 8.1】 写入数据到 data. txt 文件。用户从界面上录入数据，点击“保存”按钮将数据保存到 data. txt 文件。

(1)修改 activity_main. xml，代码如下：

```
<LinearLayout xmlns:android = "http://schemas.android.com/apk/res/android"
    xmlns:tools = "http://schemas.android.com/tools"
    android:layout_width = "match_parent"
    android:layout_height = "match_parent"
    android:orientation = "vertical"
    >
```

```
    <EditText
        android:id="@+id/et"
        android:layout_width="match_parent"
        android:layout_height="wrap_content" />
  <Button
        android:id="@+id/btnSave"
        android:layout_width="match_parent"
        android:layout_height="wrap_content"
        android:text="保存数据到 data.txt"/>
  </LinearLayout>
```

(2)修改 MainActivity.java 文件,为保存按钮添加监听事件,实现数据保存到指定文件。

```
  EditText et;
      Button btnSave;
      @Override
      protected void onCreate(Bundle savedInstanceState) {
          super.onCreate(savedInstanceState);
          setContentView(R.layout.activity_main);
          et = (EditText) findViewById(R.id.et);
          btnSave = (Button) findViewById(R.id.btnSave);
          btnSave.setOnClickListener(new View.OnClickListener() {
              @Override
              public void onClick(View v) {
                  // TODO Auto-generated method stub
                  FileOutputStream outputStream = null;
                  OutputStreamWriter outputStreamWriter = null;
                  BufferedWriter writer = null;
                  try {
                      String data = et.getText().toString();
                      outputStream = openFileOutput("data.txt",MODE_PRIVATE);
                      //获取文件输出流
                      outputStreamWriter = new OutputStreamWriter(outputStream);
                      writer = new BufferedWriter(outputStreamWriter);
                      //用缓存的方式写入数据
                      writer.write(data);
                      Toast.makeText(MainActivity.this,
                              "保存数据成功!",Toast.LENGTH_SHORT).show();
                  } catch (Exception e) {
                      // TODO Auto-generated catch block
                      e.printStackTrace();
                  }finally{
```

```
                if(writer! = null){
                    //关闭写入流
                    try {
                        writer.close();
                    } catch (IOException e) {
                        // TODO Auto-generated catch block
                        e.printStackTrace();
                    }
                }
            }
        }
    });
}
```

使用 openFileOutput()方法，表示将所有数据写入 data.txt 文件中，并采用被当前程序读写的模式访问该文件，如果该文件存在将被覆盖，如果该文件没有则创建该文件。再采用缓存的方式写入 EditText 中录入的数据。

执行程序，程序运行效果如图 8-1 所示。

图 8-1 保存数据

(3) 为了能看到数据是否保存成功，可以通过 Eclipse 的 DDMS 视图，找到"File Explorer"下"/data/data/com.example.p8_1/files/"，如图 8-2 所示。

Threads | Heap | Allocation Tracker | Network Statistics | File Explorer

Name	Size	Date	Time	Permissions	Infc
> com.example.p5_7		2016-08-07	00:26	drwxr-x--x	
> com.example.p5_8		2016-08-04	21:11	drwxr-x--x	
> com.example.p5_9		2016-08-04	21:36	drwxr-x--x	
> com.example.p6_1		2016-08-07	00:26	drwxr-x--x	
> com.example.p6_2		2016-08-07	00:26	drwxr-x--x	
> com.example.p6_3		2016-08-07	00:26	drwxr-x--x	
> com.example.p6_4		2016-08-07	00:26	drwxr-x--x	
> com.example.p6_5		2016-08-07	00:26	drwxr-x--x	
> com.example.p6_6		2016-08-07	00:26	drwxr-x--x	
∨ com.example.p8_1		2016-08-07	00:28	drwxr-x--x	
> cache		2016-08-07	00:14	drwxrwx--x	
∨ files		2016-08-07	00:15	drwxrwx--x	
data.txt	14	2016-08-07	00:31	-rw-rw----	
lib		2016-08-07	00:28	lrwxrwxrwx	->

图 8-2 data. txt 文件保存的位置

(4)选中"data. txt"文件,在工具栏找到"pull a file from the device",如图 8-3 所示。导出文件到 PC 机某磁盘位置。

图 8-3 导出文件

(5)打开磁盘"data. txt"文件,显示"this is a data",如图 8-4 所示。

data.txt - 记事本

文件(F) 编辑(E) 格式(O) 查看(V) 帮助(H)

this is a data

图 8-4 data. txt 文件

8.1.2 从文件中读取数据

Android 系统的 Context 类还提供了一个 openFileInput()方法,用于从文件中读取数据,该方法将返回一个 FileInputStream 类的实例,同样该实例的操作方法与 Java 中的 API 完全一致。openFileInput()方法是用于打开应用程序的数据文件夹下指定文件,返回对应的输入流。下面是方法的定义:

```
FileInputStream  openFileInput(String  name) throws FileNotFoundException
```

name 表示文件名,是当前程序数据文件夹下的文件名。

【例 8.2】 重新建立一个项目,界面上有一个 TextView 和一个 Button,按钮用于将程序文件中数据文件读取到 TextView 上。

(1)修改 activity_main. xml,代码如下:

```
<LinearLayout xmlns:android = "http://schemas.android.com/apk/res/android"
```

```
    xmlns:tools = "http://schemas.android.com/tools"
    android:layout_width = "match_parent"
    android:layout_height = "match_parent"
    android:orientation = "vertical"
     >
     <Button
        android:id = "@ + id/btnRead"
        android:layout_width = "match_parent"
        android:layout_height = "wrap_content"
        android:text = "读取 data.txt"/>
    <TextView
        android:id = "@ + id/tv"
        android:layout_width = "match_parent"
        android:layout_height = "wrap_content" />
</LinearLayout>
```

(2)修改 MainActivity.java 的代码,读取当前程序的数据文件夹下文件 data.txt。

```
TextView tv;
Button btnRead;
@Override
protected void onCreate(Bundle savedInstanceState) {
super.onCreate(savedInstanceState);
setContentView(R.layout.activity_main);
tv = (TextView) findViewById(R.id.tv);
btnRead = (Button) findViewById(R.id.btnRead);
btnRead.setOnClickListener(new View.OnClickListener() {
    @Override
    public void onClick(View v) {
        // TODO Auto-generated method stub
        FileInputStream inputStream = null;
        InputStreamReader inputStreamReader = null;
        BufferedReader reader = null;
        StringBuilder data = new StringBuilder();
        //用于保存文件所有字符串数据
        try {
            inputStream = openFileInput("data.txt");
            //获取文件输入流
            inputStreamReader = new InputStreamReader(inputStream);
            reader = new BufferedReader(inputStreamReader);
            String dataTmp = "";
            //用于读取文件中每一行的字符串数据
            while((dataTmp = reader.readLine()) != null){
```

```
                //按行读取,只要不为空,就继续循环
                data.append(dataTmp);
            }
            tv.setText(data.toString());
        } catch (Exception e) {
            // TODO Auto-generated catch block
            e.printStackTrace();
        }finally{
            if(reader! = null){
                //关闭输入流
                try {
                    reader.close();
                } catch (IOException e) {
                    // TODO Auto-generated catch block
                    e.printStackTrace();
                }
            }
        }
    }
});
}
```

为了提高字符串读取的性能,这里使用 StringBuilder 类,先使用 openFileInput()方法获取程序文件夹下 data. txt,返回一个输入流,再使用缓存的方式读取文件内容,每次读取一行文本数据,添加到 StringBuilder 实例中。

(3)为了方便测试,将上例导出的文件 data. txt 导入进当前程序的数据文件夹下。先选定"/data/data/com. example. p8_2/files"文件夹,再选择"DDMS"视图下工具栏"Push a file onto the device",如图 8-5 所示。

图 8-5 导入文件

(4)执行程序,点击按钮,运行效果如图 8-6 所示。

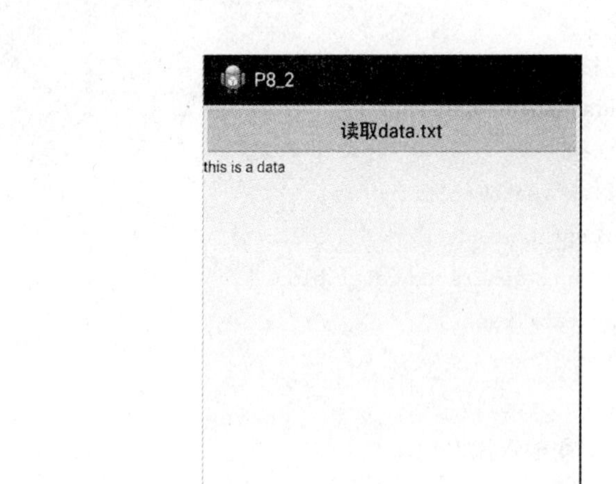

图 8-6　读取文件

除此之外，Context 类还提供了一些其他方法可以对文件进行更多的操作：

File getFilesDir()：获取该应用程序的数据文件夹的绝对路径。

String[] fileList()：返回该应用程序的数据文件夹下的全部文件。

deleteFile(String name)：删除该应用程序的数据文件夹下的指定文件。

8.1.3　读写 SD 卡上的文件

当程序通过 Context 的 openFileInput 或 openFileOutput 来打开文件输入流和输出流时，程序所打开的都是应用程序的数据文件夹的文件，这样所存储的文件大小可能比较有限，因为手机内置的存储空间是有限的。

为了更好地存取应用程序的大文件数据，应用程序需要读写 SD 卡上的文件，这样就大大扩充手机的存储能力。读取 SD 卡上的文件经过如下几个步骤：

(1)调用 Environment 的 getExternalStorageState()方法判断手机上是否插入 SD 卡，并且应用程序具有读写 SD 卡的权限。

Environment. getExternalStorageState(). equals(Environment. MEDIA_MOUNTED)

如果手机已插入 SD 卡，且应用程序具有读写 SD 卡的能力，此时就返回 true。

(2)调用 Environment 的 getExternalStorageDirectory()方法来获取外部存储器，也就是 SD 卡的目录。

(3)使用 FileInputStream、FileOutputStream、FileReader 或 FileWriter 读写 SD 卡里的文件。

(4)为了读、写 SD 卡上的数据，必须在应用程序的清单文件 AndroidManifest. xml 中添加读、写 SD 卡的权限。

【例 8.3】　修改【例 8.1】将数据保存到 SD 卡上，并读取出来显示在 TextView。

(1)修改 activity_main.xml。

```
<LinearLayout xmlns:android="http://schemas.android.com/apk/res/android"
    xmlns:tools="http://schemas.android.com/tools"
    android:layout_width="match_parent"
    android:layout_height="match_parent"
    android:orientation="vertical"
    >
    <EditText
        android:id="@+id/et"
        android:layout_width="match_parent"
        android:layout_height="wrap_content" />
    <Button
        android:id="@+id/btnSave"
        android:layout_width="match_parent"
        android:layout_height="wrap_content"
        android:text="保存数据到 SD 上"/>
    <Button
        android:id="@+id/btnRead"
        android:layout_width="match_parent"
        android:layout_height="wrap_content"
        android:text="获取 SD 上数据"/>
    <TextView
        android:id="@+id/tv"
        android:layout_width="match_parent"
        android:layout_height="wrap_content" />
</LinearLayout>
```

(2)修改 MainActivity.java 代码。

```
public class MainActivity extends Activity {
    EditText et;
    TextView tv;
    Button btnSave,btnRead;
    @Override
    protected void onCreate(Bundle savedInstanceState) {
        super.onCreate(savedInstanceState);
        setContentView(R.layout.activity_main);
        et = (EditText) findViewById(R.id.et);
        tv = (TextView) findViewById(R.id.tv);
        btnSave = (Button) findViewById(R.id.btnSave);
        btnRead = (Button) findViewById(R.id.btnRead);
        btnSave.setOnClickListener(new View.OnClickListener() {
            @Override
```

```
        public void onClick(View v) {
            // TODO Auto-generated method stub
            File file = null;
            FileOutputStream stream = null;
            try {
                String data = et.getText().toString();
                if(Environment.getExternalStorageState()
                        .equals(Environment.MEDIA_MOUNTED)){
                    //表示手机有SD卡,且程序有访问SD权限
                    String sdCardPath = Environment
                            .getExternalStorageDirectory()
                            .getCanonicalPath();
                    //获取SD卡的路径
                    file = new File(sdCardPath+"/data.txt");
                    stream = new FileOutputStream(file);
                    //获取文件输出流
                    stream.write(data.getBytes());
                    //写入数据
                    Toast.makeText(MainActivity.this,
                          "保存数据成功!",
                        Toast.LENGTH_SHORT).show();
                }
            } catch (Exception e) {
                // TODO Auto-generated catch block
                e.printStackTrace();
            }finally{
                if(stream! = null){
                    //关闭写入流
                    try {
                        stream.close();
                    } catch (IOException e) {
                        // TODO Auto-generated catch block
                        e.printStackTrace();
                    }
                }
            }
        }
    });
    btnRead.setOnClickListener(new View.OnClickListener() {
        @Override
        public void onClick(View v) {
```

```
        // TODO Auto-generated method stub
        File file = null;
        FileInputStream stream = null;
        InputStreamReader inputStreamReader = null;
        BufferedReader reader = null;
        StringBuilder data = new StringBuilder();
        try {
            if(Environment.getExternalStorageState()
                    .equals(Environment.MEDIA_MOUNTED)){
                //表示手机有SD卡,且程序有访问SD权限
                String sdCardPath = Environment
                        .getExternalStorageDirectory()
                        .getCanonicalPath();
                //获取SD卡的路径
                file = new File(sdCardPath+"/data.txt");
                stream = new FileInputStream(file);
                inputStreamReader = new InputStreamReader(stream);
                //获取文件输入流
                reader = new BufferedReader(inputStreamReader);
                String dataTmp = "";
                while((dataTmp = reader.readLine())! = null){
                    data.append(dataTmp);
                }
                tv.setText(data);
            }
        } catch (Exception e) {
            // TODO Auto-generated catch block
            e.printStackTrace();
        }finally{
            if(reader! = null){
                //关闭写入流
                try {
                    reader.close();
                } catch (IOException e) {
                    // TODO Auto-generated catch block
                    e.printStackTrace();
                }
            }
        }
    }
});
```

```
    }
}
```

第一个按钮 btnSave 的监听事件,主要是完成把数据写入 SD 卡上。先判断是否 SD 操作权限,再指定路径和文件实例化一个 File 对象,构造一个 FileOutputStream 实例,最后写入数据。

第二个按钮 btnRead 的监听事件,主要是完成把 SD 卡上数据读取到界面 TextView 上。显示判断是否有 SD 操作权限,再使用输入流读取文件数据,最后显示数据到界面上。

(3)修改 AndroidMainfest. xml,让程序获取操作 SD 的读写权限。

```
<uses-permission android:name = "android. permission. WRITE_EXTERNAL_STORAGE"/>
<uses-permission android:name = "android. permission. READ_EXTERNAL_STORAGE"/>
```

执行程序,运行结果如图 8-7 所示。

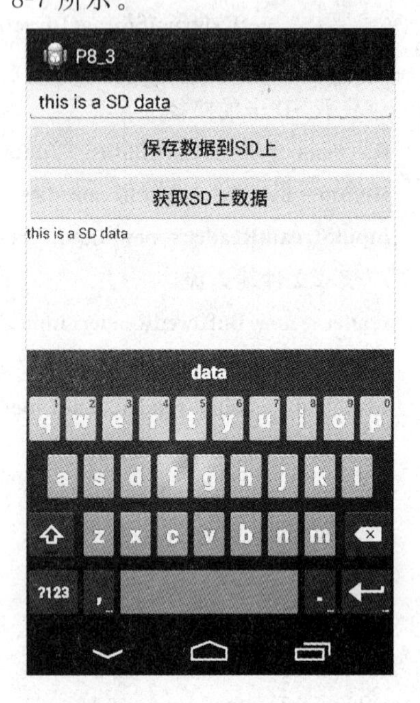

图 8-7　读、写 SD 上文件

使用"File Explorer"查看文件位置,如图 8-8 所示。

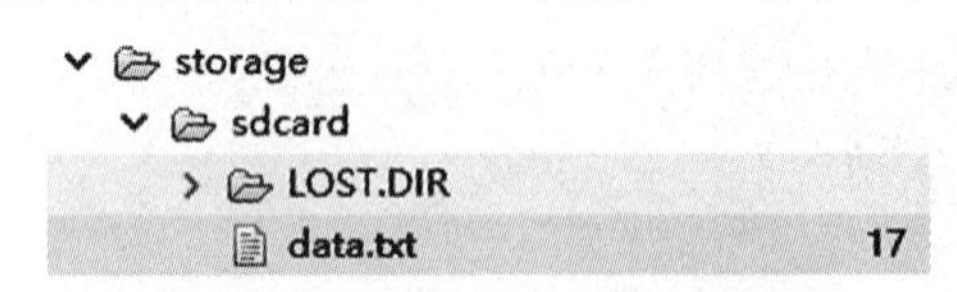

图 8-8　SD 上文件 data. txt 的位置

8.1.4　技能训练

【训练 8-1】 将用户的注册信息,写入磁盘文件 data. txt。

技能要点

(1)使用各类 UI 控件。

(2)使用 openFileOutput()方法。

(3)获取用户注册信息。

↳需求说明

(1)绘制用户注册界面。

(2)为按钮添加监听事件。

(3)获取数据输出流,写入注册信息。

↳关键点分析

(1)获取文件输出流。

(2)使用“File Explorer”。

8.2 SharePreferences

SharedPreferences 是 Android 平台上一个轻量级的存储类,主要用于存储一些应用程序的配置参数,例如用户名、密码、自定义参数的设置等。SharedPreferences 中存储的数据以 key/value 键值对的形式保存在 XML 文件中,该文件位于/data/data/<packagename>/shared_prefs 文件夹中。注意 SharedPreferences 中的 value 值只能是 float、int、long、boolean、String、StringSet 类型数据。

8.2.1 SharedPreferences 的常用方法

使用 SharedPreferences 类存储数据时,必须先通过 context. getSharedPreferences(String name,int mode)获取 SharedPreferences 的实例对象。其中第二个参数允许以下几个值:

- Context. MODE_PRIVATE:指定该 SharedPreferences 数据只能被应用程序读写。
- Context. MODE_WORLD_READABLE:指定该 SharedPreferences 数据能被其他应用程序读,但不能写。
- Context. MODE_WORLD_WRITEABLE:指定该 SharedPreferences 数据能被其他应用程序读写。

SharedPreference 接口主要负责读取应用程序的 Preferences 数据,主要 API 如下:

- boolean contain(String key):判断 SharedPreferences 是否包含特定 key 的数据。
- abstract Map(String,? > getAll():获取 SharePreferences 数据里全部的 key/value 对。

boolean getXXX(String key,xxx defValue):获取 SharedPreferences 数据里指定 key 对应的 value。如果该 key 不存在,返回默认 defValue。其中 xxx 可以是 boolean、float、int、long、String 等各种基本类型的值。

SharedPreferences 接口本身并没有提供写入数据的能力,而是通过 SharedPreferences 的内部接口,SharedPreferences 调用 edit()方法即可获取所对应的 Editor 对象。Editor 对象提供了如下方法来将数据写入 SharedPreferences。

- SharedPreferences. Editor. clear():清空 SharedPreferences 里所有数据。
- SharedPreferences. Editor. putXXX(String key,xxx value):向 SharedPreferences 存

入指定 key 对应的数据。其中 xxx 可能是 boolean、int、float、long、String 等各种基本类型的值。

· SharedPreferences. Editor. remove(String key):删除 SharedPreferences 里指定 key 对应的数据项。

· boolean commit():当 Editor 编辑完毕后,调用该方法提交修改。

8.2.2 使用 SharedPreferences 的写入数据

【例 8.4】 将 EditText 输入的数据保存到 SharedPreferences。

(1)修改 activity_main. xml,代码如下:

```
<LinearLayout xmlns:android = "http://schemas.android.com/apk/res/android"
    xmlns:tools = "http://schemas.android.com/tools"
    android:layout_width = "match_parent"
    android:layout_height = "match_parent"
    android:orientation = "vertical"
    >
    <EditText
        android:id = "@ + id/et"
        android:layout_width = "match_parent"
        android:layout_height = "wrap_content" />
    <Button
        android:id = "@ + id/btnSave"
        android:layout_width = "match_parent"
        android:layout_height = "wrap_content"
        android:text = "保存数据到 SharedPreferences"/>
</LinearLayout>
```

(2)修改 MainActivity. java,存储数据到 SharedPreferences 中。

```
public class MainActivity extends Activity {
    EditText et;
    Button btnSave;
    SharedPreferences preferences;
    Editor editor;
    @Override
    protected void onCreate(Bundle savedInstanceState) {
        super.onCreate(savedInstanceState);
        setContentView(R.layout.activity_main);
        et = (EditText) findViewById(R.id.et);
        btnSave = (Button) findViewById(R.id.btnSave);
        preferences = getSharedPreferences("p8_4",MODE_PRIVATE);
        //获取 SharedPreferences 对象
        editor = preferences.edit();
        //获取编辑器
```

```
        btnSave.setOnClickListener(new View.OnClickListener() {
            @Override
            public void onClick(View v) {
                // TODO Auto-generated method stub
                String data = et.getText().toString();
                editor.putString("data",data);
                //写入数据
                editor.commit();
                //提交数据
                Toast.makeText(MainActivity.this,
                        "写入 SharedPreferences 成功",
                        Toast.LENGTH_SHORT).show();
                }
            });
        }
    }
```

先是获取 SharedPreferences 对象,再获取 Editor 对象,写入数据后必须提交才能将数据保存下来。

执行程序,输入数据,点击保存,可以到“File Explorer”到当前程序包“shared_prefs”文件夹,会有一个 xxx.xml 文件。如图 8-9 所示。

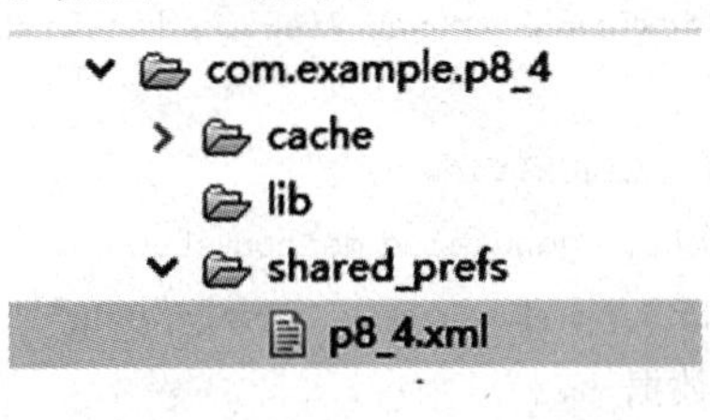

图 8-9 SharedPreferences 文件的位置

8.2.3 使用 SharedPreferences 的读取数据

【例 8.5】 将 SharedPreferences 中数据获取到界面上。

(1)修改 activity_main.xml 代码如下:

```
<LinearLayout xmlns:android = "http://schemas.android.com/apk/res/android"
    xmlns:tools = "http://schemas.android.com/tools"
    android:layout_width = "match_parent"
    android:layout_height = "match_parent"
    android:orientation = "vertical"
    >
    <Button
        android:id = "@ + id/btnSave"
        android:layout_width = "match_parent"
        android:layout_height = "wrap_content"
```

```
        android:text = "读取 SharedPreferences"/>
    <TextView
        android:id = "@ + id/tv"
        android:layout_width = "match_parent"
        android:layout_height = "wrap_content" />
</LinearLayout>
```

(2)修改 MainActivity.java 代码如下：

```
public class MainActivity extends Activity {
    TextView tv;
    Button btnSave;
    SharedPreferences preferences;
    Editor editor;
    @Override
    protected void onCreate(Bundle savedInstanceState) {
        super.onCreate(savedInstanceState);
        setContentView(R.layout.activity_main);
        tv = (TextView) findViewById(R.id.tv);
        btnSave = (Button) findViewById(R.id.btnSave);
        preferences = getSharedPreferences("p8_5",MODE_PRIVATE);
        //获取 SharedPreferences 对象
        btnSave.setOnClickListener(new View.OnClickListener() {
            @Override
            public void onClick(View v) {
                // TODO Auto-generated method stub
                String data = preferences.getString("data","");
                //读取数据
                tv.setText(data);
            }
        });
    }
}
```

Android 系统的 Context 类还提供了一个 openFileInput()方法，用于从文件中读取数据，该方法将返回一个 FileInputStream 类的实例，同样该实例的操作方法与 Java 中的 API 完全一致。openFileInput()方法是用于打开应用程序的数据文件夹下指定文件，返回对应的输入流。

8.2.4 技能训练

【训练 8-2】 实现将登录信息保存到 SharedPreferences 中，如果下次登录时直接判断 SharedPreferences 中保存的信息是否通过，如果通过则无需再登录。

技能要点

(1)使用 EditText、TextView、Button。

(2)使用 SharedPreferences 对象。

(3)使用 Button 的点击事件。

✎需求说明

(1)绘制登录界面。

(2)为按钮添加监听事件。

(3)保存数据到 SharedPreferences。

(4)再次登录判断是否有登录过的数据。

✎关键点分析

(1)SharedPreferences 保存数据。

(2)SharedPreferences 读取数据。

8.3　SQLite

SQLite 是一款轻量级的关系型数据库,运算速度非常快,占用资源少,通常只需要几百 K 的内存就够了,特别适合在移动设备上使用。SQLite 不仅支持标准的 SQL 语法,还遵循了数据库 ACID 事务。这里的 ACID 是指数据库正确执行的四个基本要素,即原子性(Atomicity)、一致性(Consistency)、隔离性(Isolation)和持久性(Durability)。所以开发者使用过其他的关系型数据库,就可以很快地上手 SQLite。而 SQLite 又比一般的数据库要简单得多,可以不设置用户名和密码就可以使用。SQLite 没有服务器进程,通过文件保存数据,该文件是跨平台的,可以放在其他平台中使用。在保存数据时,支持 NULL、INTEGER、FLOAT 等数据类型,同时也接受 varchar、char 等数据类型,因此使用时无需关心字段的数据类型是否支持。

8.3.1　使用 SQLite Expert 查看 SQLite DB

因为 SQLite 数据库就是一个单一的文件,没有可视化的界面,在建立、管理和测试数据库时可能比较麻烦,为了对数据库中数据进行可视化进行管理,这里推荐使用 SQLite Expert 对 SQLite 数据库进行管理。界面如图 8-10 所示。

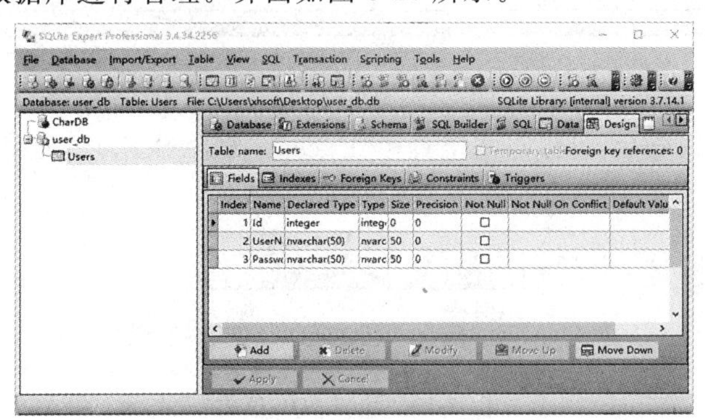

图 8-10　SQLite Expert

1. 创建数据库

找到工具栏"New Database"按钮,弹出创建数据库的对话框,可以录入数据库的路径和名字,这样就能创建一个数据库文件,其扩展名为“. db”。如图 8-11 所示。

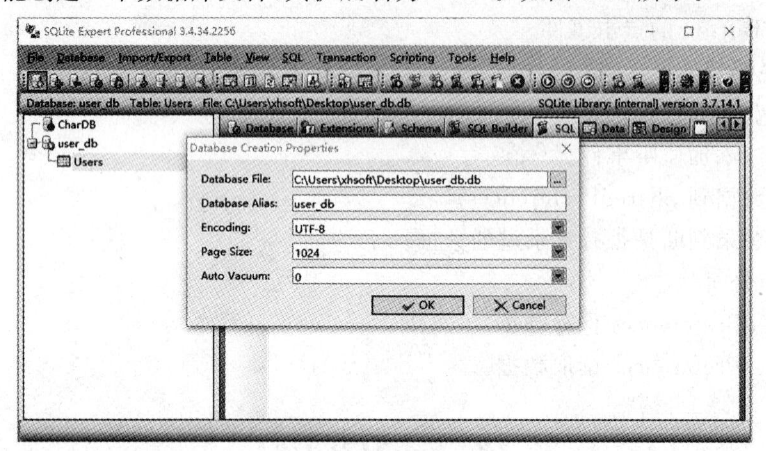

图 8-11 创建数据库

2. 创建表

选中左侧的数据库,表示要为数据库创建表。在右侧选择“SQL”工作区,这样可以在工作区写入 SQL 语句。如图 8-12 所示,创建一个用户表,包含三个字段 Id 主键、UserName 用户名和 Password 密码。

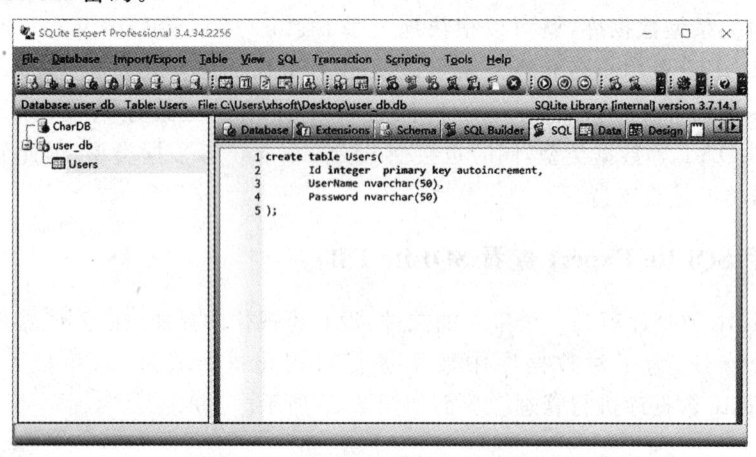

图 8-12 创建数据表

当编写好 SQL 语句后,可以点击工具栏“Execute SQL Script”,如图 8-13 所示。就成功创建了 Users 表。

图 8-13 执行 SQL 语句

3. 浏览数据表数据

在左侧选中要浏览数据的表,再在右侧选择“Data”工作区,这样就能够显示出该表中所有的数据。如图 8-14 所示。

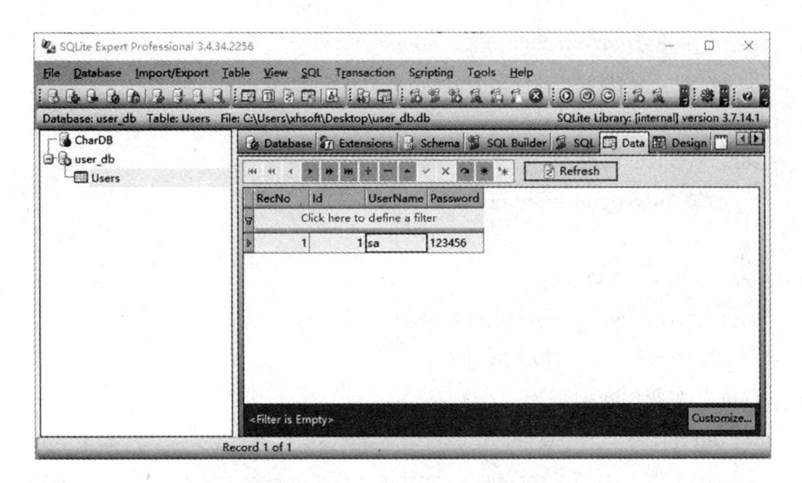

图 8-14 浏览数据表数据

8.3.2 使用 SQLiteOpenHelper 创建数据库和数据表

为了更方便地创建数据库，Android 系统提供了一个 SQLiteOpenHelper 辅助类，使用这个辅助类可以非常简单的创建数据库，修改数据库，升级数据库。通过定义一个数据库辅助类继承该类，并重写 SQLiteOpenHelper 类的两个方法就可以完成数据库的创建和修改。

onCreate(SQLiteDatabase db)方法用于创建数据库里的表，在该方法里编写创建数据表的 SQL 语句，使用回调方法里 db 实例提供的 execSQL()方法执行该 SQL 语句就创建了表。

onUpgrade(SQLiteDatabase db,int oldVersion,int newVersion)方法用于修改数据库里的表，在该方法里编写相关 SQL 语句，使用 db. execSQL()方法执行 SQL 语句，oldVersion 和 newVersion 表示数据库的新旧版本，只有 newVersion 的值大于 oldVersion 的值才会执行 onUpgrade 方法。

【例 8.6】 继承 SQLiteOpenHelper 辅助类创建数据库和数据表。

(1)修改 activity_main. xml 代码如下：

```
<LinearLayout xmlns:android = "http://schemas.android.com/apk/res/android"
    xmlns:tools = "http://schemas.android.com/tools"
    android:layout_width = "match_parent"
    android:layout_height = "match_parent"
    android:orientation = "vertical"
    >
    <Button
        android:id = "@ + id/btnCreateDB"
        android:layout_width = "match_parent"
        android:layout_height = "wrap_content"
        android:text = "创建 SQLite 数据库"/>
</LinearLayout>
```

(2)自定义 MyDBHelper 继承 SQLiteOpenHelper，重写 onCreate 方法。

```
public class MyDBHelper extends SQLiteOpenHelper {
    public MyDBHelper(Context context,String name,CursorFactory factory,
            int version) {
        super(context,name,factory,version);
        // TODO Auto-generated constructor stub
    }
    @Override
        public void onCreate(SQLiteDatabase db) {
        // 数据库第一次创建时调用该方法
        //可以在此创建数据表
        String sql = "create table Users("
                    + "Id integer   primary key autoincrement,"
                    + "UserName nvarchar(50),"
                    + "Password nvarchar(50)"
                    + "); ";
        db.execSQL(sql);
    }
    @Override
    public void onUpgrade(SQLiteDatabase db,int oldVersion,int newVersion) {
        // 当数据库的版本号增加时调用
    }
}
```

(3)修改 MainActivity.java,添加创建数据库按钮的监听事件。

```
public class MainActivity extends Activity {
    Button btnCreateDB;
    private MyDBHelper dbHelper;
    SQLiteDatabase db;
    @Override
    protected void onCreate(Bundle savedInstanceState) {
        super.onCreate(savedInstanceState);
        setContentView(R.layout.activity_main);
        btnCreateDB = (Button) findViewById(R.id.btnCreateDB);
        btnCreateDB.setOnClickListener(new View.OnClickListener() {
            @Override
            public void onClick(View v) {
                // TODO Auto-generated method stub
                 CreateDB();
            }
        });
    }
    private void CreateDB(){
```

```
            dbHelper = new MyDBHelper(this,"Users.db",null,1);
            db = dbHelper.getWritableDatabase();
            Toast.makeText(this,"创建数据库成功",
                    Toast.LENGTH_SHORT).show();
        }
    }
```

newMyDBHelper(this,"Users.db",null,1),第一个参数表示当前上下文,第二个参数表示数据库文件的名字,第三个参数表示游标工厂,这里设置为null,第四个参数表示数据库版本号,最小设置为1。通过SQLiteOpenHelper的getWritableDatabase()方法可以获取数据库。

执行程序,点击按钮,查看应用程序文件夹下databases,如图8-15所示。程序界面效果图8-16所示。

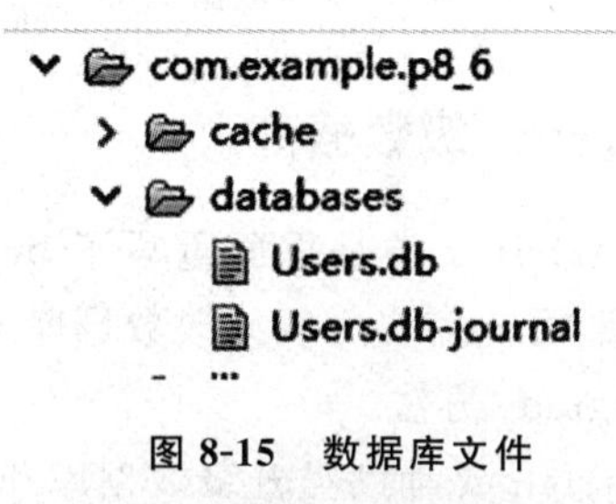

图8-15 数据库文件

图8-16 创建数据库

为了进一步验证数据库文件中数据表创建是否正确,这里导出数据库文件,使用"SQLite Expert"查看数据库中数据表。如图8-17所示,创建了数据库和数据表。

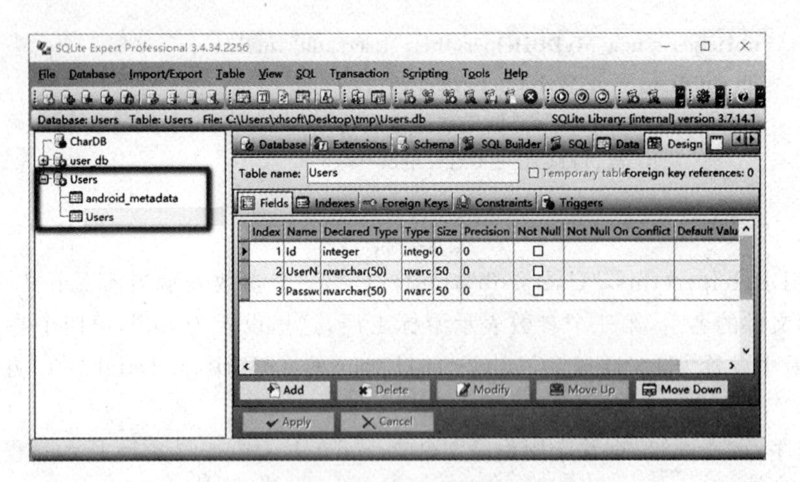

图 8-17　查看数据库

8.3.3　使用 SQLiteOpenHelper 升级数据库

在前面看到继承 SQLiteOpenHelper 类是里面重写了 onUpgrade 方法，但是没有编写任何代码，如果是在开发程序初期，可能需要反复修改数据库或者是表结构。那么首先要升级数据库的版本号，再重写 onUpgrade 方法。

【例 8.7】 继承 SQLiteOpenHelper 辅助类升级数据库和数据表。

(1)修改 activity_main. xml，在上例基础上增加一个按钮。代码如下：

```
<Button
    android:id = "@ + id/btnUpgradeDB"
    android:layout_width = "match_parent"
    android:layout_height = "wrap_content"
    android:text = "升级 SQLite 数据库"/>
```

(2)修改 MyDBHelper 类的 onUpgrade 方法。代码如下：

```
public void onUpgrade(SQLiteDatabase db,int oldVersion,int newVersion) {
    // 当数据库的版本号增加时调用
    String sql = "create table Books("
                  +"Id integer  primary key autoincrement,"
                  +"BookName nvarchar(50)"
                  +"); ";
    db.execSQL(sql);
}
```

(3)修改 MainActivity. java，为 btnUpgrade 按钮添加点击事件。

```
btnUpgradeDB.setOnClickListener(new View.OnClickListener() {
    @Override
    public void onClick(View v) {
        // TODO Auto-generated method stub
        UpgradeDB();
    }
```

```
});
```

其中 UpgradeDB()方法代码如下：

```
private void UpgradeDB(){
    dbHelper = new MyDBHelper(this,"Users.db",null,2);
    db = dbHelper.getWritableDatabase();
    Toast.makeText(this,"升级数据库成功",
            Toast.LENGTH_SHORT).show();
}
```

注意将数据库的版本升级为 2,这样就可以保证升级数据库了。执行程序,运行效果如图 8-18 所示。

图 8-18　升级数据库

为了验证数据库是否正确,导出数据库文件,使用“SQLite Expert”查看数据库文件,如图 8-19 所示。

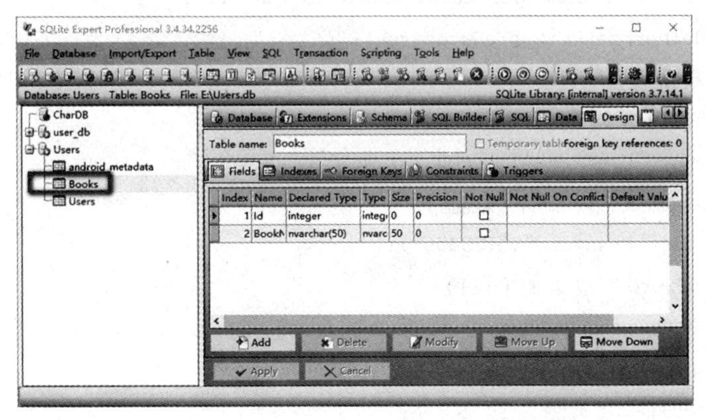

图 8-19　数据库中增加 Books 表

8.3.4 增加一条记录

通过 SQLiteHelper 的 getReadableDatabase()和 getWritableDatabase()方法可以获取到数据库。SQLiteDatabase 类提供 insert()方法专门用于数据库记录的添加。insert()方法包括三个参数,第一个为数据表名字,第二个参数在未指定字段值时自动赋值,这里通常设置为 null 即可,第三个参数为 ContentValues 对象,其实 ContentValues 的实例就表达了一条记录。

在构建一条记录时,ContentValues 提供了 put 方法,可以添加一条记录的任意字段值。

【例 8.8】 使用 SQLiteDatabase 类的 insert 方法给表 Users 添加记录。

(1)修改 activity_main.xml,在上例基础上增加一个按钮。代码如下:

```
<Button
android:id = "@ + id/btnInsert"
android:layout_width = "match_parent"
android:layout_height = "wrap_content"
android:text = "添加一条记录"/>
```

(2)修改 MainActivity.java,为 btnInsert 按钮添加点击事件。

```
btnInsert = (Button) findViewById(R.id.btnInsert);
btnInsert.setOnClickListener(new View.OnClickListener() {
    @Override
    public void onClick(View v) {
        // TODO Auto-generated method stub
        Insert();
    }
});
```

其中 Insert ()方法代码如下:

```
private void Insert(){
    dbHelper = new MyDBHelper(this,"Users.db",null,2);
    db = dbHelper.getWritableDatabase();
    //获取数据库
    ContentValues values = new ContentValues();
    values.put("UserName","Jack");
    //为 UserName 字段添加字段值
    values.put("Password","123456");
    //为 Password 字段添加字段值
    long id = db.insert("Users",null,values);
    //插入记录
    db.close();
    Toast.makeText(this,"插入记录成功",
        Toast.LENGTH_SHORT).show();
}
```

执行程序，点击添加记录按钮。界面如图 8-20 所示。

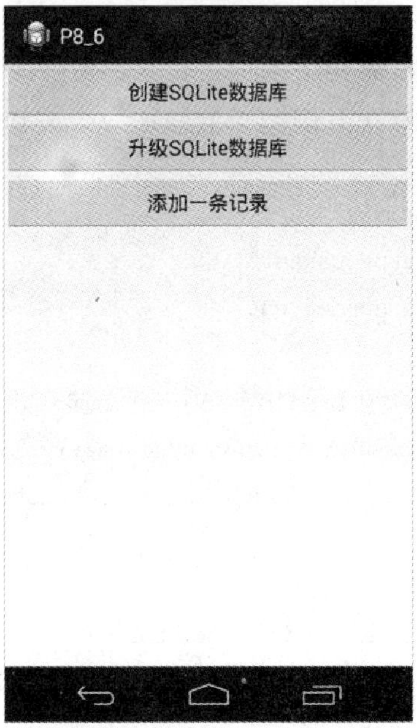

图 8-20　添加记录

为了验证数据库是否正确，导出数据库文件，使用“SQLite Expert”查看数据库文件，如图 8-21 所示。

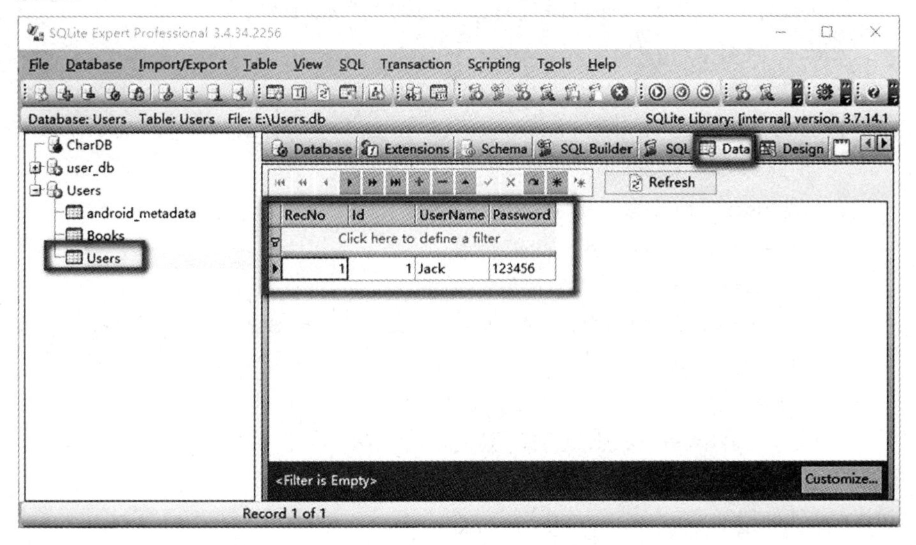

图 8-21　Users 表添加一条记录

8.3.5　更新一条记录

SQLiteDatabase 类提供 update()方法专门用于数据库记录的修改。update()方法包括四个参数，第一个为数据表名字，第二个参数表示修改后的数据记录这里并用 ContentValues 表示，第三个参数为满足记录的条件，类似于 SQL 语句中 Where 之后的部分，可以使用“?”占位符，第四个参数为一个字符串数组，每个元素用来替代之前的“?”占位符。

【例 8.9】 使用 SQLiteDatabase 类的 upate 方法来修改表 Users 记录。

(1)修改 activity_main. xml，在上例基础上增加一个按钮。代码如下：

```
<Button
android:id = "@ + id/btnUpdate"
android:layout_width = "match_parent"
android:layout_height = "wrap_content"
android:text = "更新一条记录"/>
```

(2)修改 MainActivity. java，为 btnUpdate 按钮添加点击事件。

```
btnUpdate = (Button) findViewById(R. id. btnUpdate);
    btnUpdate. setOnClickListener(new View. OnClickListener() {
        @Override
        public void onClick(View v) {
            // TODO Auto-generated method stub
            Update();
        }
    });
```

其中 Update ()方法代码如下：

```
private void Update(){
        dbHelper = new MyDBHelper(this,"Users. db",null,2);
        db = dbHelper. getWritableDatabase();
        //获取数据库
        ContentValues values = new ContentValues();
        values. put("UserName","Jack");
        //为 UserName 字段添加字段值
        values. put("Password","654321");
        //为 Password 字段添加字段值
        long id = db. update("Users",values,"Id = ?",new String[]{"1"});
        //更新记录
        db. close();
        Toast. makeText(this,"更新记录成功",
            Toast. LENGTH_SHORT). show();
}
```

执行程序，点击更新记录按钮。界面如图 8-22 所示。

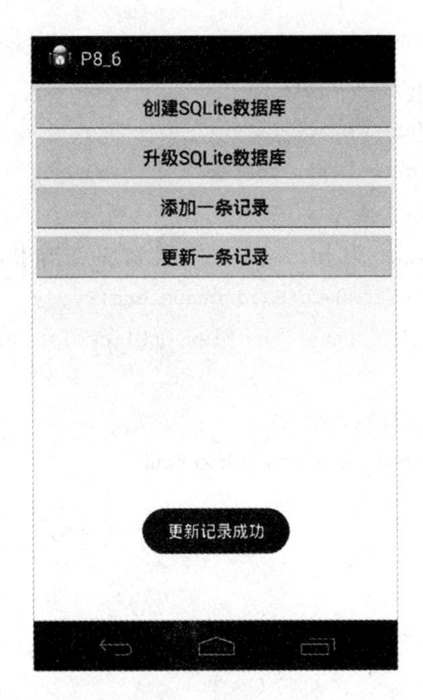

图 8-22　更新记录

为了验证数据库是否正确，导出数据库文件，使用“SQLite Expert”查看数据库文件，如图 8-23 所示。

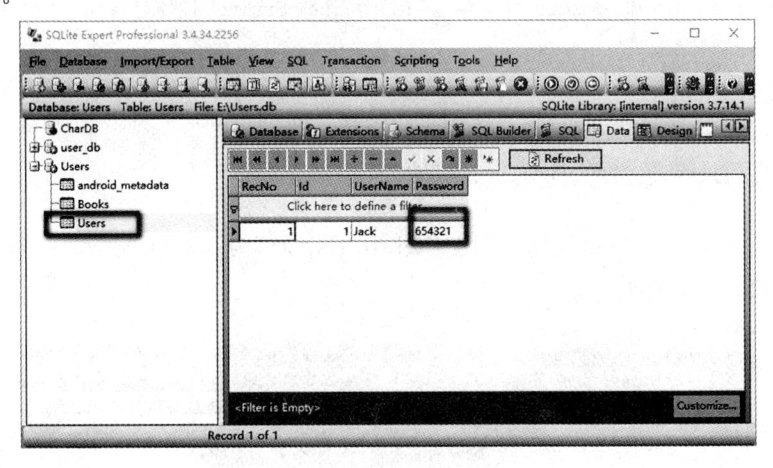

图 8-23　Users 表更新一条记录

8.3.6　删除一条记录

SQLiteDatabase 类提供 delete()方法专门用于数据库记录的删除。delete ()方法包括三个参数，第一个为数据表名字，第二个参数为满足记录的条件，类似于 SQL 语句中 Where 之后的部分，可以使用“?”占位符，第三个参数为一个字符串数组，每个元素用来替代之前的“?”占位符。

【例 8.10】 使用 SQLiteDatabase 类的 delete 方法来删除表 Users 记录。

(1)修改 activity_main. xml，在上例基础上增加一个按钮。代码如下：

```
<Button
    android:id="@+id/btnDelete"
    android:layout_width="match_parent"
    android:layout_height="wrap_content"
    android:text="删除一条记录"/>
```

(2)修改 MainActivity.java,为 btnDelete 按钮添加点击事件。

```
btnDelete=(Button) findViewById(R.id.btnDelete);
    btnDelete.setOnClickListener(new View.OnClickListener() {
        @Override
        public void onClick(View v) {
            // TODO Auto-generated method stub
            Delete();
        }
    });
```

其中 Delete ()方法代码如下:

```
private void Delete(){
        dbHelper=new MyDBHelper(this,"Users.db",null,2);
        db=dbHelper.getWritableDatabase();
        //获取数据库
        long id=db.delete("Users","Id=?",new String[]{"2"});
        //删除记录
        db.close();
        Toast.makeText(this,"删除记录成功",
            Toast.LENGTH_SHORT).show();
}
```

(3)为了保证有数据可以删除,使用“SQLite Expert”为 Users 表添加一条记录,该记录主键为 2。如图 8-24 所示。

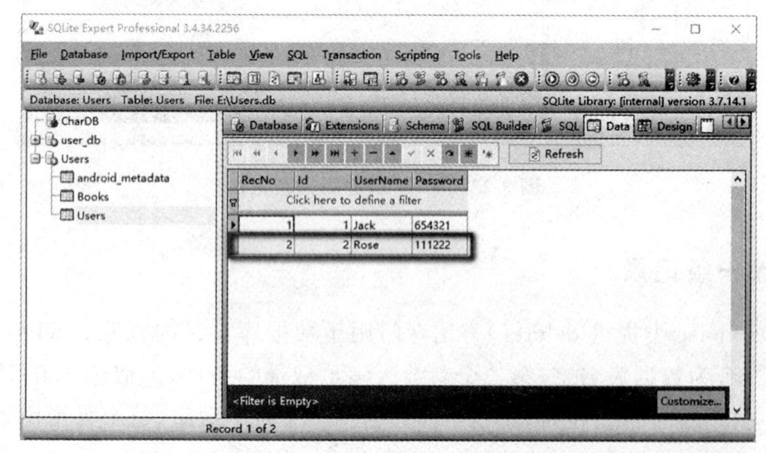

图 8-24 添加 Id 为 2 的记录

执行程序,点击删除记录按钮。界面如图 8-25 所示。

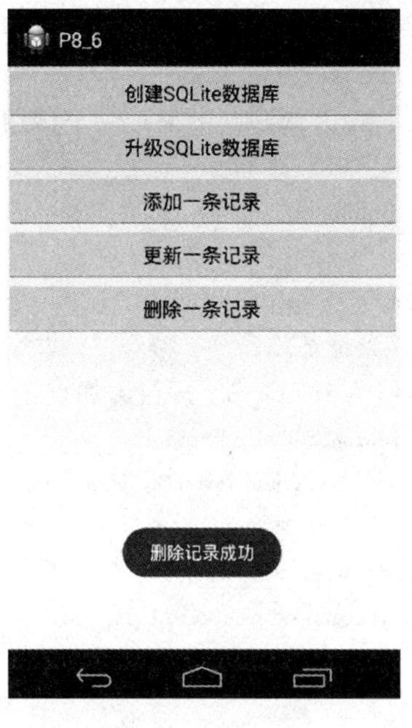

图 8-25　删除记录

为了验证数据库是否正确，导出数据库文件，使用“SQLite Expert”查看数据库文件，如图 8-26 所示。只剩下一条记录了。

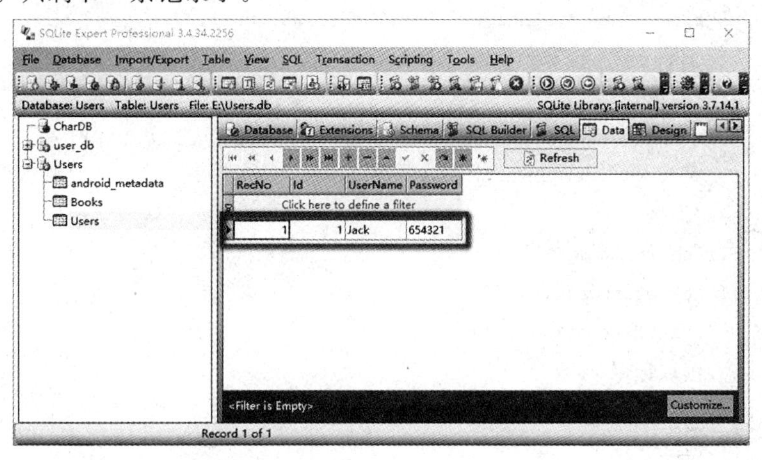

图 8-26　Users 表中删除了一条记录

8.3.7　查询一条记录

SQLiteDatabase 类提供 query()方法专门用于数据库记录的查询。query ()方法包括七个参数，第一个为数据表名字，第二个参数为查询的列名称，第三个参数为满足记录的条件，类似于 SQL 语句中 Where 之后的部分，可以使用“?”占位符，第四个参数为一个字符串数组，每个元素用来替代之前的“?”占位符，第五个参数为分组条件，第六个参数为 having 条件，第七个参数为排序方式。该方法的返回值为一个游标 Cursor，可以使用游标 movetoNext()方法逐个读取记录。

【例 8.11】 使用 SQLiteDatabase 类的 query 方法来查询表 Users 中 id 为 1 的记录,并将记录中 UserName 的值使用 Toast 显示出来。

(1)修改 activity_main.xml,在上例基础上增加一个按钮。代码如下:

```
<Button
    android:id = "@ + id/btnQuery"
    android:layout_width = "match_parent"
    android:layout_height = "wrap_content"
    android:text = "查询一条记录"/>
```

(2)修改 MainActivity.java,为 btnQuery 按钮添加点击事件。

```
btnQuery = (Button) findViewById(R.id.btnQuery);
    btnQuery.setOnClickListener(new View.OnClickListener() {
        @Override
        public void onClick(View v) {
            // TODO Auto-generated method stub
            Query();
        }
    });
```

其中 Query ()方法代码如下:

```
private void Query(){
        dbHelper = new MyDBHelper(this,"Users.db",null,2);
        db = dbHelper.getWritableDatabase();
        //获取数据库
        Cursor cursor = db.query("Users",null,
            "Id = ?",new String[]{"1"},null,null,null);
        //查询表
        String userName = "";
        if(cursor.moveToNext()){
            userName = cursor.getString(1);
        }//读取记录
        cursor.close();//关闭游标
        db.close();
        Toast.makeText(this,userName,
            Toast.LENGTH_SHORT).show();
}
```

注意在 Cursor 用完后一定要关闭,使用 close()方法进行关闭。

执行程序,点击查询记录按钮。界面如图 8-27 所示。

图 8-27 查询 id 为 1 的记录

8.3.8 技能训练

【训练 8-3】 实现一个账号注册的功能,注册信息包括用户名、密码、邮箱、性别等信息,当用户点击注册按钮时,将用户注册的信息保存到 SQLite 中。

技能要点

(1)各类控件的使用。

(2)SQLiteOpenHelper 类的使用。

(3)SQLiteDatabase 类的使用。

需求说明

(1)设计注册界面。

(2)为按钮添加点击事件。

(3)创建数据库。

(4)创建数据表。

(5)插入数据。

(6)使用"SQLite Expert"查看数据库。

关键点分析

(1)自定义 DBHelper 继承 SQLiteOpenHelper 类。

(2)创建数据库和数据表。

(3)插入记录。

本章总结

➢ 数据持久化是指将那些内存中运行的瞬时数据保存到存储设备中，即使手机或电脑关闭断电后，这些数据依然不会丢失。

➢ Android 系统的 Context 类提供多个方法操作文件：openFileOutput（）、openFileInput（）、getFilesDir（）、fileList（）和 deleteFile（）等。

➢ SharedPreferences 是 Android 平台上一个轻量级的存储类，主要用于存储一些应用程序的配置参数。

➢ SQLite 数据库就是一个单一的文件，没有可视化的界面，在建立、管理和测试数据库时可能比较麻烦，为了对数据库中数据进行可视化进行管理，使用 SQLite Expert 对 SQLite 数据库进行管理。

➢ Android 系统提供 SQLiteOpenHelper 辅助类，使用这个辅助类可以非常简单的创建数据库，修改数据库，升级数据库。

➢ SQLiteDatabase 类提供 insert（）、update（）、delete（）和 query（）方法对数据库进行增删改查操作。

习　题

一、选择题

1. 使用 SQLite 数据库进行查询数据后，必须要做的操作是（　　）。
   A. 关闭数据库　　B. 直接退出
   C. 关闭 Cursor　　D. 使用 quit 函数退出
2. 使用 SQLiteOpenHelper 类可以产生一个数据库并可以对数据库版本进行管理的方法是（　　）。
   A. getDatabase()　　B. getWritableDatabase()
   C. getReadableDatabase()　　D. getAableDatabase()

二、操作题

1. 建立一个有 20 条记录的 SQLite 数据库文件，使用 ListView 显示该表的记录。
2. 通过 ListView 的条目单击事件，点击进入一个新的 Activity，显示该记录的详细信息。

第9章 Android访问网络

本章工作任务

- ✓ 学会创建线程的两种方法
- ✓ 学会使用 Handler 收发消息
- ✓ 学会使用 AsyncTask 进行异步通信
- ✓ 掌握 HttpURLConnection 访问网络的步骤
- ✓ 掌握 HttpClient 访问网络的步骤
- ✓ 掌握 Volley 访问网络的步骤
- ✓ 学会解析 XML 文档
- ✓ 学会解析 JSON 数据

本章知识目标

- ✓ 理解线程和进程
- ✓ 理解 Handler 的基本原理
- ✓ 理解网络访问的基本方法和过程
- ✓ 认识 XML 文档的基本结构
- ✓ 认识 JSON 数据的基本格式

本章技能目标

- ✓ 学会使用线程处理异步任务
- ✓ 学会使用异步通信机制实现线程通信
- ✓ 学会访问网络
- ✓ 掌握 XML 和 JSON 数据的解析

本章重点难点

- ✓ 使用 Handler 处理消息
- ✓ 网络访问的方法
- ✓ 数据解析

Android 系统是 Google 公司基于 Linux 内核开发的开源手机操作系统。既然 Linux 能够进行大量网络操作，Android 操作系统也不例外，这些操作包括进程管理、内存管理、网络堆栈、驱动程序管理及安全性管理等相关服务。

Android 开发是基于 Java 网络编程的，这些 Java 开发的网络经验完全适用于 Android 应用的网络编程，如 URL、URLConnection 等网络通信 API。同时 Android 还内置了 HttpClient，这样就更方便开发者发送 HTTP 请求，并获得 HTTP 响应，通过内置 HttpClient，Android 可以简化与服务端之间的交互。

9.1 线程与进程

9.1.1 Android 里的线程与进程

进程，是站在操作系统核心角度来说的，是应用程序的一个运行活动过程，是操作系统资源管理的实体。进程是操作系统分配和调度系统内存、CPU 时间片等资源的基本单位，为正在运行的应用程序提供运行环境。一个进程至少包括一个线程，每个进程都有独立的内存地址空间。

线程，是站在进程内部的角度来说的，是进程内部执行代码的实体，是 CPU 调度资源的最小单元，一个进程内部可以有多个线程并发运行。线程没有独立的内存资源，只有执行堆栈和局部变量，所以线程不能独立地执行，必须依附在一个进程上。在同一个进程内多个线程之间可以共享进程的内存资源。

Android 系统会根据进程中运行的组件类别以及组件的状态来判断各进程的重要性，并根据这个重要性来决定回收时的优先级。根据进程的重要性从高到低划分为五个级别。

• 前台进程，是用户当前正在使用的进程，是优先级别最高的进程。

• 可见进程，是屏幕上有显示但却不是用户当前使用的进程。

• 服务进程，运行着服务 Service 的进程，只要前台进程和可见进程有足够的内存，系统不会回收。

• 后台进程，运行着一个对用户不可见的 Activity 的进程，在前三种进程需要内存时，被系统回收。

• 空进程，未运行任何程序组件。

Android 系统默认情况下，会为一个应用程序开辟一个进程，在这个进程里会运行一个新的 Dalvik 虚拟机实例，而应用程序就会运行在这个 Dalvik 虚拟机实例里。这个进程只有一个线程(主线程)，主线程主要负责处理与 UI 相关的事件，如用户的按键事件、用户接触屏幕的事件以及屏幕绘图事件，并把相关的事件分发到对应组件进行处理，所以主线程又被称之为 UI 线程。主线程如果超过 5 秒没有响应用户的请求，系统就会弹出对话框提醒用户终止应用，这时必须创建新的线程去执行远程操作、耗时操作等代码，主线程里的代码则必须尽量短小。

9.1.2 创建一个线程

Android 平台支持多线程编程，采用了与 Java 相同的方式创建和操作线程。创建线程的方法可以采用两种：一种是通过继承 Thread 类，另一种是通过实现 Runnable 接口。

Thread 类提供了若干构造方法和成员方法用于创建和操作线程，一个 Thread 对象就代表了一个具体的线程。Runnable 接口是一个内容非常简单的接口，仅仅包含了一个抽象方法 run()，而 Thread 类本身就实现了 Runnable 接口。两种方法都需要重写 run()方法，在这个方法里可以实现开发者想要的工作。

【例 9.1】 继承 Thread 类，创建线程。

(1)修改 activity_main. xml，在布局中添加 Button，用于启动线程。

(2)在 MainActivity. java 中添加内部类 MyThread，用于继承 Thread 类，重写 run()方法。参考代码如下：

```
class MyThread extends Thread{
    @Override
    public void run() {
        // TODO Auto-generated method stub
        Log. i("MyThread","MyThread线程启动!");
    }
}
```

(3)在按钮的点击事件中，启动线程实例。

```
protected void onCreate(Bundle savedInstanceState) {
    super. onCreate(savedInstanceState);
    setContentView(R. layout. activity_main);
    btnStart = (Button) findViewById(R. id. btnStart);
    btnStart. setOnClickListener(new View. OnClickListener() {
        @Override
        public void onClick(View v) {
            Thread thread = new MyThread();
            //实例化线程
            thread. start();
            //启动线程
        }
    });
}
```

执行程序，运行时的日志如图 9-1 所示。

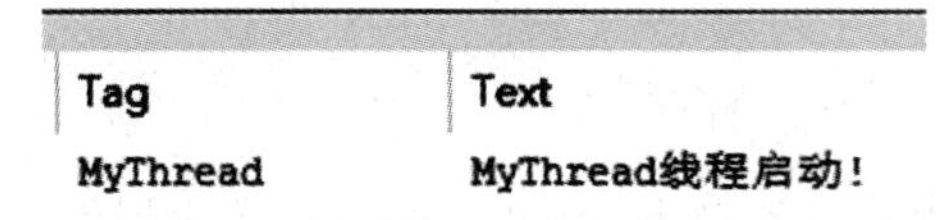

Tag	Text
MyThread	MyThread线程启动!

图 9-1 启动线程的日志

【例 9.2】 实现 Runnable 接口，创建线程。

(1)修改 activity_main. xml，在布局中添加 Button，用于启动线程。

(2)在 MainActivity. java 中添加内部类 MyThread，用于实现 Runnable，重写 run()方

法。参考代码如下：

```
class MyThread implements Runnable{
    @Override
    public void run() {
        // TODO Auto-generated method stub
        Log.i("MyThread","实现 Runnable 的线程启动!");
    }
}
```

(3)在按钮的点击事件中,启动线程实例。

```
public void onClick(View v) {
    Thread thread = new Thread(new MyThread());
    //实例化线程
    thread.start();
    //启动线程
}
```

执行程序,运行时的日志如图 9-2 所示。

Tag	Text
MyThread	实现Runnable的线程启动!

图 9-2 使用 Runnable 线程的日志

9.1.3 技能训练

【训练 9-1】 在线程中对 1 到 10000 求和,并将每次累加结果输出到日志。

技能要点

(1)使用 Button 组件。

(2)定义线程类。

(3)重写 run()方法。

需求说明

(1)创建按钮。

(2)为按钮添加监听事件。

(3)定义线程。

(4)启动线程。

关键点分析

(1)使用继承 Thread 类或者实现 Runnable 接口定义线程类。

(2)实例化线程类。

(3)启动线程。

9.2 Handler

9.2.1 Handler 的基本原理

Android 中新创建的线程是不能直接进行 UI 操作的，必须通过 Android 提供的消息处理机制，由非 UI 线程向 UI 线程发出请求消息，再由 UI 线程处理这些消息，并进行相关的 UI 操作。例如下载的进度条，这个进度条表示当前软件的下载进度。但是 Android4. 0 之后就不能在 UI 线程访问网络了，且子线程也不能更新 UI 界面，那么必须通过 Handler 消息机制来实现线程之间的通信。

Handler 消息机制主要包括四个对象，分别是 Message、Handler、MessageQueue 和 Looper。

1. Message

Message 是在线程之间传递的消息，可以在内部携带少量的信息，用于在不同线程之间交互数据。其中的 Message 可以通过 what 字段携带一些信息，也可以通过 arg1 和 arg2 携带一些整型数据，使用 obj 字段携带一个 Object 对象。

2. Handler

Handler 就是处理者的意思，主要用于发送消息和处理消息。发送消息一般是使用 Handler 的 sendMessage()方法，而发出的消息经过 Android 系统一系列地处理后，最终会传递到 Handler 的 handleMessage()方法中。

3. MessageQueue

MessageQueue 就是消息队列的意思，主要用来存放通过 Handler 发送的消息。通过 Handler 发送的消息会存放在 MessageQueue 中等待处理。每个线程中只会有一个 MessageQueue 对象。

4. Looper

Looper 是每个线程中的 MessageQueue 的大管家。调用 Looper 的 loop()方法后，就会进入一个无限循环中。每当发现 MessageQueue 中存在一条消息，就会取出，并传递到 Handler 的 handleMessage()方法中。每个线程也只会有一个 Looper 对象，在主线程中创建 Handler 对象时，系统同时创建了 Looper 对象，所以不用手动创建 Looper 对象，而在子线程中的 Handler 对象，需要调用 Looper. loop()方法来开启消息循环。

整体来说，首先需要在主线程当中创建一个 Handler 对象，并重写 handleMessage()方法。然后当子线程中需要进行 UI 操作时，就创建一个 Message 对象，并通过 Handler 将这条消息发送出去。之后这条 Message 就会被添加到 MessageQueue 的队列中等待被处理，而 Looper 则会一直尝试从 MessageQueue 中取出待处理 Message，最后分发回到 Handler 的handleMessage()方法中。由于 Handler 是在主线程中被创建，所以此时handleMessage()方法中的代码也是会在主线程中进行。整个 Handler 处理消息的机制如图 9-3 所示。

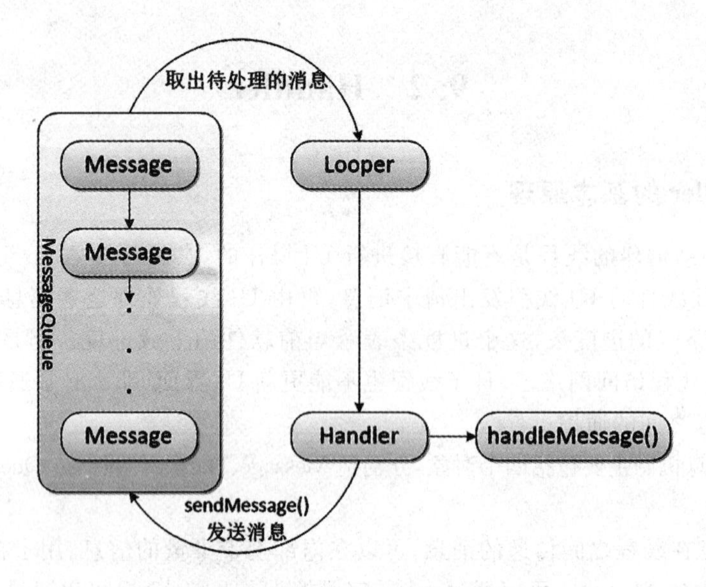

图 9-3 Handler 消息处理机制

9.2.2 使用 Handler 处理消息

【例 9.3】 定义一个线程用循环的方式将 1 到 30 作为消息发送给 Handler 类进行处理，当 Handler 接收到消息后，将数字显示到界面元素 TextView 上。

(1)修改 activity_main.xml，在布局中添加 Button，用于启动线程，添加 TextView 用于显示线程发出的消息。具体代码如下：

```
<LinearLayout xmlns:android = "http://schemas.android.com/apk/res/android"
    xmlns:tools = "http://schemas.android.com/tools"
    android:layout_width = "match_parent"
    android:layout_height = "match_parent"
    android:orientation = "vertical" >
    <Button android:id = "@ + id/btnStart"
        android:layout_width = "match_parent"
        android:layout_height = "wrap_content"
        android:text = "使用线程开始计数" />
    <TextView android:id = "@ + id/tv"
        android:layout_width = "match_parent"
        android:layout_height = "wrap_content"/>
</LinearLayout>
```

(2)在 MainActivity.java 中添加内部类 MyThread，继承 Thread 类，重写 run()方法，将 1 到 30 个数字作为消息的方式发送给 Handler 类实例。参考代码如下：

```
class MyThread extends Thread{
    @Override
    public void run() {
        for (int i = 1; i < 30; i ++ ) {
```

```
            try {
                Thread.sleep(100);
                Message message = new Message();
                message.what = i;
                handler.sendMessage(message);
            } catch (InterruptedException e) {
                // TODO Auto-generated catch block
                e.printStackTrace();
            }

        }
    }
}
```

为防止消息发送过快,使用 Thread.Sleep(100),让线程等待一下,再发送消息。

(3)在 onCreate 方法中定义 Handler 的实例,并重写 Handler 的 handleMessage()方法处理消息。参考代码如下:

```
Button btnStart;
TextView tv;
Handler handler;
@Override
protected void onCreate(Bundle savedInstanceState) {
    super.onCreate(savedInstanceState);
    setContentView(R.layout.activity_main);
    btnStart = (Button) findViewById(R.id.btnStart);
    btnStart.setOnClickListener(new View.OnClickListener() {
        @Override
        public void onClick(View v) {
            Thread thread = new MyThread();
            thread.start();
        }
    });
    tv = (TextView) findViewById(R.id.tv);
    handler = new Handler(){
        public void handleMessage(android.os.Message msg) {
            int i = msg.what;
            String str = tv.getText().toString();
            str += i + "\n";
            tv.setText(str);
        }
    };
}
```

执行程序,运行结果如图 9-4 所示。

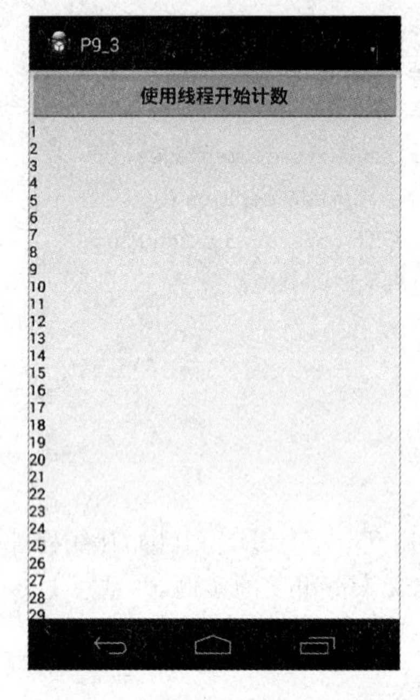

图 9-4 使用 Handler 处理消息

9.2.3 技能训练

【训练 9-2】 在线程中对 1 到 10000 求和,使用 Handler 将累加结果输出到界面上的 TextView。

技能要点

(1)使用 Button 组件。

(2)定义线程类。

(3)重写 run()方法。

(4)定义 Handler 实例。

需求说明

(1)创建按钮。

(2)为按钮添加监听事件。

(3)定义线程。

(4)启动线程。

(5)显示累加的结果到 TextView,将每次循环的结果输出到 TextView。

(6)发送消息。

(7)处理消息。

关键点分析

(1)使用继承 Thread 类或者实现 Runnable 接口定义线程类。

(2)使用线程。

(3)使用 sendMessage()和 handleMessage()。

9.3 AsyncTask

9.3.1 AsyncTask 的基本原理

如果想更方便地在子线程中对 UI 进行操作，Android 提供了一些好用的工具类，AsyncTask 就是一个很重要的类。借助 AsyncTask，可以简单方便地从子线程切换到主线程，其原理也就是基于异步消息处理机制。

由于 AsyncTask 是一个抽象类，因此要使用它必须先创建一个类去继承。继承 AsyncTask，需要指定三个泛型参数，这三个参数的用法如下：

params：在执行 AsyncTask 时需要传入的参数，用于后台任务中使用。

progress：后台任务执行时，如果需要在界面上显示当前的进度，则使用该参数作为进度单位。

result：当任务执行完毕后，如果需要对结果进行返回，则使用该参数作为返回值类型。

规范的定义方式应该如下所示：

```
class MyTask extends AsyncTask<Void,Integer,Boolean>{
    ……
}
```

这里定义的 MyTask 类的泛型参数第一个类型为 Void，表示执行 AysncTask 的时候不需要传入参数给后台任务。第二个泛型参数指定为 Integer，表示使用整型数据来作为进度显示单位。第三个泛型参数指定为 Boolean，表示使用布尔型数据来反馈执行结果。

在使用 AsyncTask 时，必须重写它的四个方法：

1. onPreExcute()

这个方法会在后台任务开始执行之前调用，用于进行一些界面上的初始化操作。

2. doInBackground(Void…params)

这个方法中的所有代码都会在子线程中运行，在这里去处理所有的耗时任务。任务一旦完成就可以通过 return 语句来将任务的执行结果返回，如果 AsyncTask 的第三个泛型参数指定的 Void，就可以不返回任务执行结果。注意，在这个方法中是不可以进行 UI 操作的，如果需要更新 UI 元素，比如说反馈下载的进度比例，那么就必须在当前方法中手动地调用 publishProgress(Integer…progress)方法来完成。

3. onProgressUpdate(Integer…progress)

当在 doInBackground()方法中调用了 publishProgress(Integer…progress)后，这个方法会很快被调用，方法中携带的参数就是在 doInBackground()中传递过来的。在这个方法中可以对 UI 进行操作，利用参数中的数值就可以对界面元素进行相应地更新。

4. onPostExecute(Result)

当后台任务执行完毕并通过 return 语句进行返回时，这个方法很快会被调用。返回的数据会作为参数传递到此方法中，可以利用返回的数据来进行一些 UI 更新操作。比如某某下载完毕。

9.3.2 使用 AsyncTask 处理消息

【例 9.4】 定义一个 AsyncTask 类，在线程中用循环的方式将 1 到 19 作为消息发送给主线程，并通过 UI 线程更新接收到消息。

(1) 修改 activity_main.xml，在布局中添加 Button，用于执行 AsyncTask，添加 TextView 用于显示接收到的消息。代码如上。

(2) 在 MainActivity.java 中添加内部类 MyTask，继承 AsyncTask 类，重写 onPreExecute()、protected Boolean doInBackground(Void... params)、protected void onProgressUpdate(Integer... values)、protected void onPostExecute(Boolean result)，将 1 到 19 个数字作为消息的方式发送给 Handler 类实例。参考代码如下：

```
class MyTask extends AsyncTask<Void,Integer,Boolean> {
    @Override
    protected void onPreExecute() {
        // TODO Auto-generated method stub
        super.onPreExecute();
        tv.setText("计数即将开始...\n");
        //初始化 UI
    }
    @Override
    protected Boolean doInBackground(Void... params) {
        // TODO Auto-generated method stub
        for (int i = 1; i <20; i ++ ) {
            try {
                Thread.sleep(100);
                publishProgress(i);
                //发送进度
            } catch (InterruptedException e) {
                // TODO Auto-generated catch block
                e.printStackTrace();
            }
        }
        return true;
    }
    @Override
    protected void onProgressUpdate(Integer... values) {
        // TODO Auto-generated method stub
        super.onProgressUpdate(values);
        //接收进度信息，更新 UI
        String str = tv.getText().toString();
        str += values[0] + "\n";
        tv.setText(str);
```

```
        }
        @Override
        protected void onPostExecute(Boolean result) {
            // TODO Auto-generated method stub
            super.onPostExecute(result);
            if(result){
                //处理完毕,更新 UI
                String str = tv.getText().toString();
                str += "结束计数" + "\n";
                tv.setText(str);
            }
        }
    }
```

为防止消息发送过快,使用 Thread.Sleep(100),让线程等待一下,再发送消息。

(3)在 onCreate 方法中通过按钮点击事件执行 AsyncTask。参考代码如下:

```
Button btnStart;
    TextView tv;
    @Override
    protected void onCreate(Bundle savedInstanceState) {
        super.onCreate(savedInstanceState);
        setContentView(R.layout.activity_main);
        btnStart = (Button) findViewById(R.id.btnStart);
        btnStart.setOnClickListener(new View.OnClickListener() {
            @Override
            public void onClick(View v) {
                MyTask myTask = new MyTask();
                myTask.execute();
            }
        });
        tv = (TextView) findViewById(R.id.tv);
    }
```

执行程序,运行结果如图 9-5 所示。

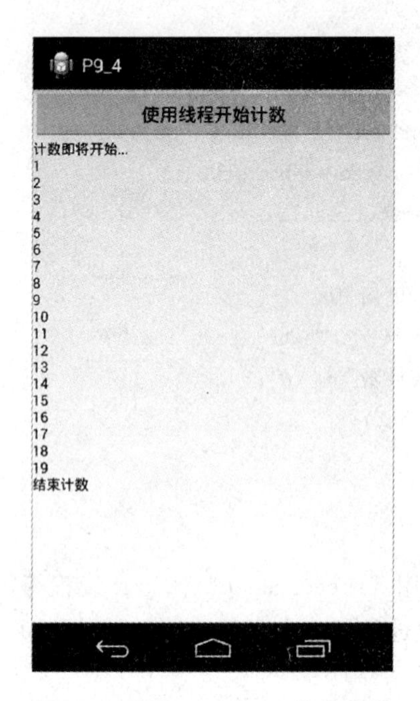

图 9-5 使用 AysncTask 处理消息

9.3.3 技能训练

【训练 9-4】 在线程中对 1 到 10000 求和,使用 AsyncTask 将累加结果输出到界面上的 TextView。

技能要点

(1)使用 Button 组件。

(2)定义类,继承 AsyncTask 类。

(3)重写 onPreExecute()、doInBackground()、onProgressUpdate()、onProgressUpdate()和 onPostExecute()方法。

(4)定义 Handler 实例。

需求说明

(1)创建按钮。

(2)为按钮添加监听事件。

(3)累加 1 到 10000 的和。

(4)定义类,继承 AsyncTask 类。

(5)显示累加的结果到 TextView,将每次循环的结果输出到 TextView。

关键点分析

(1)自定义 AsyncTask 类。

(2)重写 AsyncTask 类相关方法。

(3)在 doInBackground()方法中调用方法 publishProgress()动态更新累加进度。

9.4　使用 HttpURLConnection

9.4.1　网络访问

移动时代的特点就是手机、Pad、网络电视都具备上网的功能，Android 操作系统是基于 Linux 系统开发的，自然支持很多网络功能。这些联网功能都是与相关的包有关系。

java.net：提供与联网有关的类，包括流和数据包 sockets、intenet 协议和常见的 HTTP 处理。该包提供了很多功能网络资源。有经验的 Java 开发人员可以立即使用该包创建应用程序。

java.io：虽然没有提供显示的联网功能，但在网络编程中仍然相当重要。该包中的类由其他 Java 包中提供的 socket 和连接使用，还可以用来与本地文件进行交互（在与网络进行交互时经常使用）。

java.nio：包含表示特定数据类型的缓冲区的类。适合用于基于 Java 语言的两个端点之间的通信。

org.apache.*：表示许多为 HTTP 通信提供精确控制和功能的包。可以将 Apache 视为流行的开源 Web 服务器。

android.net：除了包含核心的 java.net.* 类以外，还包含额外的网络访问 socket。该包包括 URI 类，URI 频繁用于 Android 应用程序开发，而不仅仅是传统的联网方面。

android.net.http：包含处理 SSL 证书的类。

android.net.wifi：包含在 Android 平台管理有关 WiFi(802.11 无线 Ethernet)所有方面的类。

android.telephony.gsm：包含用于管理和发送 SMS(文本)消息的类。

9.4.2　使用 HttpURLConnection

对于 HTTP 协议的访问，Android 系统基于 URLConnection 类提供了一个子类 HttpURLConnection，通过该子类的方法可以非常简便的访问网络。这些方法包括：

int getResponseCode()：获取服务器的响应代码。

String getResponseMessage()：获取服务器的响应消息。

String getRequestMethod()：获取发送请求的方法。

void setRequestMethod(String method)：设置发送请求的方法。

【例 9.5】　输入图片网址，点击查看图片按钮，显示图片在下面的 ImageView 中。

(1)修改 activity_main.xml，代码如下：

```
<LinearLayout xmlns:android = "http://schemas.android.com/apk/res/android"
    xmlns:tools = "http://schemas.android.com/tools"
    android:layout_width = "match_parent"
    android:layout_height = "match_parent"
    android:orientation = "vertical">
    <EditText android:id = "@ + id/etUrl"
```

```
        android:layout_width = "wrap_content"
        android:layout_height = "wrap_content"
        android:hint = "请输入图片的 Url"
        android:text = "http://img3.cache.netease.com/photo/
        0001/2016-08-07/900x600_BTSJIIRD00AP0001.jpg"/>
    <Button android:id = "@ + id/btnView"
        android:layout_width = "wrap_content"
        android:layout_height = "wrap_content"
        android:text = "查看该路径图片" />
    <ImageView android:id = "@ + id/iv"
        android:layout_width = "wrap_content"
        android:layout_height = "wrap_content" />
</LinearLayout>
```

(2)定义线程,通过 HttpURLConnection 访问图片地址。

```
class MyThread extends Thread{
    @Override
    public void run() {
        HttpURLConnection connection;
        String path = etUrl.getText().toString();
        URL url;
        try {
            url = new URL(path);
            //将字符串转换成 url
            connection = (HttpURLConnection) url.openConnection();
            //创建连接对象
            connection.setRequestMethod("GET");
            //设置请求方式
            connection.setConnectTimeout(5000);
            //设置超时时间
            connection.setRequestProperty("User-Agent",
                "Mozilla/4.0 (compatible;MSIE 6.0;Window NT 5.1;" +
                "SV1;.NET4.0C;.NET4.0E;.NET CLR 2.0.50727;" +
                ".NET CLR 3.0.4506.2152;.NET CLR 3.5.30729;Shuma)");
            //设置请求头 User-Agent 浏览器的版本
            int code = connection.getResponseCode();
            if(code == 200){
                //请求成功返回码为 200
                InputStream is = connection.getInputStream();
                //获得输入流
                Bitmap bitmap = BitmapFactory.decodeStream(is);
                //将输入流解码成一个 Bitmap 对象
```

```
                Message msg = new Message();
                msg.what = 1;//标示消息,成功
                msg.obj = bitmap;//传入图片
                handler.sendMessage(msg);
            }
        } catch (Exception e) {
            e.printStackTrace();
            Message msg = new Message();
            msg.what = 2;//标示消息,失败
            handler.sendMessage(msg);
        }
    }
}
```

这里先使用 URL 的 openConnection()方法获取 HttpURLConnection 对象,通过 setRequestMethod()方法设置请求的方式,再设置请求的相关属性。通过 getResponseCode()方法获取请求返回的状态码,如果状态码为 200 表示请求成功。当请求成功后,将输入流解码成一张图片,通过 Handler 将图片封装成一个消息发送给 handleMessage()方法处理。在 handleMessage()方法里将图片显示到 ImageView 上。

(3)由于需要请求网络,必须在 AndroidManifest.xml 文件中添加相应的权限。具体如下所示:

```
<uses-permission android:name = "android.permission.INTERNET"/>
```

执行程序,输入图片的 Url,点击查看图片按钮,通过网络请求后看到图片显示到 ImageView 上。如图 9-6 所示。

图 9-6 使用 HttpURLConnection

9.4.3 技能训练

【训练 9-4】 使用 HttpURLConnection 类，访问指定的网页地址，将返回的网页源代码显示到 UI 界面上的 TextView 上。

✎技能要点

(1)使用 TextView 组件、EditView 组件、Button 组件。

(2)使用 Handler 收发消息。

(3)使用 HttpURLConnection 访问指定网页。

✎需求说明

(1)创建按钮，为按钮添加监听事件。

(2)定义 HttpURLConnection 实例。

(3)在请求响应成功后，解析响应信息。

(4)使用 handler 发送信息。

(5)使用 handler 处理信息。

✎关键点分析

(1)实例化 HttpURLConnection 类。

(2)设置 GET 请求方式及相关请求属性。

(3)解析响应信息。

9.5 使用 HttpClient

9.5.1 HttpClient 的使用方法

HttpClient 是 Apache 的一个开源项目，专门用于 HTTP 网络访问，从一开始就被引入到 Android 的 API 中。HttpClient 可以完成和 HttpURLConnection 一样的效果，但是用起来更加方便。其效率也比较高，功能也很丰富。具体使用步骤如下：

(1)创建 HttpClitent 对象。

(2)指定访问网络的方式，创建一个 HttpGet 对象或者 HttpPost 对象。

(3)如果需要发送请求参数，可以调用 HttpGet、HttpPost 都具有的 setParams()方法。对于 HttpPost 对象而言，也可调用 setEntity()方法来设置请求参数。

(4)调用 HttpClient 对象的 execute()方法访问网络，并获取 HttpResponse 对象。

(5)调用 HttpResponse. getEntity()方法获取 HttpEntity 对象，该对象包装了服务器的响应内容。

【例 9.6】 使用 HttpClient 改造【例 9.5】。

(1)修改 activity_main. xml，代码与上例一样。

(2)在 MainActivity. java 编写内部类，集成 Thread，在自定义 Thread 的 run()方法中使用 HttpClient 请求图片。内部类代码如下：

```
class MyThread extends Thread{
    @Override
```

```
    public void run() {
        HttpURLConnection connection;
        String path = etUrl.getText().toString();
        try {
            HttpClient client = new DefaultHttpClient();
            //实例化客户端
            HttpGet httpGet = new HttpGet(path);
            //实例化请求对象
            HttpResponse response = client.execute(httpGet);
            //执行请求
            int code = response.getStatusLine().getStatusCode();
            //获取请求返回的状态码
            if(code = = 200){
                //请求成功返回码为 200
                HttpEntity entity = response.getEntity();
                //获得响应对象
                InputStream is = entity.getContent();
                //获得输入流
                Bitmap bitmap = BitmapFactory.decodeStream(is);
                //将输入流解码成一个 Bitmap 对象
                Message msg = new Message();
                msg.what = 1;//标示消息,成功
                msg.obj = bitmap;//传入图片
                handler.sendMessage(msg);
            }
        } catch (Exception e) {
            e.printStackTrace();
            Message msg = new Message();
            msg.what = 2;//标示消息,失败
            handler.sendMessage(msg);

    }
}
```

先定义一个 HttpClient 实例模拟浏览器客户端,再定义 HttpGet 实例表示请求方式和请求的网络地址,再执行 HttpClient 的 execute 方法获得服务端的响应,当获得响应的状态码为 200,表示请求成功,再通过响应类的实例 getEntity()获得响应对象,从其中解码获得图片对象,剩下的就和上例一模一样执行程序,点击获取图片。运行结果如图 9-6 所示。

9.5.2 使用 Get 方式访问网络

如果使用 GET 方式访问网络,且有查询参数,只需将查询参数与 Url 组合在一起进行访问即可。

【例 9.7】 用户输入账号和密码，使用 GET 方式访问服务器地址，并进行验证，如果验证通过则弹出消息“GET 登录成功”，如果验证不通过则弹出“GET 登录失败”。

(1)部署 JavaWeb 服务器项目，用于客户端验证账号和密码。

(2)修改 activity_main. xml，代码如下：

```
<LinearLayout xmlns:android = "http://schemas.android.com/apk/res/android"
    xmlns:tools = "http://schemas.android.com/tools"
    android:layout_width = "match_parent"
    android:layout_height = "match_parent"
    android:orientation = "vertical">
    <EditText android:id = "@ + id/etUserId"
        android:layout_width = "match_parent"
        android:layout_height = "wrap_content"
        android:hint = "请输入用户名"
        android:text = "sa"/>
    <EditText android:id = "@ + id/etPassword"
        android:layout_width = "match_parent"
        android:layout_height = "wrap_content"
        android:password = "true"
        android:hint = "请输入密码"
        android:text = "123456"/>
    <Button android:id = "@ + id/btnLogin"
        android:layout_width = "match_parent"
        android:layout_height = "wrap_content"
        android:text = "GET 登录" />
</LinearLayout>
```

(3)修改 MainActivity. java，添加内部类，使用 HttpClient 的 GET 方式访问网络，具体代码如下：

```
public class MainActivity extends Activity {
    EditText etUserId,etPassword;
    Button btnLogin;
    Handler handler;
    @Override
    protected void onCreate(Bundle savedInstanceState) {
        super.onCreate(savedInstanceState);
        setContentView(R.layout.activity_main);
        etUserId = (EditText) findViewById(R.id.etUserId);
        etPassword = (EditText) findViewById(R.id.etPassword);
        btnLogin = (Button) findViewById(R.id.btnLogin);
        handler = new Handler(){
            @Override
            public void handleMessage(Message msg) {
```

```
                // TODO Auto-generated method stub
                if(msg.what == 1){
                    String s = msg.obj.toString();
                    Toast.makeText(MainActivity.this,
                            s,
                            Toast.LENGTH_SHORT).show();
                }else {
                    Toast.makeText(MainActivity.this,
                        "加载图片失败!",
                        Toast.LENGTH_SHORT).show();
                }
            }
        };
        btnLogin.setOnClickListener(new View.OnClickListener() {
            @Override
            public void onClick(View v) {
                Thread myThread = new MyThread();
                myThread.start();
            }
        });
    }
    class MyThread extends Thread{
        @Override
        public void run() {
            String UserId = etUserId.getText().toString();
            String Password = etPassword.getText().toString();
            try {
                HttpClient client = new DefaultHttpClient();
                //实例化客户端
                HttpGet httpGet = new HttpGet(
                        "http://192.168.0.105:8081/MyWeb" +
                        "/servlet/LoginServlet? UserId = " + UserId
                        + "&Password = " + Password);
                //实例化请求对象
                HttpResponse response = client.execute(httpGet);
                //执行请求
                int code = response.getStatusLine().getStatusCode();
                //获取请求返回的状态码
                if(code == 200){
                    //请求成功返回码为 200
                    HttpEntity entity = response.getEntity();
```

```
                    //获得响应对象
                    InputStream is = entity.getContent();
                    //获得输入流
                    String text = inputStreamToString(is);
                    //将输入流解码成一个字符串
                    Message msg = new Message();
                    msg.what = 1;//标示消息,成功
                    msg.obj = text;//传入字符串
                    handler.sendMessage(msg);
                }
            } catch (Exception e) {
                e.printStackTrace();
                Message msg = new Message();
                msg.what = 2;//标示消息,失败
                handler.sendMessage(msg);
            }
        }
    }
    //将输入流转化成一个字符串
    private String inputStreamToString(InputStream is){
        StringBuilder s = new StringBuilder();
        String line = "";
        BufferedReader reader = new BufferedReader(
                new InputStreamReader(is));
        try {
            while((line = reader.readLine())! = null){
                s.append(line);
            }
        } catch (IOException e) {
            // TODO Auto-generated catch block
            e.printStackTrace();
        }
        return s.toString();
    }
}
```

其中网络地址通过字符串连接的方式把请求参数 UserId 和 Password 组合到请求的 Url 中,当服务器接收 GET 请求时就会做出响应。

(4)在 AndroidManifest.xml 中设置网络访问权限。

执行程序,运行结果如图 9-7 和 9-8 所示。

图 9-7 GET 登录失败

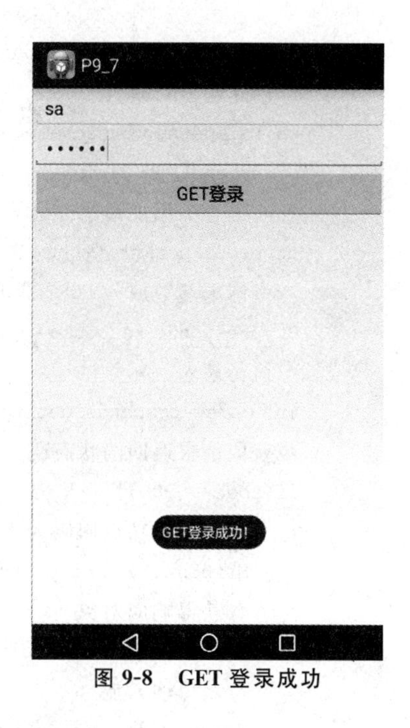

图 9-8 GET 登录成功

9.5.3 使用 Post 方式访问网络

如果使用 POST 方式访问网络，且有查询参数，则必须使用 NameValuePair 类将请求参数传入该键值对实例，多个参数通过 List<NameValuePair>泛型集合一一存入，最后将该泛型集合传入到一个 UrlEncodeFormEntity 中，使用 HttpPost 的 setEntity()方法将构建好的 UrlEncodeFormEntity 传入。

【例 9.8】 用户输入账号和密码，使用 POST 方式访问服务器地址，并进行验证，如果验证通过则弹出消息"POST 登录成功"，如果验证不通过则弹出"POST 登录失败"。

(1)部署 JavaWeb 服务器项目，用于客户端验证账号和密码。

(2)布局文件 activity_main. xml 与上例类似，修改 Button 上面的 Text 为"POST 登录"即可。

(3)修改 MainActivity. java 中内部类，改成 HttpPost 方式请求网络。

```
class MyThread extends Thread{
    @Override
    public void run() {
        String UserId = etUserId.getText().toString();
        String Password = etPassword.getText().toString();
        try {
            HttpClient client = new DefaultHttpClient();
            //实例化客户端
            HttpPost httpPost = new HttpPost(
                    "http://192.168.0.105:8081/MyWeb" +
                    "/servlet/LoginServlet");
            //实例化请求对象
```

```
            List<NameValuePair> pairs = new ArrayList<>();
            //创建键值对集合
            pairs.add(new BasicNameValuePair("UserId",UserId));
            pairs.add(new BasicNameValuePair("Password",Password));
            //向集合中添加请求参数
            httpPost.setEntity(new UrlEncodedFormEntity(pairs));
            //将请求参数放入 POST 请求对象中
            HttpResponse response = client.execute(httpPost);
            //执行请求
            int code = response.getStatusLine().getStatusCode();
            //获取请求返回的状态码
            if(code == 200){
                //请求成功返回码为 200
                HttpEntity entity = response.getEntity();
                //获得响应对象
                InputStream is = entity.getContent();
                //获得输入流
                String text = inputStreamToString(is);
                //将输入流解码成一个字符串
                Message msg = new Message();
                msg.what = 1;//标示消息,成功
                msg.obj = text;//传入字符串
                handler.sendMessage(msg);
            }
        } catch (Exception e) {
            e.printStackTrace();
            Message msg = new Message();
            msg.what = 2;//标示消息,失败
            handler.sendMessage(msg);
        }
    }
}
```

其中 pairs 为 POST 方式下的请求参数,最后通过 HttpPost 的 setEntity()方法将请求参数放入请求体。最后通过 sendMessage()方法把网络请求的响应信息发给 Handler 的 handleMessage(),如果账号和密码验证通过显示“登录成功”,如果验证不通过显示“登录失败”。

执行程序,输入账号和密码,运行结果如图 9-9 和 9-10 所示。

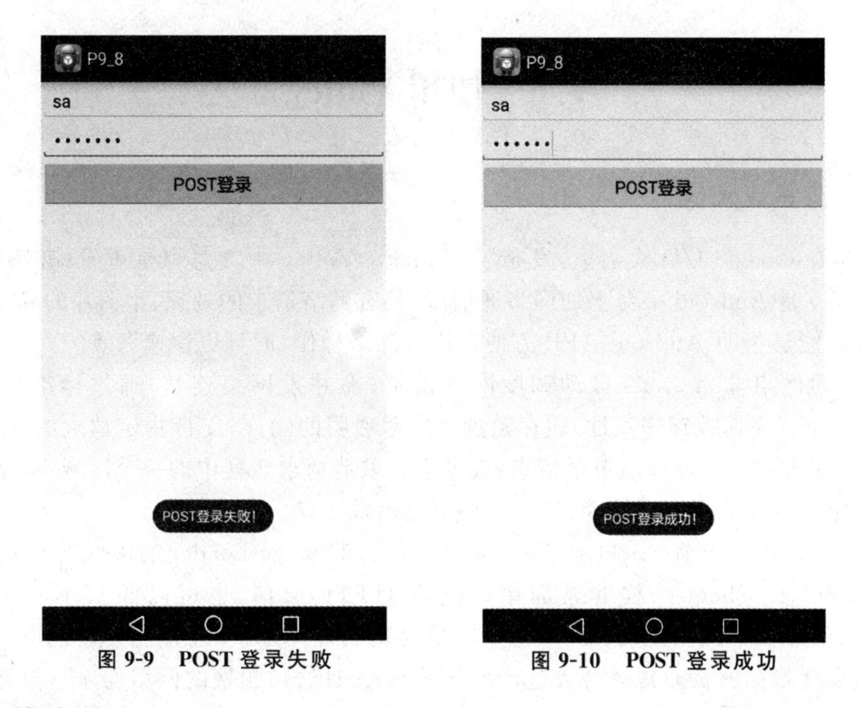

图 9-9 POST 登录失败　　　　图 9-10 POST 登录成功

9.5.4 技能训练

【训练 9-5】 使用 HttpClient 类，访问指定的网页地址，将返回的网页源代码显示到 UI 界面上的 TextView 上。

✎技能要点

(1)使用 TextView 组件、EditView 组件、Button 组件。

(2)使用 Handler 收发消息。

(3)使用 HttpClient 访问指定网页。

✎需求说明

(1)创建按钮，为按钮添加监听事件。

(2)定义 HttpClient 实例。

(3)在请求响应成功后，解析响应信息。

(4)使用 handler 发送信息。

(5)使用 handler 处理信息。

✎关键点分析

(1)实例化 HttpClient 类。

(2)设置 GET 请求方式及相关请求属性。

(3)解析响应信息。

9.6 使用 Volley

9.6.1 什么是 Volley

2013 年在 Google I/O 大会上，发布了 Volley。Volley 中文意思是迸发、齐鸣的意思。实际上 Volley 是 Android 平台上的网络通信库，具有网络请求的处理、小图片的异步加载和缓存等功能，能够帮助 Android APP 方便地执行网络操作，而且更快速高效。

Volley 的优点非常之多：自动调度网络请求；高并发网络连接；通过标准的 HTTP cache coherence（高速缓存一致性）缓存磁盘和内存透明的响应；支持指定请求的优先级；网络请求 cancel 机制。可以取消单个请求，或者指定取消请求队列中的一个区域；框架容易被定制，例如定制重试或者回退功能；包含了调试与追踪工具。

Volley 可以说是把 AsyncHttpClient 和 Universal-Image-Loader 的优点集于了一身，既可以像 AsyncHttpClient 一样非常简单地进行 HTTP 通信，也可以像 Universal-Image-Loader 一样轻松加载网络上的图片。除了简单易用之外，Volley 在性能方面也进行了大幅度的调整，设计目标就是非常适合去进行数据量不大，且通信频繁的网络操作。但是 Volley 不适合用来下载大的数据文件，因为 Volley 会保持在解析过程中的所有响应。

Volley 提供了五种基本的网络请求方式，分别是 StringRequest、JsonRequest、JsonObjectRequest、JsonArrayRequest 和 ImageRequest。

使用 Volley 框架实现网络数据请求主要有以下三个步骤：

（1）创建 RequestQueue，定义一个网络请求队列。

（2）创建 XXXRequest 对象（XXX 代表 String，JSON，Image 等），定义网络数据请求的详细过程。

（3）把 XXXRequest 对象添加到 RequestQueue 中，开始执行网络请求。

需要注意的是 Volley 框架是一个单独的 jar 包，名称叫 volley. jar。在使用到项目时，需要将该包文件复制到添加到项目的 libs 文件夹下，保证正常引用。

9.6.2 使用 Volley 进行 GET 方式请求

【例 9.9】 用户输入账号和密码，利用 Volley 框架的 GET 方式访问服务器地址，并进行验证，如果验证通过则弹出消息“GET 登录成功”，如果验证不通过则弹出“GET 登录失败”。

（1）部署 JavaWeb 服务器项目，用于客户端验证账号和密码。

（2）布局文件 activity_main. xml 与上例类似，修改 Button 上面的 Text 为“Volley-GET 登录”即可。

（3）为了保证 Volley 的请求队列全局性，需要重新定义一个 Application 类，该自定义类需要继承 Android 的 Application。将文件建立在 MainActivity. java 同一个包下。代码如下：

```
public class MyApplication extends Application {
    public static RequestQueue queue;
    //建立请求队列
```

```
    @Override
    public void onCreate() {
        // TODO Auto-generated method stub
        super.onCreate();
        queue = Volley.newRequestQueue(getApplicationContext());
        //实例化请求队列
    }
    //建立返回队列的方法
    public static RequestQueue getHttpQueue() {
        return queue;
    }
}
```

(4)修改 AndroidManifest.xml 中的代码,让 app 的启动从 MyApplication 开始,并且需要添加允许网络访问的权限。

```
<manifest xmlns:android = "http://schemas.android.com/apk/res/android"
    package = "com.example.p9_9"
    android:versionCode = "1"
    android:versionName = "1.0" >
    ……
    <uses-permission android:name = "android.permission.INTERNET"/>
    <application
    android:name = ".MyApplication"
        android:allowBackup = "true"
        android:icon = "@drawable/ic_launcher"
        android:label = "@string/app_name"
        android:theme = "@style/AppTheme" >
    ……
    </application>
</manifest>
```

(5)修改 MainActivity.java 中的代码,当用户点击按钮时发送 GET 请求,具体代码如下:

```
public class MainActivity extends Activity {
    EditText etUserId,etPassword;
    Button btnLogin;
    @Override
    protected void onCreate(Bundle savedInstanceState) {
        super.onCreate(savedInstanceState);
        setContentView(R.layout.activity_main);
        etUserId = (EditText) findViewById(R.id.etUserId);
        etPassword = (EditText) findViewById(R.id.etPassword);
        btnLogin = (Button) findViewById(R.id.btnLogin);
```

```
        btnLogin.setOnClickListener(new View.OnClickListener() {
            @Override
            public void onClick(View v) {
                String UserId = etUserId.getText().toString();
                String Password = etPassword.getText().toString();
                StringRequest stringRequest = new StringRequest(
                    "http://192.168.0.103:8081/MyWeb" +
                        "/servlet/LoginServlet? UserId = " + UserId
                        + "&Password = " + Password,//请求的 url
                        new Response.Listener<String>() {
                            @Override
                            public void onResponse(String response) {
                                // response 表示请求返回的响应信息
                                Toast.makeText(MainActivity.this,
                                        response,
                                        Toast.LENGTH_SHORT).show();
                            }
                        },//请求成功时的监听事件及回调方法
                        new Response.ErrorListener() {
                            @Override
                            public void onErrorResponse(VolleyError error) {
                                //error 表示出错信息
                                Toast.makeText(MainActivity.this,
                                    "访问失败",
                                    Toast.LENGTH_SHORT).show();
                            }
                        }//请求失败时监听事件及回调方法
                        );
                MyApplication.getHttpQueue().add(stringRequest);
                //将请求对象放入全局请求队列
            }
        });
    }
}
```

代码中实例化了一个 StringRequest 对象，该对象的构造函数包含三个参数。第一个参数表示请求的 url，因为是 GET 请求，所以将请求参数合并到一个 Url 字符串中。第二个参数是一个监听事件实例，用于监听网络访问请求成功时执行回调方法，其中 response 表示成功后的响应消息。第三个参数也是一个监听事件实例，用于监听网络访问失败时执行的回调方法，其中 error 表示出错信息。

最后把请求对象放入全局请求对象中。Volley 会根据优化、缓存算法执行请求访问服务器地址。

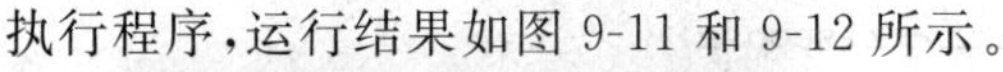

执行程序,运行结果如图 9-11 和 9-12 所示。

图 9-11 使用 Volley 的 GET 方式登录成功

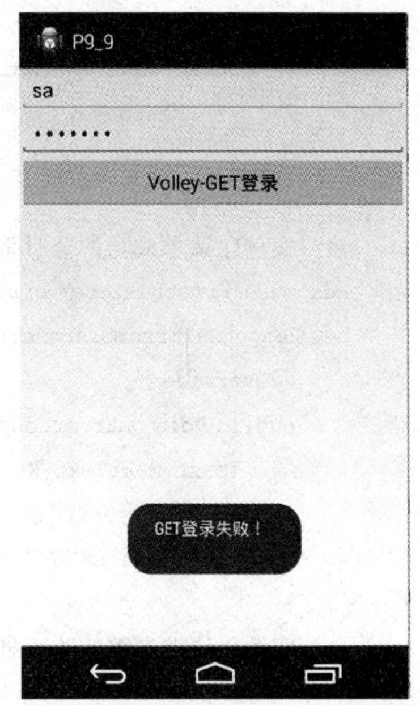

图 9-12 使用 Volley 的 GET 方式登录失败

9.6.3 使用 Volley 进行 POST 方式请求

【例 9.10】 用户输入账号和密码,利用 Volley 框架的 POST 方式访问服务器地址,并进行验证,如果验证通过则弹出消息"POST 登录成功",如果验证不通过则弹出"POST 登录失败"。

(1)部署 JavaWeb 服务器项目,用于客户端验证账号和密码。

(2)布局文件 activity_main. xml 与上例类似,修改 Button 上面的 Text 为"Volley-POST 登录"即可。

(3)为了保证 Volley 的请求队列全局性,需要重新定义一个 Application 类,该自定义类需要继承 Android 的 Application。将文件建立在 MainActivity. java,同一个包下。代码同上例。

(4)修改 AndroidManifest. xml 中的代码,让 app 的启动从 MyApplication 开始,并且需要添加允许网络访问的权限。代码同上例。

(5)修改 MainActivity. java 中的代码,当用户点击按钮时发送 POST 请求,监听事件具体代码如下:

```
btnLogin.setOnClickListener(new View.OnClickListener() {
    @Override
    public void onClick(View v) {
        final String UserId = etUserId.getText().toString();
        final String Password = etPassword.getText().toString();
        Response.Listener<String> listener =
        new Response.Listener<String>() {
            @Override
```

```
            public void onResponse(String response) {
                // TODO Auto-generated method stub
                Toast.makeText(MainActivity.this,
                    response,
                    Toast.LENGTH_SHORT).show();
            }
        };//实例化请求成功的监听事件
        Response.ErrorListener errorListener =
        new Response.ErrorListener() {
            @Override
            public void onErrorResponse(VolleyError error) {
                Toast.makeText(MainActivity.this,
                    "访问失败",
                    Toast.LENGTH_SHORT).show();
            }
        };//实例化请求失败的监听事件
        StringRequest stringRequest = new StringRequest(
            Method.POST,
            "http://192.168.0.103:8081/MyWeb" +
                "/servlet/LoginServlet",
                listener,
                errorListener ){
            @Override
            protected Map<String,String> getParams()
                throws AuthFailureError {
            Map<String,String> map = new HashMap<>();
                map.put("UserId",UserId);
            map.put("Password",Password);
            return map;
        }
        };//使用 POST 方式,实例化请求对象
        MyApplication.getHttpQueue().add(stringRequest);
        //加入请求队列
    }
});
```

这里列出监听事件的代码,为了更清晰的展示代码的结构,先定义并实例化了请求成功的监听事件实例和请求失败的监听事件实例。在回调方法中写好 UI 界面上的响应消息。

把监听事件实例和服务器请求地址,以及 Method.POST 参数一并传给 StringRequest 的构造函数,构造一个 StringRequest 的请求对象。

这里要记住采用 POST 方法,需要向 JavaWeb 服务器的 Servlet 传递请求参数。为了表达请求参数的传递,在构造 StringRequest 实例时,重写了 getParams()方法,在该方法中

利用 Map<String,String>类存入请求参数值，并最终返回 map 即可。

最后，将 StringRequest 实例加入全局请求队列。

执行程序，运行结果如图 9-13 和 9-14 所示。

图 9-13 使用 Volley 的 POST 方式登录成功

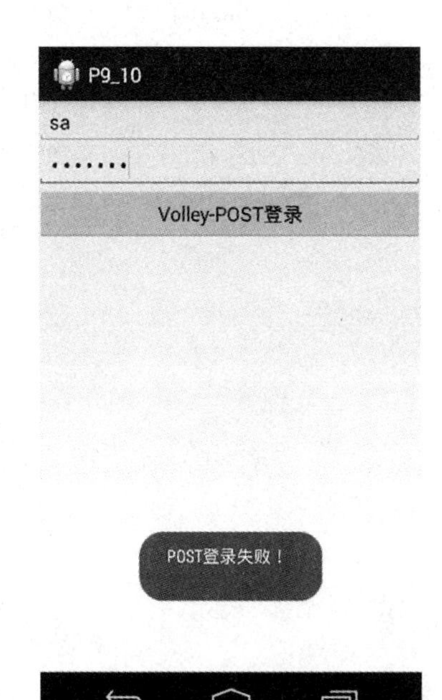

图 9-14 使用 Volley 的 POST 方式登录失败

9.6.4 使用 Volley 访问图片

【例 9.11】 改造【例 9.5】，使用 Volley 框架访问图片。

(1)布局 activity_main.xml 与【例 9.5】保持一致。

(2)为了保证 Volley 的请求队列全局性，重新定义一个 Application 类，该自定义类需要继承 Android 的 Application。将文件建立在 MainActivity.java 同一个包下。代码同上例。

(3)修改 AndroidManifest.xml 中的代码，让 app 的启动从 MyApplication 开始，并且需要添加允许网络访问的权限。代码同上例。

(4)修改 MainActivity.java，使用 Volley 重构图片访问功能。

```
public class MainActivity extends Activity {
    EditText etUrl;
    Button btnView;
    ImageView iv;
    @Override
    protected void onCreate(Bundle savedInstanceState) {
        super.onCreate(savedInstanceState);
        setContentView(R.layout.activity_main);
        etUrl = (EditText) findViewById(R.id.etUrl);
        btnView = (Button) findViewById(R.id.btnView);
        iv = (ImageView) findViewById(R.id.iv);
        btnView.setOnClickListener(new View.OnClickListener() {
```

```
            @Override
            public void onClick(View v) {
                String url = etUrl.getText().toString();
                ImageRequest  imageRequest = new ImageRequest(
                                url,//请求的url
                                new Response.Listener<Bitmap>() {
                                    @Override
                                    public void onResponse(Bitmap response) {
                                        // response 表示请求返回的图片
                                        iv.setImageBitmap(response);
                                    }
                                },//请求成功时的监听事件及回调方法
                                0,0,Config.RGB_565,
                                new Response.ErrorListener() {
                                  @Override
                                  public void onErrorResponse(VolleyError error) {
                                      //error 表示出错信息
                                      Toast.makeText(MainActivity.this,
                                              "访问失败",
                                              Toast.LENGTH_SHORT).show();
                                  }
                              }//请求失败时监听事件及回调方法
                              );
                MyApplication.getHttpQueue().add(imageRequest);
            }
        });
    }
}
```

为了访问图片，这里的请求对象使用 ImageRequest，该对象的构造函数共六个参数。第一个参数表示图片的 Url 地址。第二个参数是图片请求成功后的监听事件，其中包含回调方法。注意这里的回调方法中直接可以拿到图片类型的响应消息，可以直接将图片赋值给 ImageView 对象。第三个参数、第四个参数表示允许图片最大的宽度和高度，如果网络获取的图片本身大于这里设定的值，就会对图片进行压缩，设置为 0 表示不管图片有多大，都不会进行压缩。第五个参数用于指定图片的颜色属性，例如 ARGB_8888 表示可以展示最好的颜色，每个图片像素占据四个字节的大小，而 RGB_565 则表示每个图片像素占据两个字节大小。第六个参数表示图片请求失败时的监听事件，其中包含回调方法，可以显示失败时的错误信息。

最后将图片请求对象加入到网络访问队列中。

执行程序，运行结果与【例 9.5】界面一致。

9.6.5 技能训练

【训练 9-6】 使用 Volley 框架，访问指定的网页地址，将返回的网页源代码显示到 UI 界面上的 TextView 上。

✎技能要点

(1)使用 TextView 组件、EditView 组件、Button 组件。

(2)使用 Volley 框架访问指定网页。

✎需求说明

(1)创建按钮，为按钮添加监听事件。

(2)定义全局请求队列。

(3)在请求响应成功后，解析响应信息。

(4)将 Volley 的请求实例加入到全局请求对象。

✎关键点分析

(1)定义类，继承 Application 类。

(2)实例化 Volley 框架的请求对象。

(3)在回调方法中解析反馈信息。

9.7 解析 XML

9.7.1 什么是 XML

XML(Extensible Markup Language)，可扩展标记语言，与 HTML 非常相似。XML 是为了克服 HTML 缺乏灵活性和伸缩性的缺点，并且摆脱了一些复杂和不利于软件应用的缺点而发展起来的一种元标记语言。XML 是 Internet 环境中跨平台、依赖于内容的技术，是当前处理结构化文档技术的有力工具。XML 是一种简单的数据存储语言，使用一系列简单的标记来描述数据，而这些标记可以使用很方便的方式建立。由于 XML 具有与平台无关性，所以在 Android 的应用中，大量使用了 XML 文件。Android 平台上对 XML 文件进行解析的方法有三种：DOM、SAX 和 PULL。

通常一个 XML 文档结构代码如下：

```
<? xml version = "1.0" encoding = "UTF-8"? >
<books>
    <book id = "1">
        <name>Android 入门篇</name>
        <price>50.0</price>
    </book>
    <book id = "2">
        <name>Android 中级篇</name>
        <price>70.0</price>
    </book>
```

```
    <book id="3">
        <name>Android高级篇</name>
        <price>80.0</price>
    </book>
</books>
```

9.7.2 DOM方式

XML数据的组织形式是树状结构,DOM方式处理XML数据是先读取所有的XML数据,将其构造成一个DOM树,然后通过一些方法来进行数据的处理。由于是将文档一次读到内存中,然后再通过DOM API来访问树形结构,当文件很大时,处理效率就会变得比较低,这就是DOM方式的一个缺点。所谓按DOM方式解析就是将每个节点的标签以及标签属性一一解析出来。一般步骤如下:

(1)建立一个解析器工厂,利用这个工厂获得一个具体的解析器对象。

(2)将XML文件加载进来。

(3)获得根节点下所有子节点的列表。

(4)通过NodeList、Node、Element等对象的相关方法对节点信息进行读取。

【例9.12】 在程序的包下放置一个books.xml文件,点击按钮解析该XML文件,并将解析结果通过Toast消息显示出来。books.xml就是前文介绍的图书信息描述的XML文档。

(1)修改activity_main.xml,代码如下。

```
<LinearLayout xmlns:android="http://schemas.android.com/apk/res/android"
    xmlns:tools="http://schemas.android.com/tools"
    android:layout_width="match_parent"
    android:layout_height="match_parent"
    android:orientation="vertical">
    <Button android:id="@+id/btnParser"
        android:layout_width="wrap_content"
        android:layout_height="wrap_content"
        android:text="DOM方式解析XML" />
</LinearLayout>
```

(2)为了更清晰的理解程序结构,先建立com.example.p9_12.model包,并在该包中根据books.xml文档,建立Book类。

```
public class Book {
    private int id;
    private String name;
    private float price;
    public int getId() {
        return id;
    }
    public void setId(int id) {
```

```
        this.id = id;
    }
    public String getName() {
        return name;
    }
    public void setName(String name) {
        this.name = name;
    }
    public float getPrice() {
        return price;
    }
    public void setPrice(float price) {
        this.price = price;
    }
    @Override
    public String toString() {
        return "Book [id = " + id + ",name = " + name + ",price = " + price + "]";
    }
}
```

(3)修改 MainActivity.java,使用 DOM 方式解析 books.xml。参考代码如下:

```
public class MainActivity extends Activity {
    Button btnParser;
    List<Book> books;
    @Override
    protected void onCreate(Bundle savedInstanceState) {
        super.onCreate(savedInstanceState);
        setContentView(R.layout.activity_main);
        btnParser = (Button) findViewById(R.id.btnParser);
        books = new ArrayList<>();
        btnParser.setOnClickListener(new View.OnClickListener() {
            @Override
            public void onClick(View v) {
                parserXMLWithDom();
                StringBuilder sb = new StringBuilder();
                for (Book b:books) {
                    sb.append(b.toString() + "\n");
                }
                Toast.makeText(MainActivity.this,
                    sb.toString(),
                    Toast.LENGTH_SHORT).show();
            }
```

```
    });
}

private void parserXMLWithDom() {
    try {
        DocumentBuilderFactory factory = DocumentBuilderFactory
                .newInstance();
        //创建解析工厂实例
        DocumentBuilder builder = factory.newDocumentBuilder();
        //创建 Document 文档构建者
        FileInputStream fileInputStream = openFileInput("books.xml");
        //获取包文件路径下 books.xml 文件,并返回一个输入流
        Document doc = builder.parse(fileInputStream);
        //将输入流解析成一个 Document
        Element rootElement = doc.getDocumentElement();
        //获取文档根节点
        NodeList nodeList = rootElement.getElementsByTagName("book");
        //获取根节点下名称为 book 的元素
        for (int i = 0; i < nodeList.getLength(); i ++ ) {
            Element bookElement = (Element) nodeList.item(i);
            //获取节点,转换成元素
            Book b = new Book();
            b.setId(Integer.parseInt(bookElement.getAttribute("id")));
            //获取元素上的名称为 id 的属性值
            Element name = (Element)(bookElement
                    .getElementsByTagName("name").item(0));
            //获取 bookElement 元素下名称为 name 的节点,并获取第一个
            b.setName(name.getTextContent());
            //获取节点内的文本内容,设置到 book 实例的 name 字段上
            Element price = (Element)(bookElement
                    .getElementsByTagName("price").item(0));
            //获取 bookElement 元素下名称为 price 的节点,并获取第一个
            b.setPrice(Float.parseFloat(price.getTextContent()));
            //获取节点内的文本内容,设置到 book 实例的 price 字段上
            books.add(b);
            //添加到 books 集合中
        }
    } catch (Exception e) {
        // TODO Auto-generated catch block
        e.printStackTrace();
    }
```

```
    }
}
```

这里将 XML 文档的解析单独写入 parserXMLWithDom()方法中，首先构造文档解析工厂实例，加载 books. xml 文档，通过文档对象获取 XML 文档的根节点，然后获取根节点下所有的名称为 book 的子节点，再使用循环的方式逐一解析每个 book 子节点，每循环一次就构造一个 Book 类实例，把解析的节点名称及属性等信息一一存入 Book 实例上，最后逐个加入图书泛型集合中。

在解析按钮的单击事件中调用解析方法，并把集合中的图书信息通过 Toast 的消息方式全部显示处理。

(4)运行程序，先不用点击解析按钮，因为此时在该程序的包路径下并没有 books. xml 文件，需要使用 Eclipse 的 DDMS 视图中"File Explorer"，用 push 工具将 books. xml 文件导入到包路径下的 files 文件夹下。

此时，点击解析按钮，运行结果如图 9-15 所示。

图 9-15 XML 文档解析结果

9.7.3 SAX 方式

SAX 是 Simple API for XML 的缩写，SAX 方式是采用基于流的 XML 数据处理方式，并非事先把所有的 XML 节点都读入内存，再进行数据处理，而是一边读一边对所需要的数据进行处理。SAX 是基于事件驱动的。所谓事件驱动，不用解析完整文档，在按内容顺序解析文档的过程中，SAX 会判断当前读到的字符是否符合 XML 文件语法中的某部分。如果符合某部分，则会触发事件。所谓触发事件，就是调用一些回调方法。当然 android 的事件机制是基于回调方法的，在用 SAX 解析 XML 文档时，在读取到文档开始和结束标签时候就会回调一个事件，在读取其他节点与内容时也会回调一个事件。在 SAX 接口中，事件源是 org. xml. sax 包中的 XMLReader，通过 parser()方法来解析 XML 文档，并产生事件。事件处理器 org. xml. sax 包中 ContentHandler、DTDHandler、ErrorHandler 以及 EntityResolver 这四个接口。XMLReader 通过相应事件处理器注册方法 setXXX()来完成这四个接口，而 Android SDK 恰好提供了 DefaultHandler 类来处理。

DefaultHandler 类的主要回调方法如下：

• startDocument()：当遇到文档的开头的时候，调用这个方法，可以在其中完成一些预处理的工作。

• endDocument()：当文档结束的时候，调用这个方法，可以在其中做一些善后的工作。

• startElement(String uri,String localName,String qName,Attributes attributes)：当读到开始标签时候，会调用这个方法。uri 表示命名空间，localName 表示不带命名空间前缀的标签名，qName 是带命名空间前缀的标签名。通过 attributes 可以得到所有的属性。

• endElement(String uri,String localName,String name)：在遇到结束标签时，调用这个方法。

• characters(char[] ch,int start,int length)：这个方法用来处理在 XML 文件中读到的内容，第一个参数用于存放文件的内容，后面两个参数是读到的字符串在这个数组中的起始位置和长度，使用 new String(ch,start,length)就可以获取内容。

SAX 的一个重要特点就是流式处理，当遇到一个标签的时候，并不会记录之前所碰到的标签，即在 startElement()方法中，所有能够知道的信息，就是标签的名字和属性，至于标签的嵌套结构，上层标签的名字，是否有子元素等其他与结构相关的信息，都是不知道的。SAX 的使用步骤如下：

(1)继承 DefaultHandler，自定义一个类。

(2)在该类中创建一个 SAXParserFactory 对象。

(3)使用 SAXParserFactory 中的 newSAXParser 方法创建一个 SAXParser 对象。

(4)调用 SAXParser 中的 getXMLReader 方法获取一个 XMLReader 对象。

(5)实例化一个 DefaultHandler 对象。

(6)连接事件源对象 XMLReader 到事件处理类 DefaultHandler 中。

(7)调用 XMLReader 的 parser()方法从输入源中获取到的 XML 数据。

(8)通过 DefaultHandler 返回需要的数据集合。

【例 9.13】 如【例 9.12】，这里采用 SAX 方式解析 XML。

(1)activity_main. xml 与上例一致，只需将 Button 上的文字修改为“SAX 方式解析 XML”。

(2)Book 类与上例一致，在此不再重复。

(3)修改 MainActivity. java 类，使用 SAX 解析 XML 文档，在这里建立 MyHandler 内部类，继承 DefaultHandler。

```
class MyHandler extends DefaultHandler{
    //继承 SAX 默认的处理器
    Book b;
    StringBuilder builder;
    @Override
```

```
public void startDocument() throws SAXException {
    // TODO Auto-generated method stub
    super.startDocument();
    builder = new StringBuilder();
    //用于获取节点内的文本信息
}
//startElement 表示开始一个新节点调用的方法
@Override
public void startElement(String uri,
        String localName,String qName,
        Attributes attributes) throws SAXException {
    // TODO Auto-generated method stub
    super.startElement(uri,localName,qName,attributes);
    //localName 表示节点名称
    //attributes 表示节点属性集合
    if(localName.equals("book")){
        //如果节点为 book,就初始化一个新的 book
        b = new Book();
        b.setId(Integer.parseInt(attributes.getValue("id")));
    }
    builder.setLength(0);
    //当开始一个新节点时,清空 builder
}
//阅读节点内文本的方法
@Override
public void characters(char[] ch,int start,int length)
        throws SAXException {
    // TODO Auto-generated method stub
    super.characters(ch,start,length);
    builder.append(ch,start,length);
    //将节点内文本追加到 builder 中
}
//解析一个节点结束时调用的方法
@Override
public void endElement(String uri,
        String localName,String qName)
        throws SAXException {
    // TODO Auto-generated method stub
    super.endElement(uri,localName,qName);
    //localName 表示节点名称
    //当结束节点为 book 时,表示 book 实例初始化完毕
```

```
        if(localName.equals("name")){
            b.setName(builder.toString());
            //获取 builder 信息,赋值给 book 的字段
        }else if(localName.equals("price")){
            b.setPrice(Float.parseFloat(builder.toString()));
        }else if(localName.equals("book")){
            books.add(b);
            //加入集合
        }
    }
    @Override
    public void endDocument() throws SAXException {
        // TODO Auto-generated method stub
        super.endDocument();
    }
}
```

这里主要是使用 startDocument()初始化一些对象,使用 startElement()解析每一个标签节点,使用 characters()获取标签节点之间的文本,使用 endElement()方法实例化每一个 Book 对象,而 endDocument()在这里暂时没有使用。

(4)在按钮的单击事件中修改代码如下:

```
protected void onCreate(Bundle savedInstanceState) {
        super.onCreate(savedInstanceState);
        setContentView(R.layout.activity_main);
        btnParser = (Button) findViewById(R.id.btnParser);
        books = new ArrayList<>();
        btnParser.setOnClickListener(new View.OnClickListener() {
            @Override
            public void onClick(View v) {
                parserXMLWithSax();
                StringBuilder sb = new StringBuilder();
                for (Book b:books) {
                    sb.append(b.toString() + "\n");
                }
                Toast.makeText(MainActivity.this,
                        sb.toString(),
                        Toast.LENGTH_SHORT).show();
            }
        });
    }
    private void parserXMLWithSax() {
        try {
```

```
            SAXParserFactory factory = SAXParserFactory.newInstance();
            //初始化解析工厂
            SAXParser parser = factory.newSAXParser();
            //初始化解析器
            MyHandler handler = new MyHandler();
            FileInputStream fileInputStream = openFileInput("books.xml");
            parser.parse(fileInputStream,handler);
            //解析 xml 文档
        } catch (Exception e) {
            // TODO Auto-generated catch block
            e.printStackTrace();
        }
    }
```

首先初始化解析工厂，然后初始化解析器，再加载 XML 文档，通过实例化文档解析自定义类最终解析文档。

执行程序，运行结果如图 9-16 所示。

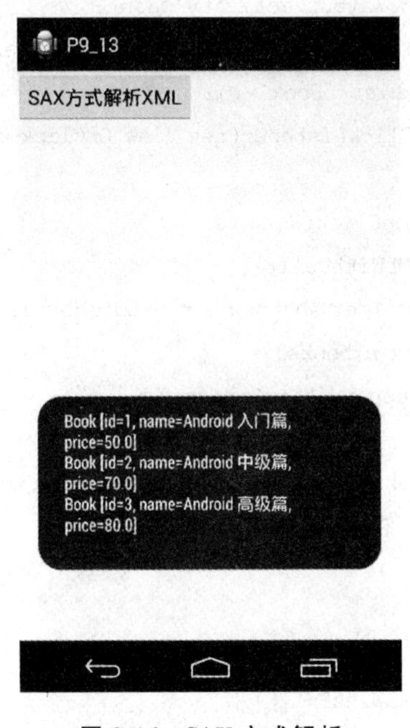

图 9-16　SAX 方式解析

9.7.4　PULL 方式

Pull 是 Android 内置解析 XML 文件的解析器。Pull 解析器的运行方式与 SAX 方式解析器相似。提供了类似的事件，如开始元素和结束元素事件，使用 parser.next()可以进入下一个元素并触发相应事件。事件将作为数值代码被发送，因此可以使用一个 switch 对感兴趣的事件进行处理。当元素开始解析时，调用 parser.next()方法可以获取下一个 Text 类型元素的值。

采用 PULL 方式处理 XML 数据的一般步骤如下：

(1)获取 XmlPullParserFactory 实例。

(2)创建 XmlPullParser 解析器。

(3)InputStream 流作为解析器的输入。

(4)通过 PULL 方式解析。

【例 9.14】 如【例 9.12】,这里采用 PULL 方式解析 XML。

(1)activity_main.xml 与上例一致,只需将 Button 上的文字修改为"PULL 方式解析 XML"。

(2)Book 类与上例一致,在此不再重复。

(3)修改 MainActivity.java 类,使用 PULL 解析 XML 文档。

```
public class MainActivity extends Activity {
    Button btnParser;
    List<Book> books = null;
    @Override
    protected void onCreate(Bundle savedInstanceState) {
        super.onCreate(savedInstanceState);
        setContentView(R.layout.activity_main);
        btnParser = (Button) findViewById(R.id.btnParser);
        books = new ArrayList<Book>();
        btnParser.setOnClickListener(new View.OnClickListener() {
            @Override
            public void onClick(View v) {
                parserXMLWithPull();
                StringBuilder sb = new StringBuilder();
                for (Book b:books) {
                    sb.append(b.toString() + "\n");
                }
                Toast.makeText(MainActivity.this,sb.toString(),
                        Toast.LENGTH_SHORT).show();
            }
        });
    }
    private void parserXMLWithPull() {
        try {
            XmlPullParserFactory factory =
                    XmlPullParserFactory.newInstance();
            //创建解析工厂
            factory.setNamespaceAware(true);
            XmlPullParser xmlPull = factory.newPullParser();
            //创建解析器
            FileInputStream inputStream = openFileInput("books.xml");
            xmlPull.setInput(inputStream,"UTF-8");
```

```
//读取 xml 文档
Book b = null;
int eventCode = xmlPull.getEventType();
//触发事件
while (eventCode != XmlPullParser.END_DOCUMENT) {
    //只要文档不结束,就循环,解析器指向当前节点
    switch (eventCode) {
    case XmlPullParser.START_DOCUMENT:
        books = new ArrayList<Book>();
        //文档开始,初始化 books 集合
        break;
    case XmlPullParser.START_TAG:
        String name = xmlPull.getName();
        if (name.equals("book")) {
            b = new Book();
            b.setId(Integer.parseInt(xmlPull.getAttributeValue(
                    null,"id")));
            //当碰到 book 节点,就初始化一个 book
            //getAttributeValue()获取属性名为 id 的属性值
        } else if (b != null) {
            if (name.equals("name")) {
                b.setName(xmlPull.nextText());
                //nextText()获取节点间文本,设置到 book 对象的字段上
            } else {
                b.setPrice(Float.parseFloat(xmlPull.nextText()));
            }
        }
        break;
    case XmlPullParser.END_TAG:
        if (b != null&&xmlPull.getName().equals("book")) {
            books.add(b);
            b = null;
            //加入集合,清空实例引用
        }
        break;
    default:
        break;
    }
    eventCode = xmlPull.next();
    //读取下一个节点
}
```

```
            } catch (Exception e) {
                // TODO Auto-generated catch block
                e.printStackTrace();
            }
        }
    }
```

XmlPullParseFactory类的newInstance()方法用于创建一个factory对象。调用其他newPullParser()方法可以获得一个XmlPullParser实例，也就是解析器。利用循环访问节点的方式不断的判断节点的类型。通常节点类型有如下几种：

XmlPullParser.START_DOCUMENT：表示文档开始。

XmlPullParser.END_DOCUMENT：表示文档结束。

XmlPullParser.START_TAG：表示标签开始。

XmlPullParser.END_TAG：表示标签结束。

XmlPullParser.TEXT：表示文本。

执行程序，运行结果如图9-17所示。

图 9-17　PULL方式解析

9.7.5　技能训练

【训练 9-7】 使用三种方式解析如下xml文档内容，最后按实例的字段信息方式显示到界面的TextView。

```
<? xml version = "1.0" encoding = "UTF-8"? >
<students>
    <student no = "s001">
        <name>张某某</name>
```

```
        <age>20</price>
    </student>
    <student no = "s002">
        <name>李某某</name>
        <age>21</price>
    </student>
    <student no = "s003">
        <name>王某某</name>
        <age>21</price>
    </student>
</students>
```

技能要点

(1)Push 文件到当前程序的包下。

(2)使用 DOM 方式解析 XML。

(3)使用 SAX 方式解析 XML。

(4)使用 PULL 方式解析 XML。

需求说明

(1)定义三个按钮,分别对应三种不同的解析方式。

(2)定义不同的解析器。

(3)按照标签节点逐个解析数据。

(4)将对应的节点实例化成一个 student 实例。

关键点分析

(1)定义解析器。

(2)获取标签信息。

(3)使用解析事件。

9.8 解析 JSON

9.8.1 什么是 JSON

JSON(JavaScript Object Notation)是一种轻量级的数据交换格式。存储和交换文本信息的语法,类似 XML,但是比 XML 更小、更快、更易解析。与具体的语言没有关系,具有自我描述性,更容易理解。例如将之前的 books. xml,用 JSON 格式数据进行表达,有类似如下形式:

```
[
    {"id":"001","name":"Android 入门篇","price":50.0},
    {"id":"002","name":"Android 中级篇","price":70.0},
    {"id":"003","name":"Android 高级篇","price":80.0}
]
```

9.8.2 解析 JSONArray

在 Android 中有直接可以对 JSON 数据进行处理的 API，常见的类有 JSONObject、JSONArray 等。

【例 9.15】 将以上的 JSON 数据部署到 JavaWeb 服务器上，通过 Android 自身的 JSON 解析类来解析该 JSON 数据。

（1）部署 MyWeb 项目到 JavaWeb 服务器，其中提供了一个 url 用于对外发布以上 JSON 数据格式，具体地址是 http://XXXXX/MyWeb/servlet/BooksServlet。

（2）activity_main. xml 与上例一致，只需将 Button 上的文字修改为“解析 JSONArray”。

（3）Book 类与【例 9.12】一致，在此不再重复。

（4）这里使用 Volley 框架访问网络，在当前程序包下添加 MyApplication 类，继承 Application，该类的编写以及在 AndroidManifest. xml 中如何注册可以参考【例 9.9】。

（5）修改 MainActivity. java 文件，代码如下：

```
public class MainActivity extends Activity {
    Button btnParser;
    List<Book> books = null;
    @Override
    protected void onCreate(Bundle savedInstanceState) {
        super.onCreate(savedInstanceState);
        setContentView(R.layout.activity_main);
        btnParser = (Button) findViewById(R.id.btnParser);
        btnParser.setOnClickListener(new View.OnClickListener() {
            @Override
            public void onClick(View v) {
                parserJSON();
            }
        });
    }
    private void parserJSON() {
        //这里使用 Volley 的 JsonArrayRequest 对象
        JsonArrayRequest jsonArrayRequest =
            new JsonArrayRequest(
                "http://192.168.0.103:8081/MyWeb" +
                        "/servlet/BooksServlet",
                new Response.Listener<JSONArray>() {
                        @Override
                        public void onResponse(JSONArray response) {
                        //请求成功的回调方法，
                        //resposne 表示是一个 JSONArray 对象
                        JSONArray jsonArray = response;
```

```
                books = new ArrayList<Book>();
                for (int i = 0; i < jsonArray.length(); i ++ ) {
                    try {
                        JSONObject o = (JSONObject) jsonArray.get(i);
                        //将 JSONArray 中每一个对象转换成一个对象
                        Book b = new Book();
                        b.setId(o.getInt("id"));
                        b.setName(o.getString("name"));
                        b.setPrice(Float.parseFloat(o.getString("price")));
                        books.add(b);
                        //将实例化的 book 放入集合
                    } catch (JSONException e) {
                        e.printStackTrace();
                    }
                }
                StringBuilder sb = new StringBuilder();
                for (Book b:books) {
                    sb.append(b.toString() + "\n");
                }
                Toast.makeText(MainActivity.this,sb.toString(),
                    Toast.LENGTH_SHORT).show();
            }
        },
        new Response.ErrorListener() {
            @Override
            public void onErrorResponse(VolleyError error) {
                //访问失败时回调方法
                Toast.makeText(MainActivity.this,
                        "访问失败",
                        Toast.LENGTH_SHORT).show();
            }
        });
    MyApplication.getHttpQueue().add(jsonArrayRequest);
  }
}
```

这里使用 Volley 的 JsonArrayRequest 请求对象，专门用于获取 JSONArray 数组格式的数据。第一个参数为请求 JSON 数据的地址。第二个参数为请求成功时的回调方法，回调方法的参数就是返回的 JSONArray 实例。第三个参数为请求失败时执行的回调方法。

在请求成功时执行的回调方法中，逐个获取 JSONArray 中每一个 JSONObject，将每一个 JSONObject 转换为 Book 的实例，针对每一个 JSONObject，使用 getXXX 获取名称为 key 对应的 Value，并将获取的 Value 设置到对应实例上，一一放入集合中。最后再使用

Toast将结果显示出来。

当JsonArrayRequest实例设置完毕后，将该请求对象放入全局请求队列中。

(6)在AndroidManifest.xml中设置网络访问权限。

执行程序，运行结果如图9-18所示。

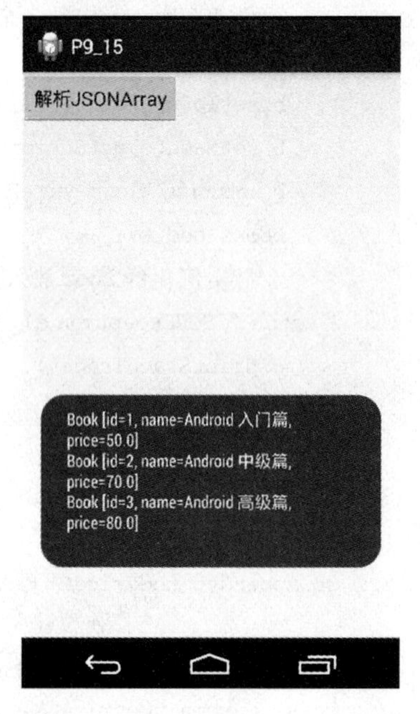

图9-18 解析JSONArray数据

9.8.3 解析JSONObject

针对单条JSON数据，形似如下格式：

```
{"id":1,"name":"Android入门篇","price":50.0}
```

【例9.16】 将以上的JSON数据部署到JavaWeb服务器上，通过Android自身的JSON解析类来解析该JSON数据。

(1)部署MyWeb项目到JavaWeb服务器，其中提供了一个url用于对外发布以上JSON数据格式，具体地址是http://XXXXX/MyWeb/servlet/BookServlet。该地址返回一个单条JSON数据。

(2) activity_main.xml与上例一致，只需将Button上的文字修改为"解析JSONObject"。

(3)Book类与【例9.12】一致，在此不再重复。

(4)这里使用Volley框架访问网络，在当前程序包下添加MyApplication类，继承Application，该类的编写，以及在AndroidManifest.xml中如何注册可以参考【例9.9】。

(5)修改MainActivity.java文件，代码如下：

```
public class MainActivity extends Activity {
    Button btnParser;
    @Override
```

```
protected void onCreate(Bundle savedInstanceState) {
    super.onCreate(savedInstanceState);
    setContentView(R.layout.activity_main);
    btnParser = (Button) findViewById(R.id.btnParser);
    btnParser.setOnClickListener(new View.OnClickListener() {
        @Override
        public void onClick(View v) {
            parserJSON();
        }
    });
}
private void parserJSON() {
    // 这里使用 Volley 的 jsonObjectRequest 对象
    JsonObjectRequest jsonObjectRequest =
            new JsonObjectRequest(
            "http://192.168.0.103:8081/MyWeb"
             + "/servlet/BookServlet",
            null,
            new Response.Listener<JSONObject>() {
                @Override
                public void onResponse(JSONObject response) {
                    // 请求成功的回调方法,
                    // resposne 表示是一个 JSONObject 对象
                    try {
                        JSONObject o = response;
                        Book b = new Book();
                        b.setId(o.getInt("id"));
                        b.setName(o.getString("name"));
                        b.setPrice(Float.parseFloat(o.getString("price")));
                        Toast.makeText(MainActivity.this,b.toString(),
                                Toast.LENGTH_SHORT).show();
                    } catch (JSONException e) {
                        // TODO Auto-generated catch block
                        e.printStackTrace();
                    }
                }
            },new Response.ErrorListener() {
                @Override
                public void onErrorResponse(VolleyError error) {
                    // 访问失败时回调方法
                    Toast.makeText(MainActivity.this,"访问失败",
```

```
                                    Toast.LENGTH_SHORT).show();
                        }
                    });
            MyApplication.getHttpQueue().add(jsonObjectRequest);
        }
    }
```

jsonObjectRequest 的构造函数共有四个参数。第一个参数为访问 JSON 数据的服务器地址。第二个参数表示请求的方式,如果为 null,则表示请求方式为 GET 方式。第三个参数表示请求成功时执行的回调方法,回调方法里的 response 表示获取到的 JSONObject 类型的数据。第四个参数为请求失败时执行的回调函数。

在请求成功的回调方法里解析 JSONObject 类型的数据,通过 getXXX()方法获取每一个 key 对应的 Value 数据,将所有的 Value 合并起来初始化一个 Book 实例。最后使用 Toast 消息显示实例信息。

(6)在 AndroidMainfest.xml 中设置网络访问权限。

执行程序,运行结果如图 9-19 所示。

图 9-19　解析 JSONObject 数据

9.8.4 技能训练

【训练 9-8】 解析如下 JSON 数据,将解析结果存入一个泛型结合,并显示到 TextView。

```
{
    "employees": [
        { "firstName":"Bill","lastName":"Gates" },
        { "firstName":"George","lastName":"Bush" },
        { "firstName":"Thomas","lastName":"Carter" }
```

```
    ]
}
```

技能要点

(1)使用 JSONObject 对象。

(2)使用 JSONArray 对象。

需求说明

(1)设计界面。

(2)为按钮添加点击事件。

(3)解析 JSON 数据。

(4)创建泛型集合。

(5)显示数据到界面。

(6)可以选择将 JSON 数据存入本地,也可以将 JSON 数据部署到 Web 服务器上。

关键点分析

(1)实例化 JSON 对象。

(2)使用 getXXX()方法。

本章总结

➢ 创建线程的方法可以采用两种:一种是通过继承 Thread 类,另一种是通过实现 Runnable 接口。

➢ Android4.0 之后就不能在 UI 线程访问网络了,且子线程也不能更新 UI 界面。那么必须通过 Handler 消息机制来实现线程之间的通信。

➢ 对于 HTTP 协议的访问,Android 系统基于 URLConnection 类提供了一个子类 HttpURLConnection,通过该子类的方法可以非常简便的访问网络。

➢ HttpClient 是 Apache 的一个开源项目,专门用于 HTTP 网络访问。

➢ Volley 是 Android 平台上的网络通信库,具有网络请求的处理、小图片的异步加载和缓存等功能,能够帮助 Android APP 更方便地执行网络操作,而且更快速高效。

➢ 通常在 Android 平台上对 XML 文件进行解析的方法有三种:DOM、SAX 和 PULL。

➢ JSON(JavaScript Object Notation)是一种轻量级的数据交换格式。存储和交换文本信息的语法,类似 XML,但是比 XML 更小、更快、更易解析。

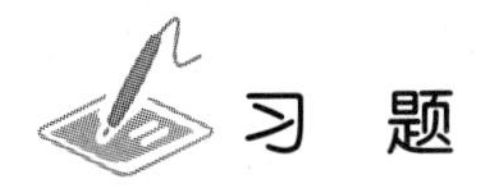

习 题

一、选择题

1. 在下列选项中,不属于 Handler 机制中的关键对象是(　　)。

A. Content　　　　B. Handler

C. MessageQueue　　　　D. Looper

2. 关于 Volley 框架访问网络，描述错误的是（　　）。

A. Volley 提供了五种基本网络访问对象：StringRequest、JsonRequest、JsonObjectRequest、JsonArrayRequest 和 ImageRequest

B. Volley 可以将网络访问代码写在请求对象上，开发者可以不适用 Handler

C. Volley 对于大文件的访问效率也较好

D. Volley 需要创建一个全局访问队列

二、操作题

1. 使用线程对网络文件进行下载，需要显示更新进度。

2. 访问网上有关天气的 API，使用 JSON 解析或者 XML 解析方法解析数据。

第 10 章

阶段项目——新闻客户端(二)

本章工作任务

- ✓ 巩固所学知识
- ✓ 进一步完善自定义控件
- ✓ 学会线程在项目中的运用
- ✓ 学会 Handler 处理更多的数据通信业务
- ✓ 学会网络访问技术在项目中的运用
- ✓ 学会项目的分层开发技术

本章知识目标

- ✓ 理解 Handler 的使用方法
- ✓ 理解网络请求的封装方法
- ✓ 理解分层开发的好处

本章技能目标

- ✓ 学会自定义 ListView
- ✓ 学会自定义数据适配器
- ✓ 学会自定义接口
- ✓ 学会线程的定义

本章重点难点

- ✓ 多线程中 Handler 的运用
- ✓ 分层开发技术
- ✓ 组件的灵活运用

通过前面章节的学习，不仅学会了界面的搭建、各种组件的使用，还学会了复杂组件如何显示数据。这里为了继续完善之前的新闻客户端，将在APP中添加网络访问功能。互联网的发展就是人们可以随时随地获取资讯，如果一个APP没有网络访问功能，那么这个APP就是一个静态的软件，一个固化的信息载体是不符合现代人阅读和学习习惯的。

增加网络访问功能后，新闻客户端将从网络获取实时新闻信息，然后将这些信息实时加载到新闻客户端界面上，就与市面上其他新闻APP功能一样了。

10.1 项目分析

10.1.1 项目需求

前面新闻客户端(一)中设计开发的新闻APP距离真实的新闻APP还是有一定差距的。其具体的缺点有如下几个方面：

第一，界面的数据都是来自于本地，当时只是通过本地模拟的形式来产生数据，并将这些数据加载在界面上，然而现实新闻APP中的新闻就是数据，这些数据是来自于网络的。

第二，新闻APP肯定会包含不同的栏目，可能会分为如“国内”“国际”等栏目，而之前的新闻客户端没有分栏目，栏目丰富的APP受众群体会更广。

第三，之前的新闻客户端不能浏览某一个新闻，真实的新闻APP可以点击查看具体的新闻，甚至可以评论和点赞。

第四，之前的新闻客户端刷新加载的数据也只是模拟的，而真实的新闻APP刷新加载的新闻一定是最新的新闻。

第五，通常新闻APP可以通过下拉加载最新信息，通过上拉可以加载更多信息。而之前的新闻客户端没有这个功能。

10.1.2 开发环境

开发环境：JDK 1.6或者1.7

开发工具：Eclipse，且安装ADT

开发包：Android SDK

测试设备：emulator或者第三方模拟器，或者Android真机

命令行程序：ADB

10.1.3 涉及的技能点

布局技术

常用组件

Android资源文件的使用

Activity的创建和注册

自定义控件

线程的创建和使用

使用Handler实现异步通信

JSON 数据获取和解析
JSONObject 和 JSONArray 的使用
网络图片的获取

10.1.4 需求分析

1. 网络接口分析

假定新闻客户端的网络环境和新闻发布的服务器网络环境在同一个局域网内。服务器的访问地址 IP 为 192.168.0.103，端口号为 8080，那么访问的 URL 就是 http:// 192.168.0.103:8080。下面来介绍各个网络接口 URL。

http:// 192.168.0.103:8080/Home/TypeList 用于获取新闻客户端所有的栏目信息，返回结果类型为 JSONArray 字符串。

http:// 192.168.0.103:8080/Home/NewsList/1 用于获取新闻客户端某一栏目对应的新闻信息，这里返回栏目编号为 1 的所有新闻，返回结果类型为 JSONArray 字符串。

http:// 192.168.0.103:8080/Home/News/1 用于获取新闻客户端某一编号的新闻，这里返回的是新闻编号为 1 的新闻，返回结果类型为 JSONObject 字符串。

http:// 192.168.0.103:8080/Home/FocusNews/1 用于获取新闻客户端某一编号的焦点新闻，这里是返回的是新闻编号为 1 的焦点新闻，返回结果类型为 JSONObject 字符串。

http:// 192.168.0.103:8080/Home/GetLastNews? typeId=1×=1 用于获取新闻客户端某一栏目，某一次的“最新新闻信息”。这里表达的是获取栏目编号为 1 的“最新新闻”，且当前请求次数为第一次，本服务器支持请求 10 次，10 次之后没有最新信息。返回结果类型为 JSONArray 字符串。

http:// 192.168.0.103:8080/Home/GetMoreNews? typeId=1×=1 用于获取新闻客户端某一栏目，某一次的“更多新闻信息”。这里表达的是获取栏目编号为 1 的“更多新闻”，且当前请求次数为第一次，本服务器支持请求 10 次，10 次之后没有更多信息。返回结果类型为 JSONArray 字符串。

2. 数据分析

首页加载的新闻信息，为了与数据接口保持一致，需要调整数据模型。一条新闻信息主要包括新闻的编号、新闻的标题、新闻的发布人、新闻的内容、新闻发布的日期、新闻的计数、新闻的评论数、新闻的概要、新闻的类别、新闻的配图。具体数据模板如表 10-1 所示。

表 10-1 新闻信息表

属性名称	描述
int id	新闻编号，逐个增大
String title	新闻标题，一般长度不能超过界面中两行
String writer	新闻发布人
String content	新闻内容
String publishDate	新闻发布日期，为了便于调用，使用字符串类型
int count	新闻的评论数

String desc	新闻概要
int typeId	新闻类别编号,来自于新闻类别表
String imgUrl	新闻配图链接
Bitmap img	新闻配图图片,解析后的图片

在新闻客户端的首页加载新闻栏目,从服务器接口数据可以分析出 14 个栏目。每个栏目信息主要包括栏目的编号、栏目的名称(一般不超过三个字)、栏目的文字颜色、栏目文字的背景颜色。具体数据模型如表 10-2 所示。

表 10-2 栏目信息表

属性名称	描述
int id	栏目编号,逐个增大
StringtypeName	栏目名称,一般不超过三个字
StringbackgroundColor	栏目背景颜色,默认为白色,选中时为红色
String textColor	栏目文字颜色,默认为黑色,选中时为白色

2. 布局分析

除了之前的界面结构,需要在首屏增加一些布局元素。最终的效果如图 10-1 所示。

图 10-1 整体效果

这里发现整体共由四个部分构成:第一行为标题行,显示 APP 的 logo 图标;第二行是新闻的栏目导航,可以看到新闻的分类列表,是一个可以横向滚动的导航列表,当选中后背景变为红色,文字变为白色;第三部分是焦点图,每切换一个栏目,焦点图也会随之发生变化;

第四部分为新闻列表，也是随新闻栏目的切换而更新。

3. 功能分析

打开 APP 后，将看到新闻是从服务器端获取的最新信息，从栏目导航的数据到焦点图的数据，再到每个栏目对应的新闻列表数据都是从服务器上获取更新而来的。当用户切换栏目时，下面的新闻也会随之更新变化。如果用户想浏览最近更新的新闻，只需执行下拉操作就可以获取所属栏目最新的新闻。同时，在所有列表的最低端，用户也可以上拉操作，通过上拉可以加载更多的新闻信息。

当用户对某条新闻感兴趣时，还可以点击该条新闻进入新的界面仔细阅读该条新闻对应的详细信息。如图 10-2 所示。

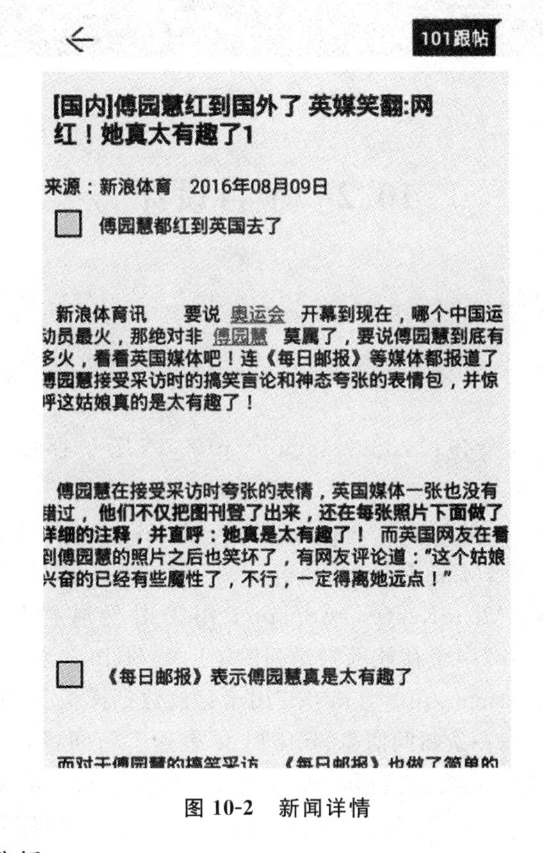

图 10-2 新闻详情

4. 横向导航效果分析

当用户需要观看其他栏目新闻时，只需横向滑动到想看的栏目，点击即可。这里需要做的工作就是将其他未选中的栏目样式修改为初始样式，初始样式是白色背景和黑色文字，如果选中某一个栏目就需要以示区别，修改样式为红色背景和白色文字。通常以往的操作都是垂直方向的滚动，而这里需要使用到横向滚动，那么这里推荐使用 RecyclerView 组件。

5. 上拉加载更多

用户为了获取更多资讯，习惯的操作往往是从 ListView 的底部继续往上拉动，这样就可以加载更多的信息到界面上。当用户上拉离开底部的距离越大就完成了上拉加载更多的功能。这里大致分为三种状态：第一种直接提示“上拉加载”；第二种拉开距离增大，提示“松开加载”；第三种用户松开手指，界面提示“正在加载”，加载完毕，界面上就出现了更多的新闻资讯。效果如图 10-3 所示。

[军事]傅园慧红到国外了 英媒笑翻:网红！她真太有趣了120

新浪体育 2016年08月09日

松开加载

2016-08-21 04:47:47加载

图 10-3 加载更多

10.2 项目设计

10.2.1 项目整体结构

整个项目的包名为“com. example. p10_1”。这里仍然重点介绍 src 文件夹和 res 文件夹。

src 文件夹下分为六个包：“com. example. p10_1”用于存放 Activity，这里包含了 MainActivity. java 和 InfoActivity. java，MainActivity 是新闻客户端首屏，InfoActivity 是新闻的详情界面对应的 Activity。“com. example. p10_1. adapter”用于存放数据适配器，这里定义了 MyAdapter 和 NavMenuRecyclerAdpapter，MyAdapter 主要用于对 ListView 的 item 进行数据填充，NavMenuRecyclerAdpapter 用于对导航栏目组件进行数据填充。“com. example. p10_1. http”用于存放网络访问的辅助类 Helper，在 Helper 类中完成了网络请求的所有功能。“com. example. p10_1. model”用于存放数据模板类，这里定义了 Info. java 和 InfoType. java，Info 表达了每一条新闻信息，InfoType 表达了新闻栏目信息。“com. example. p10_1. service”用于存放有关数据模板的业务类——InfoService 类和 InfoTypeService 类，InfoService 类表示获取所有的新闻信息以及获取某一类新闻信息等业务逻辑，InfoTypeService 类表示获取所有新闻栏目信息以及获取某一栏目具体信息等。“com. example. p10_1. view”用于存放视图也就是界面元素，这里定义了自定义控件，也就是同时包括焦点图和多条新闻列表的自定义控件。图 10-4 是 src 文件夹下文件的结构。

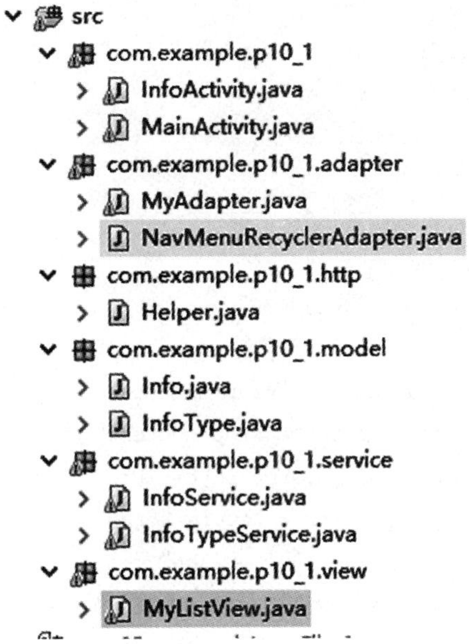

```
src
    com.example.p10_1
        InfoActivity.java
        MainActivity.java
    com.example.p10_1.adapter
        MyAdapter.java
        NavMenuRecyclerAdapter.java
    com.example.p10_1.http
        Helper.java
    com.example.p10_1.model
        Info.java
        InfoType.java
    com.example.p10_1.service
        InfoService.java
        InfoTypeService.java
    com.example.p10_1.view
        MyListView.java
```

图 10-4　src 文件夹结构

res 文件夹主要存放新闻 APP 的各个资源，如图片资源和布局资源。图 10-5 表达了布局资源的文件结构。

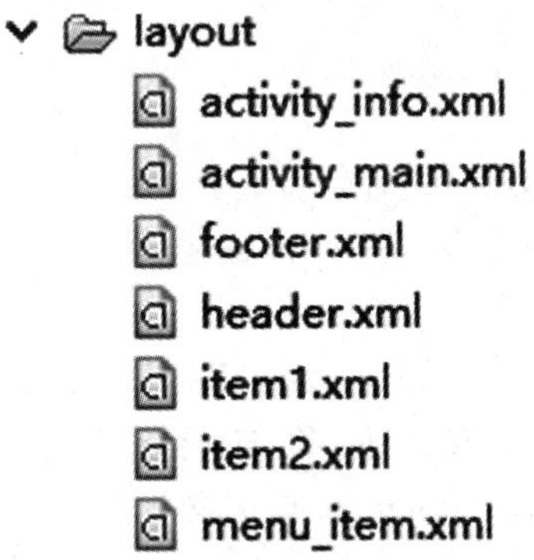

```
layout
    activity_info.xml
    activity_main.xml
    footer.xml
    header.xml
    item1.xml
    item2.xml
    menu_item.xml
```

图 10-5　layout 文件夹结构

其中 activity_info. xml 表示新闻详情界面。activity_main. xml 表示了首屏的布局。header. xml 表示的是下拉加载的布局效果。item1. xml 表示的是焦点图的布局。item2. xml 表示的是新闻列表每一项的布局。footer. xml 表示上拉加载的布局效果。menu_item. xml 表示导航栏目的布局。

10.2.2　界面设计

1. activity_main. xml

修改原有文件代码后，如下所示：

```
<LinearLayout xmlns:android = "http://schemas.android.com/apk/res/android"
    xmlns:tools = "http://schemas.android.com/tools"
```

```
    android:layout_width = "match_parent"
    android:layout_height = "match_parent"
    android:orientation = "vertical"
    tools:context = ".MainActivity" >
    <RelativeLayout
        android:layout_width = "match_parent"
        android:layout_height = "40dp"
        android:background = "#c80000" >
        <ImageView
            android:layout_width = "wrap_content"
            android:layout_height = "wrap_content"
            android:layout_alignParentLeft = "true"
            android:layout_centerVertical = "true"
            android:layout_marginLeft = "5dp"
            android:src = "@drawable/netease_top" />
    </RelativeLayout>
    <android.support.v7.widget.RecyclerView
        android:id = "@+id/rv_menu"
        android:layout_width = "match_parent"
        android:layout_height = "30dp" />
    <com.example.p10_1.view.MyListView
        android:id = "@+id/lv"
        android:layout_width = "match_parent"
        android:layout_height = "match_parent" />
</LinearLayout>
```

其中“android. support. v7. widget. RecyclerView”表示新闻栏目导航，这里使用了 v7 包中的 RecyclerView 组件。因为该组件的布局灵活多样很适合横向滑动操作。“com. example. p10_1. view. MyListView”为自定义控件，除了第 7 章包含的下拉更新功能还提供上拉加载功能。

2. menu_item. xml

由于 RecyclerView 用到了横向滚动布局，对应每一个 item 需要显示出栏目名称，同时还需要提供点击后能获取到栏目的编号。这里用到了两个 TextView：第一个 TextView 用于显示栏目名称，第二个 TextView 用于保存栏目编号信息。

具体代码如下：

```
<?xml version = "1.0" encoding = "utf-8"?>
<LinearLayout xmlns:android = "http://schemas.android.com/apk/res/android"
    android:layout_width = "match_parent"
    android:layout_height = "wrap_content"
    android:orientation = "vertical" >
    <TextView
        android:id = "@+id/tv_typeName"
```

```
            android:layout_width = "60dp"
            android:layout_height = "wrap_content"
            android:gravity = "center"
            android:textSize = "16sp"
            android:padding = "5dp"
            android:text = "国内"/>
        <TextView
                android:id = "@ + id/tv_typeId"
                android:layout_width = "wrap_content"
                android:layout_height = "wrap_content"
                android:visibility = "gone" />
</LinearLayout>
```

其中第二个 TextView 使用“gone”设置了 android:visibility 属性，表示隐藏不显示。

3. header. xml

下拉刷新视图，同第 7 章。这里不再介绍。

4. item1. xml

焦点图为了增加新闻标题，修改布局代码如下：

```
<? xml version = "1.0" encoding = "utf-8"? >
<RelativeLayout xmlns:android = "http://schemas.android.com/apk/res/android"
    android:layout_width = "match_parent"
    android:layout_height = "wrap_content" >
    <ImageView
        android:id = "@ + id/iv_focus_image"
        android:layout_width = "match_parent"
        android:layout_height = "177dp"
        android:src = "@drawable/news_focus"/>
     <TextView
            android:id = "@ + id/tv_focus_title"
            android:layout_width = "match_parent"
            android:layout_height = "wrap_content"
            android:layout_alignParentBottom = "true"
            android:background = " #99000000"
            android:padding = "5dp"
            android:text = "习近平:编织全方位立体化公共安全网"
            android:textColor = " #ffffff"
            android:textSize = "15sp" />
      <TextView
            android:id = "@ + id/tv_focus_id"
            android:layout_width = "wrap_content"
            android:layout_height = "wrap_content"
            android:visibility = "gone" />
```

```
</RelativeLayout>
```

新闻标题的背景是一种变透明的效果，所以需要在这里设置 android:background 属性值，这个属性值的前两位数字表示透明度，后 6 位数字表示颜色值。

布局效果如图 10-6 所示。

图 10-6　焦点图界面效果

5. item2. xml

具体代码修改如下：

```
<? xml version = "1.0" encoding = "utf-8"? >
<RelativeLayout xmlns:android = "http://schemas.android.com/apk/res/android"
    android:layout_width = "match_parent"
    android:layout_height = "match_parent" >
    <ImageView
        android:id = "@ + id/item_iv"
        android:layout_width = "80dp"
        android:layout_height = "55dp"
        android:src = "@drawable/newslist_small_image"
        android:layout_alignParentLeft = "true"
        android:layout_centerVertical = "true"
        android:layout_marginLeft = "5dp"/>
    <RelativeLayout android:layout_toRightOf = "@id/item_iv"
        android:layout_width = "match_parent"
        android:layout_height = "64dp"
        android:layout_marginLeft = "5dp"
        android:layout_marginBottom = "5dp"
        android:layout_centerVertical = "true">
        <TextView
            android:id = "@ + id/item_tv_title"
            android:layout_width = "match_parent"
            android:layout_height = "wrap_content"
            android:text = "马龙 4-0 张继科夺奥运男单金牌"
            android:textSize = "16sp"
```

```
        android:layout_alignParentTop = "true"
        />
    <TextView
        android:id = "@ + id/item_tv_writer"
        android:layout_width = "match_parent"
        android:layout_height = "wrap_content"
        android:text = "头条"
        android:textSize = "12sp"
        android:textColor = "#666"
        android:layout_alignParentLeft = "true"
        android:layout_alignParentBottom = "true"
        />
    <TextView
        android:id = "@ + id/item_tv_publishDate"
        android:layout_width = "wrap_content"
        android:layout_height = "wrap_content"
        android:text = "2016-8-12"
        android:textSize = "12sp"
        android:textColor = "#666"
        android:layout_alignParentBottom = "true"
        android:layout_alignParentRight = "true"
        />
</RelativeLayout>
<TextView android:layout_width = "match_parent"
    android:layout_height = "1dp"
    android:background = "#999"
    android:layout_alignParentBottom = "true"/>
    <TextView
        android:id = "@ + id/item_tv_id"
        android:layout_width = "wrap_content"
        android:layout_height = "wrap_content"
        android:visibility = "gone" />
</RelativeLayout>
```

6. footer. xml

设计原理同 header. xml，在设计时要考虑上拉时几种效果之间的切换。状态的变化是通过文字内容的变化来提示用户的。随着用户上拉距离变大，状态开始切换，直到用户松开手指，加载更多新闻信息。效果图如 10-7 所示。

上拉加载

2016-8-13 12:44:44更新

图 10-7　上拉加载

具体代码如下：

```
<LinearLayout  android:layout_width = "match_parent"
    android:layout_height = "wrap_content"
    xmlns:android = "http://schemas.android.com/apk/res/android"
    android:orientation = "vertical">
<RelativeLayout
    android:layout_width = "match_parent"
    android:layout_height = "wrap_content">
    <LinearLayout
        android:id = "@ + id/ll"
        android:layout_width = "wrap_content"
        android:layout_height = "wrap_content"
        android:layout_centerInParent = "true"
        android:orientation = "vertical" >
        <TextView
            android:id = "@ + id/tv_pullTitle"
            android:layout_width = "wrap_content"
            android:layout_height = "wrap_content"
            android:text = "上拉加载" />
        <TextView
            android:id = "@ + id/tv_updateTime"
            android:layout_width = "wrap_content"
            android:layout_height = "wrap_content"
            android:layout_marginTop = "5dp"
            android:text = "2016-8-13 12:44:44 更新"
            android:textSize = "12sp" />
    </LinearLayout>
    <ProgressBar
        android:id = "@ + id/pb_loading"
        style = "? android:attr/progressBarStyle"
        android:layout_width = "wrap_content"
        android:layout_height = "wrap_content"
        android:layout_marginRight = "10dp"
        android:layout_toLeftOf = "@id/ll"
        android:visibility = "invisible" />
</RelativeLayout>
```

```
</LinearLayout>
```

同样这里采用线性布局包裹相对布局的方式，为了合理的显示加载时进度条，将进度条ProgressBar的位置设置在文字组件TextView的左边，参照物就是TextView组件的容器LinearLayout。

10.2.3 数据模板

为了与网络服务器的接口数据模型保持一致，这里修改了新闻的数据模型类，使用Info类表达每一条新闻。具体代码如下：

```
public class Info {
    private int id;
    private String title;
    private String writer;
    private String content;
    private String publishDate;
    private int count;
    private String desc;
    private int typeId;
    private String imgUrl;
    private Bitmap img;
    ……
}
```

这里参照之前的表10-1建立数据模板类即可，用于填充新闻列表使用以及用户查看每一条新闻时使用。

新闻栏目类InfoType，用于对接服务器端有关栏目的数据信息。代码如下：

```
public class InfoType {
    private int id;
    private String typeName;
    private String backgroundColor;
    private String textColor;
    ……
}
```

除了栏目编号和栏目名称外，还设定了两个字段用于栏目样式的设定，一个是背景颜色，一个是文字颜色。

10.2.4 定义网络访问辅助类

前面学习了HttpURLConnection、HttpClient和Volley等三种方式去访问网络，这里仍然采用其中任意一种方式去访问网络，只需按照第9章中的做法访问网络即可。本例中采用HttpClient方式访问网络，为了便于其他模块访问网络，这里把网络访问集中到“com.example.p10_1.http”包下Helper.java类中。代码如下：

```
public class Helper {
```

```
private static String host = "http://192.168.0.103:8080";
//保存网络访问地址
//获取请求的字符串
public static String MyHttpGet(String url) {
    url = host + url;
    HttpClient client = new DefaultHttpClient();
    HttpGet httpGet = new HttpGet(url);
    // 使用 httpclient 方式访问网络
    String result = "";
    try {
        Log.i("Json","start");
        HttpResponse response = client.execute(httpGet);
        Log.i("Json",response.getStatusLine().getStatusCode() + "");
        if (response.getStatusLine().getStatusCode() == 200) {
            // 请求成功后获取网络反馈的字符串数据
            HttpEntity entity = response.getEntity();
            result = EntityUtils.toString(entity);
            Log.i("Json","网络获取成功");
        }
    } catch (Exception e) {
        // TODO Auto-generated catch block
        e.printStackTrace();
        Log.i("Json","网络获取出错");
    }
    return result;
}
//获取请求的图片
public static Bitmap GetBitmapByUrl(String url) {
    url = host + url;
    HttpClient client = new DefaultHttpClient();
    HttpGet httpGet = new HttpGet(url);
    Bitmap bitmap = null;
    try {
        HttpResponse response = client.execute(httpGet);
        if (response.getStatusLine().getStatusCode() == 200) {
            HttpEntity entity = response.getEntity();
            InputStream content = entity.getContent();
            // 获取返回的输入流
            bitmap = BitmapFactory.decodeStream(content);
            // 将输入流解析成一张图片
        }
```

```
        } catch (Exception e) {
            // TODO Auto-generated catch block
            e.printStackTrace();
        }
        return bitmap;
    }
}
```

MyHttpGet()方法用于根据 url 获取 JSON 字符串，GetBitmapByUrl()方法用于根据 url 获取图片。

10.2.5 定义业务服务类

为了更加方便对数据模型的操作，这里在“com. example. p10_1. service”包下定义 InfoService 类和 InfoTypeService 类。

InfoService 类代码如下：

```
public class InfoService {
    //根据 json 字符串，解析出新闻集合
    public List<Info> getList(String json) {
        List<Info> infos = new ArrayList<>();
        try {
            JSONArray jsonArray = new JSONArray(json);
            for (int i = 0; i < jsonArray.length(); i ++ ) {
                JSONObject object = jsonArray.getJSONObject(i);
                Info info = new Info();
                info.setId(object.getInt("Id"));
                info.setTitle(object.getString("Title"));
                info.setWriter(object.getString("Writer"));
                info.setPublishDate(object.getString("PublishDate"));
                info.setImgUrl(object.getString("ImgUrl"));
                Bitmap bitmap = Helper.GetBitmapByUrl(object.getString("ImgUrl"));
                info.setImg(bitmap);
                infos.add(info);
            }
        } catch (JSONException e) {
            // TODO Auto-generated catch block
            e.printStackTrace();
        }
        return infos;
    }
    //根据 json 字符串，解析出单个
    public Info get(String json) {
        Info info = new Info();
```

```
        try {
                JSONObject object = new JSONObject(json);
                info.setId(object.getInt("Id"));
                info.setTitle(object.getString("Title"));
                info.setWriter(object.getString("Writer"));
                info.setPublishDate(object.getString("PublishDate"));
                info.setContent(object.getString("Content"));
                info.setCount(object.getInt("Count"));
                info.setImgUrl(object.getString("ImgUrl"));
                Bitmap bitmap = Helper.GetBitmapByUrl(object.getString("ImgUrl"));
                info.setImg(bitmap);
        } catch (JSONException e) {
            // TODO Auto-generated catch block
            e.printStackTrace();
        }
        return info;
    }
}
```

InfoTypeService 类代码如下：

```
public class InfoTypeService {
    //获取所有新闻栏目
    public List<InfoType> getList(String json) {
        List<InfoType> infoTypes = new ArrayList<>();
        try {
            JSONArray jsonArray = new JSONArray(json);
            for (int i = 0; i < jsonArray.length(); i++) {
                JSONObject object = jsonArray.getJSONObject(i);
                InfoType infoType = new InfoType();
                infoType.setId(object.getInt("TypeId"));
                infoType.setTypeName(object.getString("TypeName"));
                infoType.setTextColor("#ff000000");
                infoType.setBackgroundColor("#ffffffff");
                infoTypes.add(infoType);
            }
        } catch (JSONException e) {
            // TODO Auto-generated catch block
            e.printStackTrace();
        }
        return infoTypes;
    }
}
```

这样模块之间的关系更加独立，代码得到了最大程度重用。

10.2.6 自定义数据适配器 MyAdapter

由于 item1 和 item2 作了小部分改动，这里只需在第 7 章的基础上稍作修改即可。仍然需要自定义数据适配器。具体代码如下：

```
public class MyAdapter extends BaseAdapter {
    List<Info> infos;
    Context context;
    public MyAdapter(Context context,List<Info> infos) {
        // 构造函数，传入上下文对象，传入数据集合 infos
        this.context = context;
        this.infos = infos;
    }
    @Override
    public int getCount() {
        // 返回数据总数
        return infos.size();
    }
    @Override
    public Object getItem(int position) {
        // 返回对应哪条数据
        return infos.get(position);
    }
    @Override
    public long getItemId(int position) {
        // 返回条目序号
        return position;
    }
    @Override
    public View getView(int position,View convertView,ViewGroup parent) {
        // 返回条目对应的视图
        Info info = infos.get(position);
        View view = null;
        if (getItemViewType(position) == 0) {
            // 由 position 返回出对应的视图代号
            ViewHolder viewHolder;
            // 使用 ViewHolder 缓存视图中组件
            if (convertView == null) {
                view = LayoutInflater.from(context).inflate(R.layout.item2,
                        null);
                viewHolder = new ViewHolder();
```

```
            viewHolder.item_iv = (ImageView) view
                    .findViewById(R.id.item_iv);
            viewHolder.item_tv_title = (TextView) view
                    .findViewById(R.id.item_tv_title);
            viewHolder.item_tv_writer = (TextView) view
                    .findViewById(R.id.item_tv_writer);
            viewHolder.item_tv_publishDate = (TextView) view
                    .findViewById(R.id.item_tv_publishDate);
            viewHolder.item_tv_id = (TextView) view
                    .findViewById(R.id.item_tv_id);
            view.setTag(viewHolder);
            // 缓存组件
        } else {
            view = convertView;
            viewHolder = (ViewHolder) view.getTag();
            // 获取缓存的组件
        }
        viewHolder.item_iv.setImageBitmap(info.getImg());
        viewHolder.item_tv_title.setText(info.getTitle());
        viewHolder.item_tv_writer.setText(info.getWriter());
        viewHolder.item_tv_publishDate.setText(info.getPublishDate());
        viewHolder.item_tv_id.setText(info.getId() + "");
        // 将数据加载到界面上
    } else {
        if (getItemViewType(position) == 1) {
            // 由 position 返回出对应的视图代号
            ViewImageHolder viewImageHolder;
            // 使用 ViewImageHolder 缓存视图中组件,
            // ViewImageHolder 为另一个视图对应的 ViewHolder
            if (convertView == null) {
                view = LayoutInflater.from(context).inflate(R.layout.item1,
                        null);
                viewImageHolder = new ViewImageHolder();
                viewImageHolder.iv_focus_image = (ImageView) view
                        .findViewById(R.id.iv_focus_image);
                viewImageHolder.tv_focus_title = (TextView) view
                        .findViewById(R.id.tv_focus_title);
                viewImageHolder.tv_focus_id = (TextView) view
                        .findViewById(R.id.tv_focus_id);
                view.setTag(viewImageHolder);
                // 缓存组件
```

```
                } else {
                    view = convertView;
                    viewImageHolder = (ViewImageHolder) view.getTag();
                    // 获取缓存的组件
                }
                viewImageHolder.iv_focus_image.setImageBitmap(info.getImg());
                viewImageHolder.tv_focus_id.setText(info.getId() + "");
                viewImageHolder.tv_focus_title.setText(info.getTitle());
                // 将数据加载到界面上
            }
        }
        return view;
    }
    @Override
    public int getItemViewType(int position) {
        // 根据 position 返回 View 的种类代号
        return position > 0 ? 0 : 1;
    }
    @Override
    public int getViewTypeCount() {
        // 视图种类数量
        return 2;
    }
    public void OnDateChanged(List<Info> infos) {
        // 当数据集合发生变化时，
        // 调用数据适配器数据改变事件
        this.infos = infos;
        this.notifyDataSetChanged();
    }
    //定义 2 个 ViewHolder 用于缓存组件使用
    class ViewHolder {
        ImageView item_iv;
        TextView item_tv_title;
        TextView item_tv_writer;
        TextView item_tv_publishDate;
        TextView item_tv_id;
    }
    class ViewImageHolder {
        ImageView iv_focus_image;
        TextView tv_focus_title;
        TextView tv_focus_id;
```

```
        }
    }
```

由于图片从网络获取，所以在给 ImageView 填充图片时，不再使用本地的资源 id，而是使用数据模型中 Bitmap 类型的数据。

10.2.7 自定义数据数据适配器 NavMenuRecyclerAdapter

该类是实现给 RecyclerView 组件填充数据，所以需要在项目中引入 android-support-v7-recyclerview.jar 包，自定义的数据适配器必须继承 RecyclerView.Adapter 类，同时该类支持泛型参数，这个泛型参数就是 ViewHolder 子类，这种方式是为了提升 RecyclerView 组件性能而设计的。

为了保证点击某栏目能够有选中的效果，需要设置样式，将其他栏目样式改回到白底黑字的样式，当前选中的栏目改成红底白字，于是需要在 onBindViewHolder()方法中设定 item 的点击事件，在事件的回调方法中完成上述功能。

具体代码如下：

```
public class NavMenuRecyclerAdapter extends RecyclerView.Adapter<MyViewHolder> {
    List<InfoType> infoTypes;
    private NavMemuItemClickListener listener;
    //为了完成新闻栏目切换的效果，这里传入接口方法
    public void setListener(NavMemuItemClickListener listener) {
        this.listener = listener;
    }
    //构造函数，传入新闻栏目数据
    public NavMenuRecyclerAdapter( List<InfoType> infoTypes) {
        this.infoTypes = infoTypes;
    }
    @Override
    public int getItemCount() {
        // TODO Auto-generated method stub
        return infoTypes.size();
    }
    //将每一条数据绑定到 item 视图的控件上
    @Override
    public void onBindViewHolder(MyViewHolder viewHolder,int position) {
        InfoType infoType = infoTypes.get(position);
        viewHolder.tv_typeName.setText(infoType.getTypeName());
        viewHolder.tv_typeId.setText(infoType.getId() + "");

viewHolder.tv_typeName.setBackgroundColor(Color.parseColor(infoType.getBackgroundColor()));

viewHolder.tv_typeName.setTextColor(Color.parseColor(infoType.getTextColor()));
        viewHolder.tv_typeName.setTag(position);
```

```
        viewHolder.itemView.setOnClickListener(new OnClickListener() {
            //为单个 item 添加事件
            @Override
            public void onClick(View v) {
                for (InfoType item:infoTypes) {
                    item.setBackgroundColor("#ffffffff");
                    item.setTextColor("#ff000000");
                }//将所有 item 样式初始化

                int
position=(int)((TextView)v.findViewById(R.id.tv_typeName)).getTag();
                InfoType infoType=infoTypes.get(position);
                infoType.setBackgroundColor("#ffff0000");
                infoType.setTextColor("#ffffffff");
                //设置当前选中的 item 样式,背景为红色,文字为白色
                NavMenuRecyclerAdapter.this.notifyDataSetChanged();
                //调用数据刷新通知方法
                if(listener!=null)
                    listener.itemClick(v);
                //执行回调方法
            }
        });
    }
    //初始化每个 item
    @Override
    public MyViewHolder onCreateViewHolder( ViewGroup viewGroup,int position) {
        View view=LayoutInflater.from(viewGroup.getContext()).inflate(
                R.layout.menu_item,viewGroup,false);
        return new MyViewHolder(view);
    }
    //定义 ViewHolder 类,优化性能
    public static class MyViewHolder extends ViewHolder {
        TextView tv_typeName;
        TextView tv_typeId;
        public MyViewHolder(View view) {
            super(view);
            tv_typeName=(TextView) view.findViewById(R.id.tv_typeName);
            tv_typeId=(TextView) view.findViewById(R.id.tv_typeId);
        }
    }
    //定义接口,便于回调
```

```
    public interface NavMemuItemClickListener {
        public void itemClick(View v);
    }
}
```

10.2.8 自定义数据列表 ListView

前面给 ListView 增加了下拉更新功能，这里需要在前面的基础上添加上拉加载更多的功能。

“下拉刷新”视图是添加在 ListView 的头部，因此“下拉加载”视图应该添加在 ListView 的底部，这里使用 ListView 的 addFooterView()方法，将之前的 footer. xml 视图添加到 ListView 的底部。

但是直接添加到底部会显得很突兀，于是设置该 View 的下内间距为负值，同样达到隐藏的目的。

同时为了保证上拉效果，需要设置三种状态的切换：上拉提示、松开加载和正在加载。

具体代码如下：

```
public class MyListView extends ListView implements OnScrollListener {
    private View header,footer;
    private int startY;
    private boolean isStartPullDown = false,isStartPullUp = false;
    private int scrollState ;
    private int headerHeight,footerHeight;
    private int state,state2;
    private int firstVisibleItem,totalItemCount;
    private IMyListViewListener listener,loadListener;
    //设置回调方法
    public void setListener(IMyListViewListener listener) {
        this.listener = listener;
    }
    //三个不同版本的构造函数,便于布局文件能成功引用该自定义组件
    public MyListView(Context context) {
        super(context);
        addHeader(context);
    }
    public MyListView(Context context,AttributeSet attrs) {
        super(context,attrs);
        // TODO Auto-generated constructor stub
        addHeader(context);
    }
    public MyListView(Context context,AttributeSet attrs,int defStyle) {
        super(context,attrs,defStyle);
        // TODO Auto-generated constructor stub
```

```
        addHeader(context);
    }
    //在 ListView 最顶部添加下拉视图 header.xml,在最底部添加上拉视图 footer.xml
    private void addHeader(Context context) {
        this.setOnScrollListener(this);
        header = LayoutInflater.from(context).inflate(R.layout.header,null);
        // 使用视图填充器填充 header.xml 视图
        measureView(header);
        // 测量视图的宽和高
        // 那么后续代码就可以获得该视图的高度
        headerHeight = header.getMeasuredHeight();
        // 获取视图高度
        setPadding(header,-headerHeight);
        // 设置内间距的上班为整个视图的高度的负值
        // 相当于隐藏头部视图
        this.addHeaderView(header);
        // 添加头部视图
        footer = LayoutInflater.from(context).inflate(R.layout.footer,null);
        measureView(footer);
        footerHeight = footer.getMeasuredHeight();
        setPadding2(footer,-footerHeight);
        this.addFooterView(footer);//添加底部视图
    }
    private void setPadding(View v,int top) {
        v.setPadding(v.getPaddingLeft(),top,v.getPaddingRight(),
                v.getPaddingBottom());
        v.invalidate();
        // 重绘 View 树
    }
    private void setPadding2(View v,int bottom) {
        v.setPadding(v.getPaddingLeft(),v.getPaddingTop(),
                v.getPaddingRight(),bottom);
        v.invalidate();
        // 重绘 View 树
    }
    //使用 public 供外界调用,隐藏 header 视图
    public void setHeadPadding() {
    setPadding(header,-headerHeight);
    }
    //使用 public 供外界调用,隐藏 footer 视图
    public void setFootPadding() {
```

```
        setPadding2(footer,-footerHeight);
    }
    //测量视图宽度和高度
    private void measureView(View v) {
        ViewGroup.LayoutParams params = v.getLayoutParams();
        if (params == null) {
            params = new ViewGroup.LayoutParams(
                    ViewGroup.LayoutParams.MATCH_PARENT,
                    ViewGroup.LayoutParams.WRAP_CONTENT);
        }
        int width = ViewGroup.getChildMeasureSpec(0,0,params.width);
        int height;
        int tempHeight = params.height;
        if (tempHeight > 0) {
        height = MeasureSpec.makeMeasureSpec(tempHeight,
                MeasureSpec.EXACTLY);
        } else {
            height = MeasureSpec.makeMeasureSpec(0,MeasureSpec.UNSPECIFIED);
        }
        v.measure(width,height);
    }
    //重写滚动方法
    @Override
    public void onScroll(AbsListView view,int firstVisibleItem,
            int visibleItemCount,int totalItemCount) {
        this.firstVisibleItem = firstVisibleItem;
        this.totalItemCount = totalItemCount;
    }
    //重写滚动状态改变的方法
    @Override
    public void onScrollStateChanged(AbsListView view,int scrollState) {
        this.scrollState = scrollState;
    }
    //触摸事件
    @Override
    public boolean onTouchEvent(MotionEvent ev) {
    switch (ev.getAction()) {
    case MotionEvent.ACTION_DOWN:
        if (firstVisibleItem == 0) {
            // 按下
            isStartPullDown = true;
```

```
            startY = (int) ev.getY();
            // 获取按下的 Y 轴的位置
            state = 1;
            // state 表示下拉过程的状态
        }
        if (this.getLastVisiblePosition() == this.getCount()-1) {
            // 按下
            isStartPullUp = true;
            startY = (int) ev.getY();
            // 获取按下的 Y 轴的位置
            state2 = 1;
            // state 表示下拉过程的状态
        }
        break;
    case MotionEvent.ACTION_MOVE:

        if (isStartPullDown) {
            //下拉
            // 移动
            int currentY = (int) ev.getY();
            int distance = currentY - startY;
            // 获取移动的距离
            Log.i("xxx","move-distance:" + distance + "");
            setPadding(header,-headerHeight + distance);
            // 随着拉动距离增大,让 header 显示出来
            if (distance <350) {
                // 当距离小于 350 时,设置状态为 1
                state = 1;
                // 表示提示"下拉刷新"
            } else if (distance < 360) {
                // 当距离在 350-360 之间,设置状态为 2
                state = 2;
                // 表示提示"下拉刷新",增加箭头动画效果
            } else {
                state = 3;
                // 表示提示"松开加载",增加箭头动画效果
            }
            Log.i("xxx","move-state:" + state + "");
            refreshViewByState(state);
            }
            if(isStartPullUp){
```

```
            //上拉
            int currentY = (int) ev.getY();
            int distance = currentY - startY;
            setPadding2(footer,-footerHeight - distance);
            if(distance<-300){
                state2 = 2;
            }
            refreshViewByState2(state2);
        }
        break;
    case MotionEvent.ACTION_UP:
        // 松开
        if (state == 3 && isStartPullDown) {
            // 只有在 state 为 3 时,才能切换 state 为 4
            state = 4;
            // 表示提示"正在加载",显示进度条
            refreshViewByState(state);
            // 执行接口方法
            if (listener! = null)
                  listener.OnPullDownRefresh();
        } else {
            // 否则隐藏头部视图
            setPadding(header,-headerHeight);
        }
        if (state2 == 2 && isStartPullUp) {
              state2 = 3;
              // 表示提示"正在加载",显示进度条
              refreshViewByState2(state2);
              // 执行接口方法
              if (listener ! = null)
                  listener.OnPullUpRefresh();
        } else {
            // 否则隐藏底部视图
            setPadding2(footer,-footerHeight);
        }
        isStartPullDown = false;
        isStartPullUp = false;
        break;
    default:
        break;
    }
```

```
        return super.onTouchEvent(ev);
    }
    //根据状态值,刷新界面
    private void refreshViewByState(int state) {
        try {
            ImageView iv_pull = (ImageView) header.findViewById(R.id.iv_pull);
            TextView tv_pullTitle = (TextView) header
                    .findViewById(R.id.tv_pullTitle);
            ProgressBar pb_loading = (ProgressBar) header
                    .findViewById(R.id.pb_loading);
            RotateAnimation rotateAnimation = new RotateAnimation(0,180,
                    RotateAnimation.RELATIVE_TO_SELF,0.5f,
                    RotateAnimation.RELATIVE_TO_SELF,0.5f);
            rotateAnimation.setDuration(500);
            rotateAnimation.setFillAfter(true);
            // 添加动画
            RotateAnimation rotateAnimation2 = new RotateAnimation(180,0,
            RotateAnimation.RELATIVE_TO_SELF,0.5f,
                    RotateAnimation.RELATIVE_TO_SELF,0.5f);
                    rotateAnimation2.setDuration(500);
            rotateAnimation2.setFillAfter(true);
            switch (state) {
            case 1:
                iv_pull.setVisibility(View.VISIBLE);
                iv_pull.clearAnimation();
                tv_pullTitle.setText("下拉刷新");
                pb_loading.setVisibility(View.GONE);
                break;
            case 2:
                iv_pull.setVisibility(View.VISIBLE);
                iv_pull.clearAnimation();
                iv_pull.setAnimation(rotateAnimation2);
                tv_pullTitle.setText("下拉刷新");
                pb_loading.setVisibility(View.GONE);
                break;
            case 3:
                iv_pull.setVisibility(View.VISIBLE);
                iv_pull.clearAnimation();
                iv_pull.setAnimation(rotateAnimation);
                tv_pullTitle.setText("松开加载");
                pb_loading.setVisibility(View.GONE);
```

```
                break;
            case 4:
                iv_pull.setVisibility(View.INVISIBLE);
                iv_pull.clearAnimation();
                pb_loading.setVisibility(View.VISIBLE);
                tv_pullTitle.setText("正在加载");
                break;
            default:
                break;
            }
        } catch (Exception e) {
            // TODO: handle exception
            e.printStackTrace();
        }
    }
    private void refreshViewByState2(int state) {
        try {
            TextView tv_pullTitle = (TextView) footer
                    .findViewById(R.id.tv_pullTitle);
            ProgressBar pb_loading = (ProgressBar) footer
                    .findViewById(R.id.pb_loading);
            switch (state) {
            case 1:
                tv_pullTitle.setText("上拉加载");
                pb_loading.setVisibility(View.GONE);
                break;
            case 2:
                tv_pullTitle.setText("松开加载");
                pb_loading.setVisibility(View.GONE);
                break;
            case 3:
                pb_loading.setVisibility(View.VISIBLE);
                tv_pullTitle.setText("正在加载");
                break;
            default:
                break;
            }
        } catch (Exception e) {
            // TODO: handle exception
            e.printStackTrace();
        }
```

```
    }
    //数据加载完毕重新刷新头部视图
    public void loadedData() {
        state = 1;
        refreshViewByState(state);
        TextView tv_updateTime = (TextView) header
                .findViewById(R.id.tv_updateTime);
        SimpleDateFormat format = new SimpleDateFormat("yyyy-MM-dd hh:mm:ss");
        Date date = new Date(System.currentTimeMillis());
        tv_updateTime.setText(format.format(date) + "刷新");
    }
    //数据加载完毕重新刷新底部视图
    public void loadedData2() {
        state2 = 1;
        refreshViewByState2(state2);
        TextView tv_updateTime = (TextView) footer
            .findViewById(R.id.tv_updateTime);
        SimpleDateFormat format = new SimpleDateFormat("yyyy-MM-dd hh:mm:ss");
        Date date = new Date(System.currentTimeMillis());
        tv_updateTime.setText(format.format(date) + "加载");
    }
    //定义接口,可以提供给外界重写,实现回调
    public interface IMyListViewListener {
        public void OnPullDownRefresh();
        public void OnPullUpRefresh();
    }
}
```

10.2.9 MainActivity

在首屏中加载栏目数据以及属于该栏目的新闻列表信息。这些信息都是来自于网络服务器上，需要使用线程方式发送网络请求，等到请求成功后把网络数据加载到屏幕上。

这里需要完成四件事。第一件事，加载所有栏目信息，并实现栏目可以点击切换。第二件事，加载第一个栏目的所有新闻，并记录当前栏目 id 的值。第三件事，支持用户下拉时可以从服务器上获取最新的新闻信息。第四件事，支持用户上拉时可以从服务器上获取更多的新闻信息。

具体代码如下：

```
public class MainActivity extends Activity {
    private List<Info> infos = null;
    private List<InfoType> infoTypes = null;
    private Info focusInfo = null;
    //新闻集合
```

```
private MyListView lv;
private RecyclerView rv;
//自定义组件 ListView 的引用
private MyAdapter adapter;
private NavMenuRecyclerAdapter adapter2;
private Handler handler = null;

private int typeId = 1,times1 = 1,times2 = 1;
//typeId 表示当前显示的栏目 id,
//times1 表示获取更新的数据次数,超过 10 次就没有最新数据
//times2 表示获取更多的数据次数,超过 10 次就没有更多数据

//数据适配器
@Override
protected void onCreate(Bundle savedInstanceState) {
    super.onCreate(savedInstanceState);
    requestWindowFeature(Window.FEATURE_NO_TITLE);
    // 全屏显示
    setContentView(R.layout.activity_main);
    lv = (MyListView) findViewById(R.id.lv);
    //获取新闻列表组件
    rv = (RecyclerView) findViewById(R.id.rv_menu);
    //获取新闻栏目导航
    rv.setLayoutManager(new LinearLayoutManager(rv.getContext(),
        LinearLayoutManager.HORIZONTAL,false));
    rv.setHasFixedSize(true);
    //设置新闻栏目导航为横向布局
    initData();
}

//初始化界面,这里使用 Handler 的 HandleMessage 方法
//接收线程传入的数据,并显示到界面上
private void initData() {
    handler = new Handler() {
        public void handleMessage(android.os.Message msg) {
            if (msg.what == 1) {
                //what 为 1 表示栏目切换
                infoTypes = (List<InfoType>) msg.obj;
                adapter2 = new NavMenuRecyclerAdapter(infoTypes);
                adapter2.setListener(new NavMemuItemClickListener() {
                    @Override
```

```
                public void itemClick(View v) {
                    TextView tv_typeId = (TextView) v
                            .findViewById(R.id.tv_typeId);
                    int id = Integer.parseInt(tv_typeId.getText() + "");
                    new ThreadGetInfosByType(id).start();
                    times1 = 1;
                    times2 = 1;
                    typeId = id;
                    new ThreadGetLastInfosType(id,times1).start();
                    new ThreadGetMoreInfosType(id,times2).start();
                }
            });
            rv.setAdapter(adapter2);
        }
        if (msg.what == 2) {
            //what 为 2 表示获取焦点图信息
            infos = (List<Info>) msg.obj;
            focusInfo = infos.get(0);
            initView();
        }
        if (msg.what == 3) {
            //what 为 3 表示获取下拉刷新的数据
            List<Info> lastInfos = (List<Info>) msg.obj;
            initNewData(lastInfos);
            adapter.OnDateChanged(infos);
            lv.loadedData();
            lv.setHeadPadding();
        }
        if (msg.what == 4) {
            //what 为 4 表示获取上拉加载的数据
            List<Info> oldInfos = (List<Info>) msg.obj;
            initOldData(oldInfos);
            adapter.OnDateChanged(infos);
            lv.loadedData2();
            lv.setFootPadding();
        }
    }
};
new ThreadGetInfoTypes().start();
//启动加载栏目数据的线程
new ThreadGetInfosByType(1).start();
```

```
        //启动加载栏目 id 为 1 的新闻数据的线程
    }

    //在当前新闻集合中增加焦点新闻数据
    private void addFocus() {
        infos.add(0,focusInfo);
    }
    //移除集合最前面一条数据
    private void removeFocus(){
        infos.remove(0);
    }
    //下拉加载最新数据
    private void initNewData(List<Info> lastInfos) {
        removeFocus();// 先移除最前面数据
        infos.addAll(0,lastInfos);
        addFocus();// 再追加最前面数据
    }
    //上拉加载更多数据
    private void initOldData(List<Info> oldInfos) {
        infos.addAll(oldInfos);
    }

    //初始化 MyListView,并添加下拉加载数据的回调方法
    private void initView() {
        adapter = new MyAdapter(MainActivity.this,infos);
        lv.setListener(new IMyListViewListener() {
            @Override
            public void OnPullDownRefresh() {
                //下拉
                new ThreadGetLastInfosType(typeId,times1).start();
                times1 ++ ;//记录下拉次数
            }
            @Override
            public void OnPullUpRefresh() {
                //上拉
                new ThreadGetMoreInfosType(typeId,times2).start();
                times2 ++ ;//记录上拉次数
            }
        });
        lv.setAdapter(adapter);// 设置数据适配器到 listview
        lv.setOnItemClickListener(new OnItemClickListener() {
```

```
            @Override
            public void onItemClick(AdapterView<? > parent,View v,int id,
                    long position) {
                int infoId = 0;
                if (position == 0) {
                    //position 为 0 表示点击的是焦点图
                    TextView tv_focus_id = (TextView) v
                            .findViewById(R.id.tv_focus_id);
                    infoId = Integer.parseInt(tv_focus_id.getText() + "");
                } else {
                    //position 不为 0 表示点击的是一般新闻
                    TextView item_tv_id = (TextView) v
                            .findViewById(R.id.item_tv_id);
                    infoId = Integer.parseInt(item_tv_id.getText() + "");
                }
                Intent intent = new Intent(MainActivity.this,
                        InfoActivity.class);
                //启动 intent 实现跳转到新闻详情界面
                intent.putExtra("id",infoId);
                //传入新闻 id
                startActivityForResult(intent,1);
                //为了便于返回到主界面,这里没有使用 startActivity 方法
            }
        });
    }
    //定义线程,根据服务器接口,获取所有新闻栏目信息
    class ThreadGetInfoTypes extends Thread {
        @Override
        public void run() {
            // TODO Auto-generated method stub
            String url = "/Home/TypeList";
            String json = Helper.MyHttpGet(url);
            List<InfoType> infoTypes = new InfoTypeService().getList(json);
            Message msg = new Message();
            msg.what = 1;
            msg.obj = infoTypes;
            handler.sendMessage(msg);
        }
    }
    //定义线程,根据服务器接口,获取某一栏目新闻信息集合
    class ThreadGetInfosByType extends Thread {
```

```
    private int typeId;

    public ThreadGetInfosByType(int typeId) {
        this.typeId = typeId;
    }
    @Override
    public void run() {
        // TODO Auto-generated method stub
        String url = "/Home/NewsList/" + typeId;
        String json = Helper.MyHttpGet(url);
        List<Info> infos = new InfoService().getList(json);
        String url_news_focus = "/Home/FocusNews/" + typeId;
        json = Helper.MyHttpGet(url_news_focus);
        Info infoFocus = new InfoService().get(json);
        infos.add(0,infoFocus);
        Message msg = new Message();
        msg.what = 2;
        msg.obj = infos;
        handler.sendMessage(msg);
    }
}
//定义线程,根据服务器接口,获取某一栏目"最新"新闻信息集合
class ThreadGetLastInfosType extends Thread {
    private int typeId;
    private int times;

    public ThreadGetLastInfosType(int typeId,int times) {
        this.typeId = typeId;
        this.times = times;
    }
    @Override
    public void run() {
        String url = "/Home/GetLastNews? typeId = " + typeId + "&times = "
                + times;
        String json = Helper.MyHttpGet(url);
        List<Info> lastInfos = new InfoService().getList(json);
        Message msg = new Message();
        msg.what = 3;
        msg.obj = lastInfos;
        handler.sendMessage(msg);
    }
```

```
    }
    //定义线程,根据服务器接口,获取某一栏目"更多"新闻信息集合
    class ThreadGetMoreInfosType extends Thread {
    private int typeId;
    private int times;

    public ThreadGetMoreInfosType(int typeId,int times) {
        this.typeId = typeId;
        this.times = times;
    }
    @Override
    public void run() {
        String url = "/Home/GetMoreNews? typeId = " + typeId + "&times = "
                + times;
        String json = Helper.MyHttpGet(url);
        List<Info> oldInfos = new InfoService().getList(json);
        Message msg = new Message();
        msg.what = 4;
        msg.obj = oldInfos;
        handler.sendMessage(msg);
    }
}
//返回到当前 Activity 是没有功能,所以这里为空
protected void onActivityResult(int requestCode,int resultCode,Intent data) {

    };
}
```

需要注意的是,用户每下拉一次 times1 需要增加 1,每上拉一次 times2 需要增加 1,用来模拟真实环境中不可能每次下拉或者上拉都能拉取到信息。

10.2.10 InfoActivity

当用户点击某一条具体新闻信息时,就进入该新闻的详细界面。这里需要从前一个 Activity 获取新闻 id 信息,便于当前 Activity 从网络中加载该新闻。具体代码如下:

```
public class InfoActivity extends Activity {
    int id;//新闻 id
    private TextView infoDetails_tv_count,infoDetails_rl_titleArea_tv_title,
            infoDetails_tv_write,infoDetails_tv_publishDate,
            infoDetails_tv_Content;
    @Override
    protected void onCreate(Bundle savedInstanceState) {
        super.onCreate(savedInstanceState);
```

```
        requestWindowFeature(Window.FEATURE_NO_TITLE);
        setContentView(R.layout.activity_info);
        infoDetails_tv_count =
                (TextView) findViewById(R.id.infoDetails_tv_count);
        infoDetails_rl_titleArea_tv_title =
                (TextView) findViewById(R.id.infoDetails_rl_titleArea_tv_title);
        infoDetails_tv_write =
                (TextView) findViewById(R.id.infoDetails_tv_write);
        infoDetails_tv_publishDate =
                (TextView) findViewById(R.id.infoDetails_tv_publishDate);
        infoDetails_tv_Content =
                (TextView) findViewById(R.id.infoDetails_tv_Content);
        Intent intent = getIntent();
        id = intent.getExtras().getInt("id");
        // 获取 intent 中数据
        MyThread myThread = new MyThread();
        myThread.start();
    }
    //返回按钮单击事件
    public void Click(View v) {
        setResult(1);
        finish();
    }
    Handler handler = new Handler() {
        public void handleMessage(Message msg) {
            if (msg.what == 1) {
                // 加载新闻详细信息
                Info info = (Info) msg.obj;
                infoDetails_tv_count.setText(info.getCount() + "跟帖");
                infoDetails_rl_titleArea_tv_title.setText(info.getTitle());
                infoDetails_tv_write.setText("来源:" + info.getWriter());
                infoDetails_tv_publishDate.setText(info.getPublishDate());
                infoDetails_tv_Content
                        .setText(Html.fromHtml(info.getContent()));
                // 由于用到 html 解析,这里使用 Html 类的 fromHtml 方法解析 html
            }
        };
    };
    //定义线程,按服务器数据接口,获取某一条新闻
    public class MyThread extends Thread {
        @Override
```

```
                public void run() {
                    // TODO Auto-generated method stub
                    super.run();
                    String url = "/Home/News/" + id;
                    String json = Helper.MyHttpGet(url);
                    Info info = new InfoService().get(json);
                    if (info ! = null) {
                        Message msg = new Message();
                        msg.what = 1;
                        msg.obj = info;
                        handler.sendMessage(msg);
                    }
                }
            }
        }
```

需要注意的是，由于从网络加载的新闻具体内容包含了 HTML 代码，为了能在 TextView 上显示正确，使用了 Html 类的 fromHtml()方法解析该 HTML 代码。这里仍然用到 handler 来处理异步通信的问题。

10.2.11　添加网络访问权限

最后不要忘记在 AndroidManifest.xml 中添加网络访问权限代码如下：

```
<uses-permission android:name = "android.permission.INTERNET" />
```

本章总结

- 使用线程、Handler 类以及网络访问技术实现网络数据加载。
- 进一步完善了 ListView 组件相应功能。
- 读者可以更加全面的了解整个项目的设计过程。

习　题

1. 修改本案例，使用其他网络访问方式实现上述功能。
2. 在本案例基础上，添加收藏功能。